乳酸乳球菌作为禽流感病毒疫苗递送载体的研究

雷涵 ◎ 著

西南交通大学出版社
·成 都·

内容简介

乳酸乳球菌作为一种理想的黏膜递送载体，在口服疫苗研发领域展现出独特的优势。本书结合作者及其团队近10年的研究成果，以高致病性禽流感病毒H5亚型的HA基因、HA1基因、HAsd基因、NA基因、NP基因、HA-M2基因作为研究对象，利用成熟的nisin控制表达（nisin controlled expression，NICE）系统构建不同表达类型的重组乳酸乳球菌，并在不同动物模型中考察其免疫原性。全书共6章，系统地分析了各种表达类型的重组乳酸乳球菌的体外表达以及在不同实验动物中的免疫应答水平和免疫保护效率。本书适合从事新型疫苗开发的研究人员、技术人员以及各高校生命学院或基础医学院微生物学专业和免疫学专业的师生参考使用。

图书在版编目（CIP）数据

乳酸乳球菌作为禽流感病毒疫苗递送载体的研究 / 雷涵著. —成都：西南交通大学出版社，2021.7
ISBN 978-7-5643-8102-8

Ⅰ. ①乳… Ⅱ. ①雷… Ⅲ. ①野禽－动物病毒－流感疫苗－载体－研究 Ⅳ. ①S852.65

中国版本图书馆CIP数据核字（2021）第138614号

Rusuanruqiujun Zuowei Qinliugan Bingdu Yimiao Disong Zaiti de Yanjiu
乳酸乳球菌作为禽流感病毒疫苗递送载体的研究

雷　涵 / 著
责任编辑 / 李华宇
助理编辑 / 唐晓莹
封面设计 / 何东琳设计工作室

西南交通大学出版社出版发行
（四川省成都市金牛区二环路北一段111号西南交通大学创新大厦21楼　610031）
发行部电话：028-87600564　　028-87600533
网址：http://www.xnjdcbs.com
印刷：成都蜀通印务有限责任公司

成品尺寸　185 mm × 260 mm
印张　12.5　　字数　276千
版次　2021年7月第1版　　印次　2021年7月第1次

书号　ISBN 978-7-5643-8102-8
定价　78.00元

PREFACE

前言

乳酸乳球菌是一种革兰氏阳性菌，广泛应用于食品发酵工业，作为一种理想的黏膜递送载体，具有抗原性弱、不产生胞外酶和不在胃肠道内定植等优点。尽管乳酸乳球菌在表达细菌或病毒的抗原基因方面已经取得很多突破性的进展，但是它在预防高致病性禽流感病毒感染方面的研究还较少。

高致病性禽流感 H5N1 病毒给人类和动物的健康带来了极大的威胁。病毒基因组中的血凝素（hemagglutinin，HA）基因和神经氨酸酶（neuraminidase，NA）基因容易发生变异，从而导致抗原漂移或抗原转变，最终给防控禽流感病毒感染带来极大的困难与挑战。本书基于食品安全级的乳酸乳球菌（*Lactococcus lactis*，*L. lactis*）表达系统构建高致病性禽流感口服疫苗，通过黏膜途径对实验动物模型进行给药，考察重组乳酸乳球菌作为高致病性禽流感疫苗递送载体的安全性和有效性，全面而深入地开展了新型高致病性禽流感黏膜疫苗的临床前期研究。研究成果表明，基于乳酸乳球菌表达系统研发的高致病禽流感疫苗既能够克服传统疫苗制备技术的不足，又能够满足现代新型疫苗的大规模需求，同时对开发其他病毒或细菌口服疫苗能提供可靠的技术支撑，具有一定的现实意义和指导意义。

主要研究结论：

（1）基于 Nisin 诱导的表达控制系统，成功构建了三种不同表达类型（非分泌型、分泌型和表面展示型）的重组乳酸乳球菌。

（2）HA 蛋白、HA1 蛋白、HAsd 蛋白、NA 蛋白、NP 蛋白或 HA-M2 蛋白准确定位表达在乳酸乳球菌的不同部位。

（3）利用 BALB/c 小鼠、小鸡或雪貂作为动物模型，考察重组乳酸乳球菌的免疫原性和免疫（交叉）保护效率。

（4）黏膜佐剂免疫 LTB（大肠杆菌不耐热毒素 B 亚单位）和 CTB（霍乱毒素 B 亚单位）或肠溶胶囊包裹可以有效地提高重组乳酸乳球菌的免疫保护效率。

（5）枯草芽孢杆菌的 pgsA 蛋白和金黄色葡萄球菌的 Spax 可以作为锚定蛋白，应用于乳酸乳球菌的表面展示系统。

（6）乳酸乳球菌可以作为一种通用的黏膜疫苗递送载体，应用于其他病毒或细菌疫苗的研发。

本书由西南交通大学雷涵教授著，在撰写过程中，得到了上海交通大学、中国科学院武汉病毒研究所、西南交通大学、美国纽约州立大学 Binghamton（宾汉姆顿）分校等单位专家学者的大力支持和帮助，并得到了国家自然科学基金项目“表面展示型重组乳酸乳球菌作为禽流感通用疫苗递送载体的免疫活性研究”（31360225）的资助。书中引用或摘录了其他研究者的研究成果，在参考文献中均已列出，在此表示感谢，若有遗漏或引用不当，敬请批评指正。

当前，乳酸乳球菌作为黏膜疫苗递送载体的研究还有许多关键技术和科学问题需要突破，本书的部分观点难免有不妥之处，敬请广大读者批评指正。作者的电子邮箱 E-mail：hlei@swjtu.edu.cn。

雷 涵

2021 年 3 月

CONTENTS

目录

第1章

绪　论

1.1 研究目的及意义

高致病性禽流感（avian influenza，AI）是由 A 型禽流感病毒引起的一种以呼吸系统乃至全身性败血症为特征的烈性传染疾病，给人类和家禽的健康带来了极大的威胁。禽流感病毒基因组由 8 股负链的单链 RNA 片段组成，共编码 10 个病毒蛋白，其中主要抗原成分是血凝素（hemagglutinin，HA）和神经氨酸酶（neuramidinase，NA），它们是禽流感疫苗研发领域的最重要的两个靶点。目前，高致病性禽流感 H5N1、H5N6 以及 H7N9 疫苗的制备还是沿用传统的灭活或裂解工艺，尽管这种技术比较成熟、可靠，但是通过鸡胚制备的灭活疫苗在免疫效果以及大规模应用的可行性和安全性方面均存在不少弊端，很难在禽流感暴发时期快速地作出应对。反向遗传学技术的发展给高致病性禽流感疫苗的制备带来了技术革新，利用哺乳动物细胞的培养而制备的 H7N9 疫苗具有很多优势，但是该技术的应用也受到诸多限制，如疫苗种子株的制备、严格的实验设施等。作为技术储备，以真核表达质粒载体和以病毒或病毒样颗粒作为高致病性禽流感疫苗递送载体，展示出良好的应用前景，但是免疫效率和安全性始终制约着这些新技术的进一步发展。高致病性禽流感病毒的 HA 和 NA 很容易发生抗原转变（antigenic shift）和抗原漂移（antigenic drift），因此，基于这些抗原蛋白开发的禽流感灭活疫苗、减毒疫苗和亚单位疫苗每年都需要更新，而且它们只能应对某种特定亚型的禽流感病毒，对其他亚型的禽流感病毒均不能提供有效的防御。鉴于此，作为传统高致病性禽流感疫苗的补充，研发具有交叉反应和交叉保护特性的新型禽流感通用疫苗（universal vaccine）成为应对高致病性禽流感暴发的一个有力举措。

本书基于食品安全级的乳酸乳球菌（*Lactococcus lactis*，*L. lactis*）构建高致病性禽流感疫苗，通过黏膜途径对实验动物模型进行给药，考察重组乳酸乳球菌作为高致病性禽流感疫苗递送载体的安全性和有效性，为新型高致病性禽流感黏膜疫苗进入临床前的大型动物试验和临床试验提供数据参考，为研发其他病毒或细菌口服疫苗提供可靠的技术支撑。基于乳酸乳球菌表达系统研发高致病禽流感疫苗既能够克服传统疫苗制备技术的不足，又能够满足现代新型疫苗的大规模需求；更为重要的是，其作为一种技术储备，是应对未来可能发生的流感大流行的有效防控手段之一。

1.2 国内外研究现状及发展趋势

1.2.1 乳酸乳球菌的研究概况

乳酸菌是指能够代谢糖类，并产生 50%以上乳酸的一类细菌的总称。人类饮用发酵乳制品的历史非常悠久，大部分乳酸菌被认为是非常安全的细菌（generally regarded as safe，GRAS），同时也是最具代表性的肠内益生菌。随着分子生物学和分子遗传学技术的发展，乳酸菌作为活疫苗输送载体可以诱导机体产生免疫应答而成为当前国内外研究的重点与热点。

乳酸菌是一类革兰氏染色呈阳性、无孢子的细菌。乳酸菌并非分类学上的正式用语，而是一个习惯用语。根据《伯杰氏鉴定细菌学手册》，乳酸菌在细菌分类学上可以划分为 23 个属[1]，其中与人类和动物健康密切相关的乳酸菌有：乳杆菌属（*Lactobacillus*）、乳球菌属（*Lactococcus*）、双歧杆菌属（*Bifidobacterium*）、链球菌属（*Streptococcus*）、肠球菌属（*Enterococcus*）、肉食杆菌（*Carnobacterium*）、明串珠菌属（*Leuconostoc*）、气球菌属（*Aerococcus*）、乳球形菌属（*Lactosphaera*）、营养缺陷菌属（*Abiotrophia*）、魏斯氏菌属（*Weissella*）、片球菌属（*Pediococcus*）、奇异菌属（*Atopobium*）、漫游球菌属（*Vagococcus*）、利斯特氏菌属（*Listeria*）、芽孢乳杆菌属（*Sporolactobacillus*）、环丝菌属（*Brocothix*）、丹毒丝菌属（*Erysipelothrix*）、孪生菌属（*Gemella*）、糖球菌属（*Saccharococcus*）、四联球菌属（*Tetragenococcus*）、酒球菌属（*Oenococcus*）、芽孢杆菌属（*Bacillus*）。目前，市场上的发酵乳制品中提到的乳酸菌是由保加利亚乳杆菌（*Lactobacillus Bulgaricus*）和嗜热链球菌（*Streptococcus Thermophilus*）这两种菌联合发酵而成的。

益生菌是一类对宿主有益的活性微生物。益生菌包括部分乳酸菌，但乳酸菌也不全是益生菌（如有害的利斯特氏菌）。目前研究较热的益生菌有双歧杆菌、乳杆菌、芽孢杆菌、丁酸梭菌等，其中双歧杆菌、乳杆菌和芽孢杆菌属于乳酸菌。

1.2.2 乳酸菌作为黏膜递送载体的优势

黏膜免疫需要一个能有效地避免降解并促进抗原在胃肠道部位提呈的输送系统，并刺激适应性的免疫应答，而不是耐受性的免疫应答[2-4]。减毒的致病细菌作为疫苗载体表达外源抗原蛋白无疑是很有优势的[5-6]。减毒的沙门氏菌（*Salmonell spp*）的应用开创了细菌作为输送载体的先河，可最大限度地诱发免疫原性并使副作用减少到最低限度[7]。尽管减毒致病菌本身固有的病原体特征能使细菌载体顺利进入体内并提高宿主的免疫应答水平，但是在免疫原性与反应原性之间必须保持一个平衡，减毒的致病菌存在毒力回复的可能，所以其安全性备受质疑。而乳酸菌作为一种安全、有效的输送载体同样能应用于黏膜疫苗的开发，与减毒的致病菌相比较，乳酸菌具有以下优势：

（1）乳酸菌通常被认为是安全的，并广泛应用于食品发酵工业。

（2）虽然乳酸菌通过胃酸环境后的存活率具有种属特异性，但是在穿过胃酸和胆汁环境后还是有存活的。

（3）黏膜给药途径能够刺激系统和黏膜免疫反应，并引起分泌型 Ig A（免疫球蛋白 A）的产生。

（4）满足黏膜免疫输送系统的要求。

（5）能够形成派尔（Peyer）斑块，即诱发黏膜免疫的部位。

（6）在同一菌株中可以表达多种抗原。

（7）能够被设计成表达靶向分子和佐剂。

在上述列出的众多优势中，乳酸菌最主要的一个优势是，能在黏膜表面引起抗原特异性的分泌型 IgA 应答。黏膜疫苗能够诱导产生分泌型 IgA 和有效的系统免疫应答，这比现存的许多疫苗更具优势[3, 4, 8]，一些乳酸菌疫苗能够在粪便、唾液、支气管、肠液、肺部和肠系膜淋巴结引起抗原特异性的 IgA 应答。另外还有一个优势是，乳酸菌作为黏膜递送载体时能被设计成表达多种蛋白和其他分子，例如在 *Lactococcus lactis*（*L. lactis*）中表达肺炎链球菌（*Streptococcus pneumoniae*）类型 3 荚膜生物合成基因，产生免疫原性的血清型荚膜多糖[9]。

1.2.3 乳酸菌与宿主在黏膜表面的相互作用

1. 肠道黏膜结构与黏膜免疫

黏膜是机体抵抗感染的第一道防线，也是机体容易被感染的主要部位之一[10, 11]。肠道黏膜主要由淋巴组织和淋巴细胞组成。肠相关淋巴组织（gut-associated lymphoid tissue，GALT）由派氏集合淋巴结（Peyer's patches，PP）和肠系膜淋巴结（MLN）组成。在肠黏膜上皮的淋巴滤泡区富集区，有呈哑铃状的膜细胞或微皱褶细胞（membrance/microfold cell），简称 M 细胞，在黏膜上皮这个特殊区域下面富有树突状细胞和巨噬细胞，它们组成肠黏膜诱导部位的免疫细胞，主要负责抗原的摄取与提呈。诱导部位通过冠状层与肠上皮分隔开来，研究表明，诱导部位在局部免疫中发挥主要作用，包括抗原的提呈及信号传导和淋巴细胞的产生及致敏[12]。肠黏膜上皮内的淋巴细胞和固有层的淋巴细胞组成了效应部位的免疫细胞，负责将诱导部位转运过来的抗原激活，产生特异性的抗体和各种免疫因子。为了组成更庞大的天然保护屏障，肠道黏膜的免疫系统与机体其他黏膜部位（如呼吸道、生殖道等）共同形成黏膜免疫系统防护网络体系。

黏膜免疫是免疫系统中一个特殊的组成部分，它既相对独立于全身的免疫系统之外，又与全身的免疫系统紧密关联。在派氏集合淋巴结（Peyer's patches，PP）中，M 细胞顶部微小的皱褶或短小的微绒毛之间有许多微功能域，即胞饮部位，用于黏附抗原。而在 M 细胞的基底面，细胞质膜内陷成一个较大的“口袋”，袋内装有 B、T 细胞及少量的树突状细胞和巨噬细胞。M 细胞并不表达 MHC-Ⅱ类分子，所以不能提呈抗原，而主要通过受体介导的胞饮方式非特异性地摄取抗原，如图 1-1 所示。小肠滤泡相关上皮（FAE）的 M 细胞顶面表达的糖蛋白-2（GP2）是 M 细胞介导抗原“转胞吞作用”的受体。树突状细胞和巨噬细胞是专职的抗原提呈细胞（APC），但由于 M 细胞“口袋”内的树突状细胞和巨噬细胞的数量很少，不足以完成肠道大量抗原的提呈。而 M 细胞下方是树突状细胞和巨噬细胞富集的区域，它们与 B 细胞和 T 细胞混处在一起。这里的 T 细胞绝大多数（80%～90%）是 $CD8^+$，而 $CD4^+$T 细胞主要为 $CD45RO^+$的记忆性 T 细胞。而行使抗原提呈功能的主要是记忆性的 B 细胞，这里的 B

细胞的表型为 mIgD^{+}、HLA-DR^{+}、B7^{+}。M 细胞将黏附后的抗原转运给树突状细胞和巨噬细胞，B 细胞借 mIg 与抗原结合，并内吞抗原，然后将加工处理后的小肽提呈给 T 细胞，进而激活 T 细胞并增殖，产生 IL-2。活化后的 T 细胞反过来辅助 B 细胞产生抗原特异性的分泌型 IgA，如图 1-2 所示。因此，黏膜免疫的关键是将疫苗输送到诱导部位。

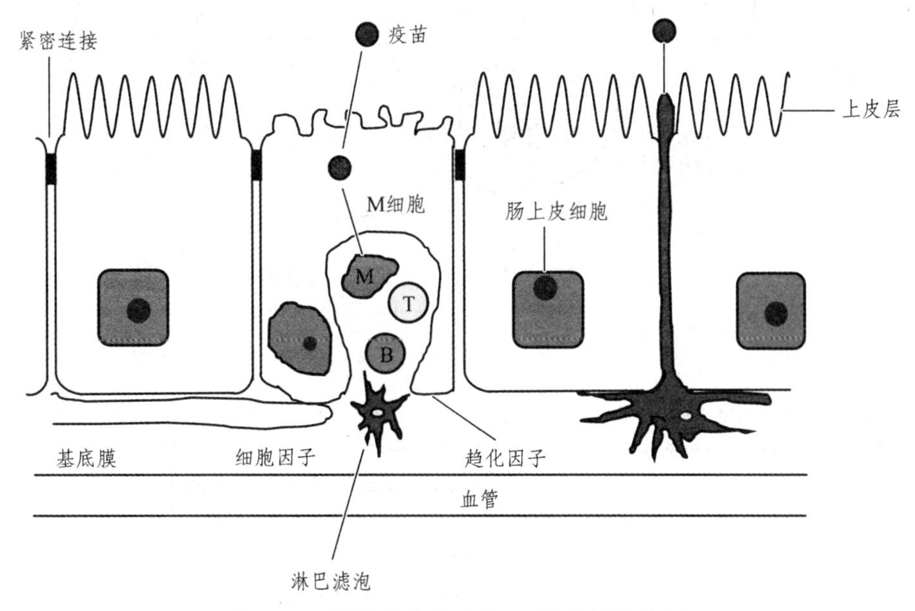

图 1-1　滤泡相关上皮的 M 细胞摄取抗原

Figure 1-1　M-cells in follicle-associated epithelium for antigen sampling

如图 1-1 所示，诱导位点的滤泡相关上皮含有特异性的 M 细胞，其顶端表面有短而不规则的微绒毛，基底外侧表面有一个含有巨噬细胞（Mφ）和淋巴细胞的囊袋，并具有转胞吞能力。与 M 细胞顶端接触的抗原可以激活 M 细胞，将抗原转移到 M 细胞囊袋中。抗原提呈细胞[如树突状细胞（Dendritic cells，DCs）和巨噬细胞（Mφ）]处理抗原并递呈抗原，然后活化的淋巴细胞（如 B 淋巴细胞）迁移到效应位点。M 细胞介导的抗原摄取为免疫系统的激活提供了一个可控的过程。[The follicle-associated epithelium（FAE）of inductive sites contains specialized M-cells with short，irregular microvilli on their apical surface，a pocket containing macrophages（Mφ）and lymphocytes on their basolateral surface，and transcytotic capabilities. The introduction of antigenic material present on the apical surface activates M-cells to transcytose the antigenic material into the M-cell pocket below. Here，antigen-presenting cells such as dendritic cells（DCs）and macrophages process and present the antigenic material，after which activated lymphocytes such as B cells migrate to effector sites. This process of antigenic sampling by M-cells provides a controlled process for immune system activation.]

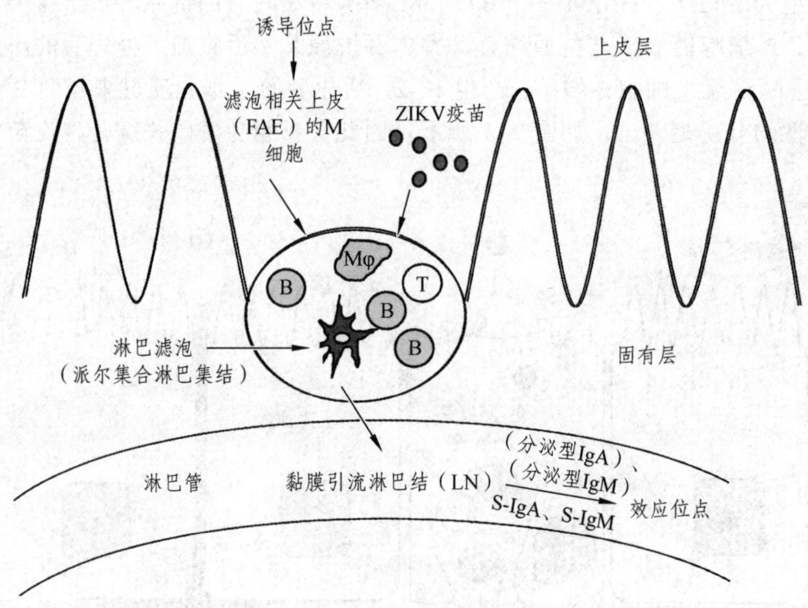

B—B 淋巴细胞；FAE—滤泡相关上皮；FDC—滤泡树突状细胞；LN—黏膜引流淋巴结；Mφ—巨噬细胞；S-IG—分泌性免疫球蛋白；T—T 淋巴细胞。

B：B-lymphocytes；FAE：Follicle associated epithelium；FDC：Follicular dendritic cells；LN：Mucosa-draining lymph nodes；Mφ：Macrophages；S-IG：Secreted immunoglobulin；T：T lymphocytes.

图 1-2　黏膜诱导位点和效应位点

Figure 1-2　Mucosal inductive and effector sites

如图 1-2 所示，诱导部位的黏膜相关淋巴组织包括被 Mcell 覆盖的淋巴滤泡，以及局部和局部的黏膜引流淋巴结。抗原被 M 细胞转为细胞并输送到下面的各种抗原递逞细胞后，这些细胞被引导到局部或区域淋巴结进行活化和 T 细胞刺激。活化的淋巴细胞通过淋巴结进入黏膜效应器部位，成为成熟的记忆和效应器 B、T 细胞。效应部位包括各种组织，包括黏膜固有层和表面上皮。成熟的淋巴细胞随后从效应位点传递到局部和远处，以启动强大的保护性免疫反应。[The mucosa-associated lymphoid tissue of inductive sites consists of lymphoid follicles covered by Mcell-containing follicle-associated epithelium，as well as local and regional mucosa-draining lymph nodes. After antigens are transcytosed by M-cells and delivered to the various APCs below，these cells are directed to local or regional lymph nodes for activation and T cell stimulation. Activated lymphocytes travel to mucosal effector sites via lymph nodes to become mature memory and effector B and T cells. Effector sites include various tissue，including mucosal lamina propria and surface epithelia. The mature lymphocytes are then delivered from the effector sites to both local and distant sites to initiate a robust protective immune response.]

2. 分泌型 IgA 及其胞吞转运作用

在黏膜免疫应答中起主要作用的抗体是 IgA。由于有分泌成分（secretory component，SC），IgA 能穿过上皮细胞而被输送到黏膜表面。SC 是存在于各种外分泌液（如泪液、胆汁、初乳）中的一种多肽，通常与分泌型多聚 IgA 形成复合物。由于 SC 介导多聚 Ig 向黏膜上皮外主动输送，故 SC 又被称为多聚免疫球蛋白受体（polymeric Ig receptor，pIgR）。为了把多聚 Ig 输送到外分泌液，浆细胞分泌的 Ig 首先与上皮细胞基底侧表面的多聚 Ig 受体结合，产生的复合物在细胞内转运期间或转运后，其受体部位被蛋白水解酶水解，但是 pIgR 的分泌小体仍然与 Ig 结合，这个带有分泌小体与 Ig 的复合物能释放到外分泌物中，这个过程称为“胞吞转运作用”（transcytosis），如图 1-3 所示。pIgR 的分泌小体与 IgA 结合，减弱了外分泌液中的蛋白水解酶对 IgA 的降解能力。在穿越黏膜上皮的过程中，IgA 也许会与入侵细胞的相应抗原结合，从而把病原体或其产物从胞内带出到黏膜腔，避免了对黏膜上皮细胞的伤害[13]。在罕见的情况下，黏膜上皮细胞不能合成分泌成分，导致外分泌液中没有 IgA，这种患者在胃肠道感染后会长时间腹泻。

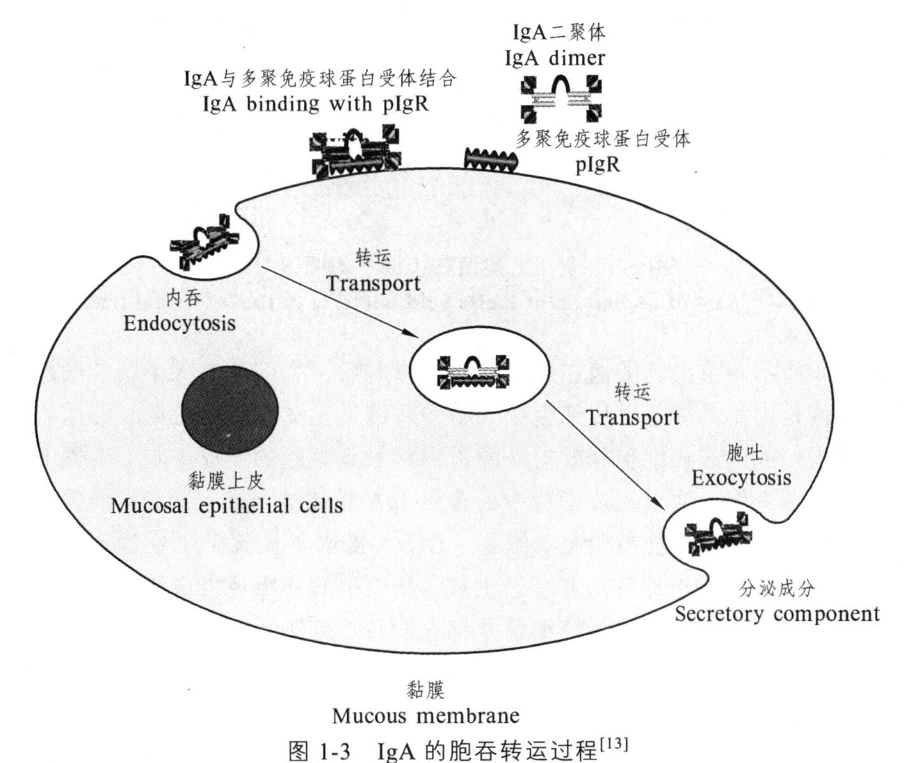

图 1-3　IgA 的胞吞转运过程[13]

Figure 1-3　Transcytosis process of IgA

3. 重组乳酸菌在肠道中的归宿

一般认为，细菌和其他特殊抗原是通过定位在派氏集合淋巴结的 M 细胞进入的，如图 1-4 所示。然而，免疫激活和口服耐受的诱导是否需要派氏集合淋巴结仍旧存在着争议[14]。细菌也可能在绒毛上皮的表面被树突状细胞摄取，这种树突状细胞能够穿透上皮单层而在肠腔侧对细菌进行摄取[15, 16]。对于固有层的树突状细胞的性质知之甚少，它们有可能转移到肠系膜淋巴结，并激发 T 细胞应答反应。

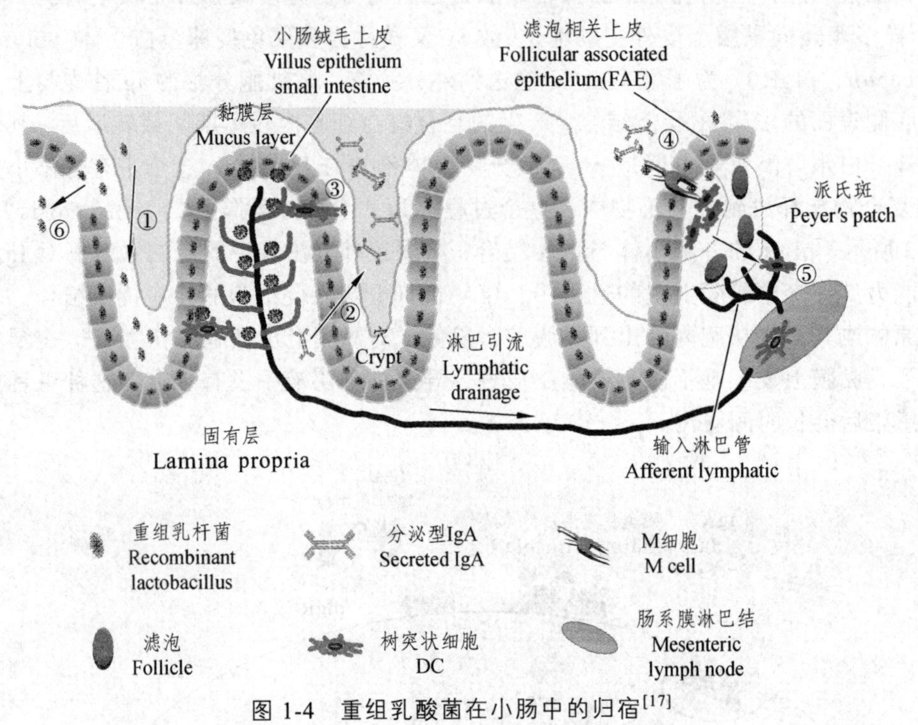

图 1-4　重组乳酸菌在小肠中的归宿[17]

Figure 1-4　Fate of recombinant lactic acid bacteria in the intestinal tract[17]

如图 1-4 所示，重组乳酸菌在逃过胃酸的降解后，大部分进入小肠的肠腔或黏液层。这种黏液是由小肠绒毛上皮细胞或大肠的非绒毛上皮细胞分泌的。经重组乳酸菌分泌的外源蛋白或由裂解细胞释放的外源蛋白接触到黏膜的上皮细胞（步骤 1）。成熟浆细胞分泌的多聚 IgA 通过上皮细胞中的多聚 IgA 受体结合进入肠腔（步骤 2）。到达上皮细胞顶端的细菌有可能被树突状细胞（DCs）摄取（步骤 3）。在滤泡相连上皮的 M 细胞可以将肠腔中的抗原转运并穿过上皮，从而引起初级免疫应答（步骤 4）。在派氏集合淋巴结的树突状细胞能吞噬细菌并将它们转运到肠系膜淋巴结，直接激发与抗原相关的 T 细胞应答（步骤 5）。如果上皮细胞因急性肠炎或慢性肠道炎而受到损伤，那么肠腔内的细菌也能够进入上皮细胞，甚至出现在黏膜组织中（步骤 6）。[Providing that they survive transit through the stomach，most bacteria that are introduced into the intestinal tract end up in the lumen or trapped in the mucus layer，which is secreted by goblet cells in the villiated epithelium of the small intestine or the non-villiated epithelium of the large bowel. Here，recombinant proteins that are secreted by the bacteria or released from lysed cells could come into contact with the mucosal epithelium（step 1）. Polymeric immunoglobulin A (IgA) that is secreted by mature plasma cells in the lamina propria is secreted via the polymeric IgA receptor, through epithelial cells, into the gut lumen (step 2). Bacteria that contact the apical surface of the epithelium might be sampled by dendritic cells (DCs) (step 3) . M cells in the follicular-associated epithelium transport luminal antigens across the epithelium, where they can induce primary immune responses(step 4). DCs that are present in the dome of the Peyer's patches can phagocytose bacteria and traffic to the mesenteric lymph nodes, where they can directly prime T-cell responses to antigens that are derived from the bacteria (step 5) . If the epithelium is damaged, for example, as a result of acute colitis or chronic intestinal inflammation, luminal bacteria can gain access to the epithelium and might even be found in the mucosal tissues (step 6) .]

尽管已经知道乳酸菌通过胃部后能够短暂性的存活或在胃肠道中定植[18, 19]，但是有关它们在胃肠道组织内的归宿，很少有文献研究。一个基于人的结肠和回肠的活组织切片检查的研究表明，很少有细菌在黏液层，它们都定植在肠腔的一侧[20]，而且在健康的肠组织中也没有发现细菌和上皮细胞之间有直接联系，这就表明大部分共生细菌要么在肠腔内以悬浮状态存在，要么被截留在黏液层中，如图 1-4 所示，它们通过可溶性因子传递信号给宿主。为了增加胃肠道中重组乳酸菌的数量，重复多次进行口服给药可能促进乳酸菌在胃肠道中存活的时间，并且能与上皮细胞建立更加亲密的关系[21, 22]。

1.2.4 乳酸乳球菌表达系统的研究进展

乳酸乳球菌是一种同型发酵的革兰氏阳性细菌，同时也是乳酸菌的模式菌种之一。随着分子生物学和分子遗传学技术的发展，乳酸乳球菌的遗传背景被剖析得十分清楚了，其全部基因组序列已经被测定[23]。20 世纪 90 年代后，随着一系列表达载体系统的开发与优化，有关乳酸乳球菌作为黏膜载体输送治疗性蛋白或抗原蛋白的研究获得了较大发展。

1. 乳酸乳球菌表达系统

乳酸乳球菌要成为一种理想的黏膜免疫输送载体，最重要的一个前提条件是需要一个高效、稳定的表达系统。然而，革兰氏阳性菌较厚的细胞壁成为乳酸菌表达系统开发的一个重要瓶颈，20 世纪 90 年代后，随着外源蛋白在乳酸乳球菌中得到优化表达，建立了较多的质粒表达系统[24, 25]。归纳起来，用得最多的是组成型表达系统和诱导型表达系统。组成型表达系统采用的是组成型启动子，使外源蛋白时刻处于表达状态，因而能够得到更多的外源蛋白[25, 26]。质粒 pTREX 系列经常在组成型表达载体的设计时被用到，因为该质粒可以在大多数的革兰氏阳性菌中复制与表达。质粒 pTREX1 包含一个乳球菌强启动子 p1 的表达盒、翻译起始区和大肠杆菌噬菌体 T7 基因 10 的转录终止子。通过对翻译起始区的一个核苷进行修饰即可增强 SD 序列与乳酸乳球菌

16S RNA 的互补性，从而提高表达效率[27]。尽管外源蛋白在组成型表达系统中能持续地高表达，但是这势必会增加细菌的代谢压力，从而导致外源蛋白在细胞内大量累积或降解，反而使表达效率达不到预期的效果[28]。虽然组成型表达的成本较低（不需要加入诱导剂），但是该系统并不适合表达对宿主菌生长有害的蛋白。为了减轻外源蛋白或细胞因子的高表达对宿主菌产生的代谢压力，在乳酸乳球菌表达系统中更多地使用诱导型启动子。

在诱导型表达系统中，基因的表达可以通过加入诱导物/阻遏物，或改变环境因素（如 pH 值，温度，离子浓度）进行调控[29]，但是迄今为止，在乳酸乳球菌中应用最广泛、最成功的诱导表达系统仍然是 NICE 系统（NIsin-Controlled gene Expresson，NICE）[30]。NICE 系统主要由三个部分组成：诱导剂 nisin、表达质粒以及乳酸乳球菌。

1）Nisin 的结构特点

Nisin 又称乳酸链球菌肽，是由乳酸乳球菌分泌产生的[31, 32]，属于羊毛硫抗生素家族中的一员。Nisin 作为高效、无毒的天然防腐剂，被广泛应用于食品工业[33]。Nisin 是一个由 34 个氨基酸组成的抗菌肽，包含 5 个环和较多的稀有氨基酸，如图 1-5 所示。成熟的 nisin 分子中包含由 5 个硫醚键形成的分子内环，这是羊毛硫抗生素的典型特征，其中在 N-端区有 3 个羊毛硫氨酸环，在 C-端区有 2 个偶联的β-甲基羊毛硫氨酸环[34]，除此之外，还含有 5 种稀有氨基酸，分别是 Dhb（β-甲基脱氢丙氨酸）、Dha（脱氢丙氨酸）、Aba（氨基丁酸）、Ala-S-Ala（羊毛硫氨酸）和 Ala-S-Aba（β-甲基羊毛硫氨酸）。天然的 nisin 主要以 nisin A 和 nisin Z 的形式存在，两者的差别在于第 27 位的氨基酸不同，nisin A 中的是组基酸，而 nisin Z 中的是天冬氨酸。Nisin 对大部分革兰氏阳性菌均有抑制作用[35, 36]，其作用机理是：首先与细胞壁合成的前体脂质Ⅱ结合，然后在革兰氏阳性菌的细胞质膜上形成小孔，从而导致小分子（如 ATP）的泄露，最终使细菌死亡[37]。

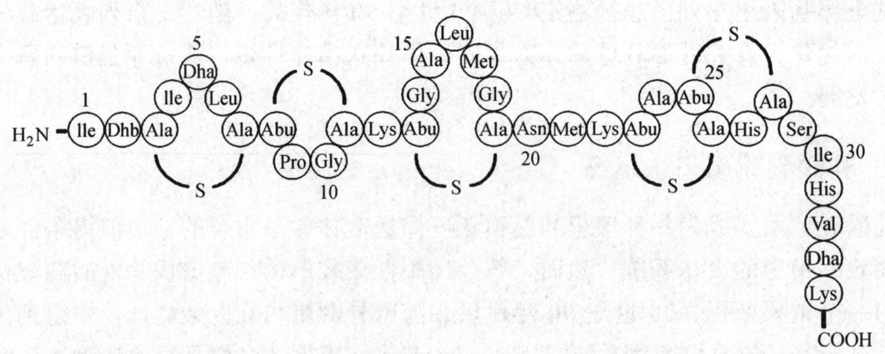

Dhb—β-甲基脱氢丙氨酸；Dha—脱氢丙氨酸；Ala-S-Ala—羊毛硫氨酸；Ala-S-Aba—β-甲基羊毛硫氨酸[30]。

Dhb: beta-dehydrobutyrine；Dha: dehydroalanine；Ala-S-Ala: lanthionine；Abu-S-Ala: beta-methyllanthionine[30].

图 1-5 Nisin 的结构示意图

Figure 1-5 Schematic representation of nisin

2）Nisin 的生物合成

Nisin 的生物合成是一个自身调节的过程，首先在核糖体部位合成 nisin 前体分子，含有 57 个氨基酸氨基，其中 23 个氨基酸残基在引导区，34 个氨基酸残基在结构区。随后经过酶修饰和剪接而形成具有特殊的化学结构特征分子，最后经过酶修饰的 nisin 分子穿过细胞质膜而形成具有成熟结构的 nisin 单体[38]。

Nisin 是由 11 个基因即 *nisABTCIPRKFEG* 组成的基因簇编码的，如图 1-6 所示。其中，*nisA* 基因编码 nisin 前体，其他基因直接参与 nisin 的修饰、易位和加工（*nisB, nisC, nisP* 和 *nisT*），抗 nisin 的免疫（*nisI, nisF, nisE* 和 *nisG*）以及负责调控 nisin 的表达（*nisR* 和 *nisK*）[39]。值得一提的是，*NisR* 和 *NisK* 属于细菌双组分信号转导系统的成员，*NisK* 是一种定位在细胞质膜中的组氨酸蛋白激酶，主要作用是作为成熟 nisin 分子的受体。一旦 nisin 与 *NisK* 胞外 N-端的结构域结合后，*NisK* 就会自身磷酸化，并将磷酸基团转移给胞内的 *NisR*。*NisR* 是一个应答调控蛋白，被 NisK 的自身磷酸化转移过来的磷酸基团激活，激活的 *NisR* 诱导基因簇的两个启动子 P_{nisA} 和 P_{nisF} 进行转录，而应用于 *nisR* 和 *nisK* 基因表达的启动子 P_{nisRK} 并不会受到影响，如图 1-5 所示[40]。由此可见，这个基因簇包含 3 个启动子，即 P_{nisA}、P_{nisF} 和 P_{nisRK}，其中 P_{nisRK} 是组成型的启动子，而 P_{nisA} 和 P_{nisF} 属于诱导型的启动子。

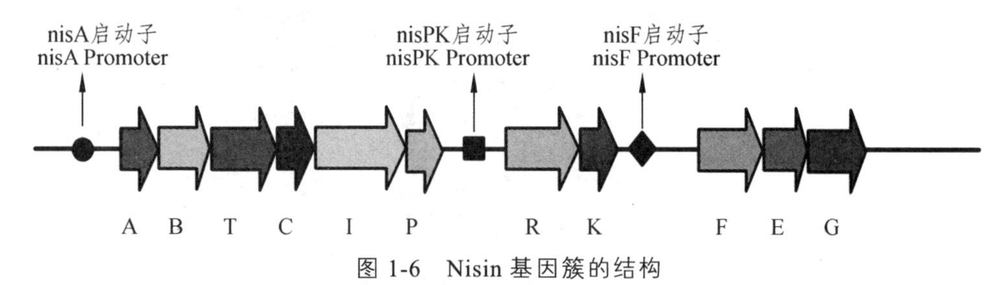

图 1-6　Nisin 基因簇的结构

Figure 1-6　Schematic representation of the nisin gene cluster

如图 1-6 所示，黑箭头表示调控 nisin 基因表达的 3 个启动子。P*nis A 表示 nis A 启动子，它可以用于 nisin 控制的基因表达系统（NICE）。*A* 表示 *nisin A* 结构基因；*B*, *T*, *C* 和 *P* 这些基因参与 nisin 修饰、易位和加工；*I*, *F*, *E* 和 *G* 这些基因参与抗 nisin 的免疫。*R* 和 *K* 这两个基因参与 nisin 基因簇的表达与调控[30]。[Black arrows indicate the three promoters that regulate expression of the nisin genes. P*nisA indicates the nisA promoter that is used for the nisin-controlled gene expression（NICE）systems. *A* indicates *nisin A* structural gene; *B*, *T*, *C* and *P*, genes involved in modification, translocation and processing of nisin; *I*, *F*, *E* and *G*, genes involved in immunity against nisin; and R and K, genes involved in the regulation of the expression of the nisin gene cluster [30].]

3）Nisin 控制的基因表达系统（NICE）

基于 nisin 生物合成的自动调节系统，Kuipers 等在 1995 年首次构建了 nisin 控制的基因表达系统（NICE）。P_{nisA} 启动子从基因簇中分离出来并应用于质粒构建，信号转导基因 *nisK* 和 *nisR* 也从基因簇中分离出来，然后插入 nisin 阴性的乳脂乳酸乳球菌 MG1363 的染色体上，形成乳酸乳球菌 NZ9000 菌株（*Lactococcus lactis* NZ9000）[40]。当外源基因克隆到诱导型启动子 P_{nisA} 下游时，一个带有外源基因的质粒表达系统就构建好了。经电转化至宿主菌 *Lactococcus lactis* NZ9000，筛选阳性克隆，就可获得稳定的乳酸乳球菌表达系统。在培养液中加入诱导物 nisin（0.1-5 ng/mL），通过 NisK 和 NisR 双组分调控系统就可诱导外源基因的表达，如图 1-7 所示。根据信号序列的插入或缺失，可将目标蛋白表达在胞内或分泌到胞外[41]。

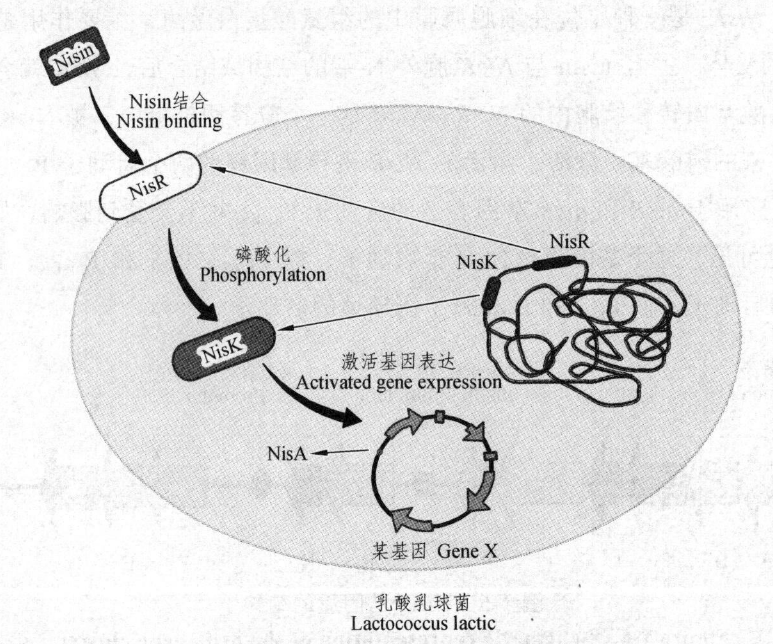

NisK—组氨酸蛋白激酶；NisR—应答调节蛋白；
Gene X—感兴趣的外源基因克隆在 nisA 启动子的下游[30]。
NisK: histidine-protein kinase；NisR: response regulator；
Gene X: target gene cloned behind the nisA promoter [30].

图 1-7　Nisin 控制的基因表达系统

Figure 1-7　Nisin-controlled gene expression

随着 NICE 系统被成功开发出来，用乳酸乳球菌作为宿主菌表达外源基因的发展就此拉开了序幕。总体而言，NICE 系统中有两个基本要素是必须的，即质粒表达载体和宿主菌，根据不同的表达目的，可以选择不同的质粒和宿主菌组成一个稳定的表达系统。表 1-1 和表 1-2 分别列出了 nisin 诱导的基因表达系统中常用的菌株和质粒以及它们的特点。

表 1-1　NICE 系统中最常用的宿主菌

Table 1-1　The most common host bacteria in NICE system

菌株名称	特　点
Lactococcus lactis NZ9700	分泌产生 nisin
Lactococcus lactis NZ9800	NZ9700 的衍生物，在 *nisA* 基因上缺失了 4bp，不能产生 nisin，作为 NICE 系统中的宿主菌
Lactococcus lactis NZ9000	通过 *nisRK* 基因整合到模式菌株 MG1363 而形成的。是 NICE 系统中最常用的宿主菌
Lactococcus lactis NZ3900	在染色体上整合有 *nisRK* 基因，但在乳糖操纵子上缺失了 *lacF* 基因，作为 NICE 系统中食品级的宿主菌，与质粒 pNZ8149 联合使用
Lactococcus lactis NZ9000（Δ*htr*A）	NZ9000 菌株缺失了 *htr*A 基因，用于蛋白分泌表达的宿主菌

在表 1-1 列出的常用菌株中，大致可以分为两类：一类是自身能够产生 nisin 的菌株，如 *L. lactis* NZ9700，既可以作为 NICE 系统的宿主菌，又能够诱导 *nis*A 启动子下游基因的表达，事实上，它们与表达质粒联合在一起构成了组成型表达系统；另一类是不能产生 nisin 的菌株，如 *L. lactis* NZ9000，*L. lactis* NZ9800，*L. lactis* NZ3900 等，当表达质粒转化至这类菌株后，只有加入诱导物 nisin 后才能启动基因的表达，因此菌株的生长和基因的表达被分成了两个阶段，这类菌株通常作为诱导型表达的宿主菌。

表 1-2 列出的 NICE 系统中最常用的表达质粒，也可以分为两类，如图 1-8 所示。一类是翻译融合载体，如 pNZ8048，在 *nis A* 启动子后有一个 *Nco* I（CCATGG）的酶切位点，在这个酶切位点上含有翻译起始密码子 ATG，外源基因通过 *Nco* I 位点进行融合后直接被克隆到 *nis A* 启动下游，并使外源基因与启动子区域的核糖体结合位点（RBS）之间保持一个有效距离，从而使外源基因得到高效表达。另一类是转录融合载体，外源基因自身携带有起始密码子，可以在多克隆位点（MCS）适当的位置插入。转录融合表达载体最大的特点是外源基因中的起始密码子与核糖体结合位点（RBS）的距离是可以改变的，这个距离的远近对外源基因的转录起到非常重要的作用[42]，而在翻译融合表达载体中这个距离是固定好的。

表 1-2　NICE 系统中最常用的质粒

Table 1-2　The most common plasmids in NICE system

质粒名称	特　点
pNZ8020	含有 *cat* 基因、*nis*A 启动子、多克隆位点，用于转录融合表达
pNZ8037	含有 *cat* 基因、*nis*A 启动子、多克隆位点，通过 *Nco* I 位点进行翻译融合表达
pNZ8048	类似于 pNZ8037，只是在多克隆位点后面有中止序列，通过 *Nco* I 位点进行翻译融合表达，是一个标准质粒
pNZ8110	通过 pNZ8048 改造而来，带有 Usp45 信号序列，用于蛋白的分泌表达，通过 *Nae* I 位点进行翻译融合表达
pNZ8112	类似于 pNZ110，在 C 末端有 His 标签
pNZ8113	类似于 pNZ8048，在 C 末端有 His 标签
pNZ8148	通过 *Nco* I 位点进行翻译融合表达，缺失了一个 60 bp 的枯草芽孢杆菌的 DNA，是一个标准质粒
pNZ8149	类似于 pNZ8148，只是 *cat*-基因被食品级 *lac*F 基因替代，必须与 *L. lactis* NZ3900 联合使用
pNZ8150	类似于 pNZ8148，通过 *Sca* I 位点进行翻译融合表达

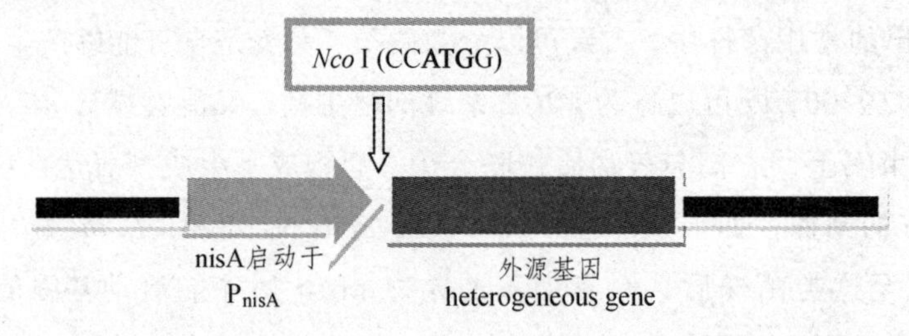

（a）翻译融合表达[Schematic representation of plasmids for translational fusion expression]

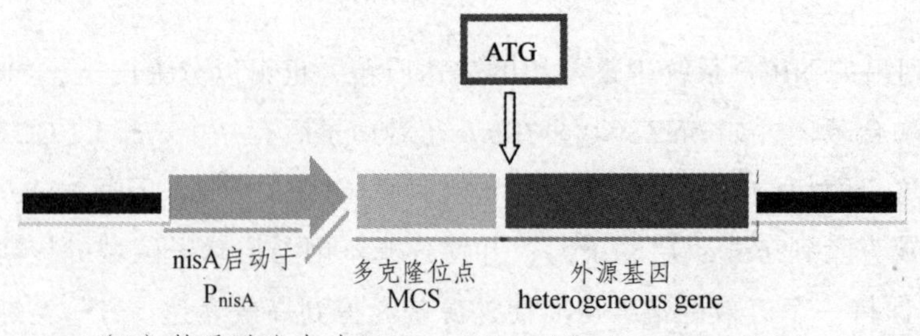

（b）转录融合表达[Transcriptional fusion expression]

P_{nisA}—诱导型 *nis*A 启动子；MCS—多克隆位点；*Nco* I—用于外源基因插入的酶切位点。

P_{nisA}：inducible *nis*A promoter；MCS：multiple cloning sites；

Nco I：restriction site for heterogous gene inserting.

图 1-8　NICE 系统中的两类不同类型的表达质粒

Figure 1-8　Two different expression plasmids in NICE system

de Ruyter 等用 *gus* A 作为报告基因，分别用翻译融合载体和转录融合载体进行表达，通过检测表达产物β-葡萄糖苷酸酶的活性，结果表明前者比后者高了 6 倍[43]。虽然翻译表达载体具有很高的表达效率，但是在一些不需要高表达的系统里，如表达毒素蛋白等，转录融合表达载体更具优势[44]。

2. 乳酸乳球菌细胞表面展示系统

通过对质粒表达系统的改造，利用本身存在的表面蛋白作为锚定支架，外源蛋白可以成功地展示在乳酸乳球菌细胞壁的表面。细胞壁锚定系统主要包括锚定蛋白和功能蛋白（被展示的蛋白）两个部分，分为 C 末端融合和 N 末端融合。以 C 末端为例，细胞壁锚定的主要原理是，锚定蛋白在 C 末端具有 LPXTG 基序，这种基序能共价地结合到细菌细胞壁的肽聚糖[45, 46]，这样功能蛋白的 C 末端就可以与锚定蛋白的 N 末端进行融合，功能蛋白就能成功地展示在细菌细胞壁的表面。来源于金黄色葡萄球菌（*Staphylococcus aureus*）的蛋白 A 和酿脓链球菌（*Streptococcus pyogene*）的 M6 蛋白都具有保守的 LPXTG 基序，当外源蛋白的 N 末端与这种锚定蛋白的 C 末端融合后，都被成功而有效地展示在各种乳酸菌的表面[47-51]。

Xin K.Q.等利用乳酸乳球菌表面展示系统，通过 C 末端融合，将 HIV Env 蛋白成功地展示在细菌表面，小鼠经过载体口服免疫后诱导产生了高水平的 HIV 特异性的血清 IgG 抗体与粪便 IgA 抗体，并能诱发高水平的细胞免疫应答，最终能抵抗表达 HIV Env 蛋白的牛痘病毒的攻击[52]。

Okano K.等将α-淀粉酶成功地展示在乳酸乳球菌肽聚糖结合域的 C 末端，并且探讨了 C 末端融合与 N 末端融合的效率[53]。

虽然酿脓链球菌的 M6 蛋白具有很好的展示功能，并在小鼠模型上诱导体液免疫和细胞免疫[54-56]，但是出于安全考虑，这种锚定蛋白并不适合临床上的应用。另外一种用 PgsA 作为锚定蛋白的细胞表面展示系统也被成功开发出来了[57]，PgsA 来源于枯草芽孢杆菌（*Bacillus subtilis*）[58]，在 N 末端含有跨膜域，外源蛋白的 C 末端与 PgsA 的 N 末端进行融合，即可将外源蛋白展示在细菌的表面。PgsA 作为锚定蛋白在大肠杆菌表面展示了激酶[59]以及在乳酸杆菌表面展示了病毒抗原[60, 61]，Poo H.等用 PgsA 展示人乳头瘤病毒 16 型的 E7 抗原于乳酸杆菌的表面，诱导了体液免疫、细胞免疫和黏膜免疫[62]，同一课题组，利用 PgsA 对 SARS 病毒的冠状刺突蛋白进行了展示，结果刺突蛋白片段 A（113 个氨基酸残基）和刺突蛋白的片段 B（334 个氨基酸残基）均在乳酸杆菌表面获得了表达，并在小鼠模型中诱导产生了中和抗体[63]。这些研究都显示了 PgsA 蛋白是个有效的可用于 N 端融合的锚定蛋白，而且 PgsA 来源于发酵的大豆食品中的枯草芽孢杆菌，具有安全、稳定的特点。

决定外源蛋白能否成功展示的一个重要因素是功能蛋白与锚定蛋白的融合位点（即 N 末端融合或 C 末端）融合，从而确保被展示的蛋白具有完好的生物学功能。在酵母菌的细胞表面展示系统中，纤维素酶[64]或葡萄淀粉酶的 C 末端与锚定蛋白α-凝集素的 N 末端融合，从而被成功地展示在酵母菌的表面[65]。而来源于牛链球菌（*Streptococcus bovis*）的α-淀粉酶或稻根霉菌（*Rhizopus oryzae*）的脂肪酶的N末端与锚定蛋白的 C 末端融合，获得了很高的酶活性[65, 66]，然而，当这两个蛋白与锚定蛋白α-凝集素的N末端融合后，酶活性迅速减弱[65, 67]。Okano K.等用来源于乳酸乳球菌的一种自动溶解素（AcmA）的肽聚糖结合结构域的C末端或N末端与模式蛋白α-淀粉酶融合，结果显示：通过C末端的融合展示的α-淀粉酶的酶活性明显强于N末端的融合[53]。这些研究充分说明，首先要了解被展示蛋白的属性，然后才能确定适合于哪种融合（N末端或C末端），这样才能最大限度地获得目标蛋白的生物学功能。

3. 信号肽在乳酸乳球菌分泌表达中的作用

乳酸乳球菌是一种具有单层细胞质膜的革兰氏阳性菌，可用于外源蛋白分泌、细胞表面展示的理想宿主菌。除此之外，乳酸乳球菌还有另外一个优势即具有很低的胞外蛋白酶活性。通过质粒表达系统，可以在乳酸乳球菌的胞内或胞外表达分子量在9.8 ~ 165 kDa（1 kDa = 1 000 g/mol）的病毒、细菌或真核来源的蛋白[68]。一般认为，外源蛋白在乳酸乳球菌中的分泌表达比在胞内（细胞质区域）表达更有优势，因为它不仅可以连续培养而且表达的蛋白不需要纯化。迄今为止，在乳酸乳球菌中已知的仅有两种胞外蛋白酶：一种是细胞壁锚定蛋白酶 PrtP（分子量约为 200 kDa），这是一种由质粒编码的蛋白酶，在不含质粒的宿主菌中不表达这种蛋白酶[69, 70]；另一种胞外蛋白酶是 HtrA[71]，当这种蛋白酶的基因缺失后，外源蛋白的分泌稳定性明显增强[72, 73]。作为一个优化方案，*HtrA* 缺陷型乳酸乳球菌被开发出来，由于其胞内的降解机制遭到破坏，这些突变菌株就会分泌产生更多的外源蛋白[72]。除此之外，*HtrA* 的降解活性可以通过添加一定浓度的盐到培养基中而受到抑制，但是这些盐并不影响乳酸乳球菌的生长速度[74]。而如何更加有效地提高外源蛋白在乳酸乳球菌中的分泌效率仍在研究中。

在乳酸乳球菌分泌表达外源蛋白时，分泌信号肽无疑起着至关重要的作用，有几个因素对分泌表达的效率有直接的影响：① 成熟蛋白与分泌信号肽之间的亲和性；② 信号肽酶对前体聚合多肽的有效切断能力；③ 成熟蛋白通过分泌机制的正确输送。所以这就不难理解，当某些外源蛋白与信号肽偶联后，其分泌效率还是很低的[75, 76]，除了上述因素的影响外，成熟蛋白的 N 末端部分的电荷也可能会极大地影响外源蛋白的穿膜转移效率[77]。在信号肽的末端氨基酸残基与成熟的外源聚合多肽的第一个氨基酸残基之间插入一个带负电荷的合成多肽后，外源蛋白在乳酸乳球菌中的分泌效率和产量均能得到提高[78, 79]。除此之外，有文献研究表明，当大肠杆菌的纤毛黏着素与短乳杆菌（*Lactobacillus brevis*）的信号肽偶联后，能在乳酸乳球菌中分泌表达[73]，但是在用作高水平分泌表达具有生物活性外源蛋白的信号肽时，Usp45 蛋白的分泌信号肽是乳酸乳球菌表达系统中最常用的，同时也是最成功的，而且在乳酸乳球菌作为分泌表达的宿主时，没有比 Usp45 信号肽更好的分泌信号肽[80]。

综上所述，在众多的信号肽中，有两种信号肽有效地提高了外源蛋白的分泌效率：一种是乳酸乳球菌的分泌蛋白 Usp45 的信号肽；另一种是细胞壁关联的蛋白酶 PrtP 的信号肽。有实验表明，Usp45 的信号肽的分泌效果好于 PrtP 的信号肽的分泌效果，因而 Usp45 的信号肽得到了更为广泛的应用。

1.2.5 乳酸乳球菌作为活疫苗输送载体的研究进展

乳酸乳球菌作为活疫苗输送载体具有以下几个独特优势：

（1）乳酸乳球菌是食品安全级的。

（2）乳酸乳球菌载体本身抗原性弱，不会引起强烈的免疫应答。

（3）乳酸乳球菌不会产生胞外酶。

（4）乳酸乳球菌不会在胃肠道内定植。

由此可见，与定植于胃肠道的乳酸菌的其他菌种（如乳酸杆菌）相比，乳酸乳球菌更适合用于将外源蛋白输送至黏膜表面，进而诱导黏膜免疫和系统免疫。

乳酸乳球菌作为一个理想的输送载体，通过分子生物学的方法可以设计成表达各种蛋白，并将一些具有治疗作用的蛋白输送到黏膜组织[81]。第一个探讨重组乳酸乳球菌作为黏膜载体的研究是，用重组乳酸乳球菌以细胞壁锚定（即细胞表面展示）方式表达变异链球菌（*Streptococcus mutans*）的一个保护性抗原（protective antigen，PAc），这种重组乳酸乳球菌灭活后，口服免疫小鼠后产生了 PAc 特异性的血清 IgG 和黏膜 IgA 抗体[82]，这也是第一次表明乳酸乳球菌能够作为输送载体，将抗原提呈给免疫系统。在此之后，重组乳酸乳球菌表达肺炎链球菌的 PspA，用丝裂霉素 C 杀死细菌后免疫小鼠，引起明显的 PspA 特异性的 IgG 抗体，而且 IgG1/IgG2 的比率及 IgA 在肺部的效价都大于用活疫苗免疫的效价。虽然灭活重组乳酸乳球菌比活的重组乳酸乳球菌的免疫效果更好，但是灭活疫苗减少了抗呼吸道传染病攻击的效率，主要原因是免疫应答中的 Th1 组分也减少了[83]。因此，探讨重组乳酸乳球菌活疫苗的应用尤为迫切，第一个研究课题组用活的乳酸乳球菌作为抗原输送载体的研究者是 Le Page 等[84]，他们利用重组乳酸乳球菌表达破伤风毒素片段 C（TTFC），免疫小鼠经皮下注射后能够抵抗破伤风毒素的致死性攻击。破伤风毒素片段 C 是一个简单的模式抗原，Le Page 课题组评价了重组乳酸乳球菌表达 TTFC 经口服和滴鼻免疫小鼠，结果显示，口服免疫产生的血清 IgG 和黏膜 IgA 抗体水平低于滴鼻免疫产生的抗体，但是在用 LD_{50} 20 倍剂量的破伤风毒素对口服免疫和滴鼻免疫后的小鼠进行致死性攻击后却产生了相同的保护效率[84-86]。

此外，分别用重组乳酸乳球菌和重组植物乳杆菌表达 TTFC，免疫小鼠后产生了保护性的免疫应答，从而抵抗破伤风毒素的攻击。由于剂量和其他方法学的不同，这些研究没有对这两种乳酸菌株的免疫原性进行直接比较[84, 86-89]。Grangette C.等用乳酸乳球菌和植物乳杆菌的丙氨酸消旋酶突变体作为 TTFC 的输送载体时发现，重组植物乳杆菌比重组乳酸乳球菌更具有免疫原性[90]，在这个研究中，在乳酸乳球菌中使用的是 nisin 诱导的表达系统，而在植物乳杆菌中使用的是强组成型的表达系统。两种不同的乳酸菌株使用两种不同的表达系统产生同样的抗原，这样的比较也不能说明问题。为了作一个直接的比较，分别用重组植物乳杆菌、重组乳酸杆菌、重组乳酸乳球菌通过使用重复剂量经口服途径免疫小鼠，结果发现在诱导产生 TTFC 抗体免疫应答方面没有显著的差别。虽然这三种乳酸菌载体在细胞壁的组成及在胃肠道的生理活性和生理行为都是有区别的，但是这也说明不同的乳酸菌株作为疫苗输送载体时，可能影响免疫应答的水平，但对这些载体的选择不是影响与表达的抗原相对应免疫应答的唯一因素[17]。除此之外，还与给药途径、表达抗原的数量以及表达抗原在细菌中的不同定位等因素有关。

迄今为止，至少有两篇文献研究了表达的抗原经口服途径免疫小鼠后缺乏相对应的免疫应答[91, 92]。实验证明[17]，经口服灌胃途径比滴鼻途径需要更多的剂量才能引起抗体应答，以重组乳酸乳球菌表达 TTFC 为例，当使用更多的抗原经口服途径免疫后，检测到的抗体效价也会更高些。因此，引起免疫应答要求一定的抗原数量和抗原的免疫原性以及选择合适的给药方式。

表达的外源抗原最终可以定位在细胞质区域（非分泌型）、细胞外（分泌型）和细胞壁表面展示（锚定型），选择不同的定位也会影响抗原的免疫原性。Le Page 等构建了重组乳酸乳球菌在细胞质区域表达 TTFC 和细胞壁表面展示 TTFC 两种表达模式，并对这两种表达模式的免疫效果进行了比较，结果是抗原定位表达在细胞壁上比表达在细胞质内更具免疫原性[93]。另外一个研究是用重组乳酸乳球菌表达人乳头瘤病毒（HPV）16 的 E7 抗原，分别将 E7 抗原表达在细胞质内、以分泌形式表达在细胞外以及表达在细胞表面，滴鼻免疫小鼠后通过检测细胞免疫应答来评价抗原的免疫原性[94]，结果小鼠用细胞壁锚定的 E7 抗原免疫后产生了更高的细胞免疫应答水平，表达在细胞内的 E7 抗原免疫后的抗体应答水平次之，而分泌型 E7 抗原免疫小鼠后获得的细胞免疫应答水平最低。这可能与抗原在细胞的不同定位从而导致产生抗原数量不同有关。

通常认为，在小鼠模型中，TH1 类型的细胞因子促使向 IgGa 转换，并抑制 IgG1 水平，IgG1 是与 TH2 相关联的免疫应答。但在重组乳酸乳球菌表达的 TTFC 免疫的小鼠模型中诱导的细胞免疫是一个混合的 TH 细胞应答[87, 88, 93, 95]。通过口服灌胃免疫小鼠后，在小肠和脾脏检测到了 TTFC 特异性的混合有 TH1 和 TH2 类型的细胞因子的 TH 细胞应答。然而，当乳酸乳球菌疫苗平行给药后，获得了较高的 IgG1 亚型水平，这也被证实在决定应答亚型时免疫途径的重要性。乳酸乳球菌疫苗能够将细胞免疫应答转向 TH1 的能力对于免疫策略来说是有利的，肺炎链球菌感染的呼吸道疾病模型中证实了这种情况[83]。

1.2.6 抗原和细胞因子的共表达

重组乳酸乳球菌分泌表达具有生物活性的 IL-2（白细胞介素 2）[96]，这激起了研究者去探究是否能通过共表达 IL-2 或 IL-6 细胞因子和模式抗原 TTFC 而引起黏膜免疫和系统免疫的兴趣[97]。用重组乳酸乳球菌共表达 IL-2 或 IL-6 与 TTFC 产生的抗 TTFC 的血清应答的峰值比单纯表达 TTFC 的重组乳酸乳球菌相比高了 10～15 倍。首次证实具有生物活性的细胞因子与抗原共表达后能够通过乳酸乳球菌输送至黏膜部位。

由于 IL-12 的系统给药具有较强的副作用，这就驱使研究者考虑用新的给药途径来减少副作用的产生。而用重组乳酸乳球菌表达 IL-12 进行黏膜输送无疑具有很强的优势，IL-12 对 T 细胞和 B 细胞具有多向性作用，是 TH1 分化的主要调节因子。干扰素-γ 和 IL-12 是由 TH1 细胞产生的，在刺激 NK（自然杀伤性）细胞活性和细胞毒性淋巴细胞的成熟方面发挥着关键作用。分泌表达 IL-12 的重组乳酸乳球菌和展示在另一种重组乳酸乳球菌细胞壁表面的 HPV16 的 E7 抗原通过滴鼻途径共同免疫小鼠，加强免疫后，小鼠用表达 E7 抗原的致死性的肿瘤细胞株 TC-1 进行攻击。在联合免疫组，50%的小鼠能够耐受肿瘤生长至少 100 天，用重组乳酸乳球菌展示表达 E7 抗原进行免疫后的比例是 35%，而对照组没有存活的[98]。

总而言之，合成抗原的数量对于诱导免疫应答是主要影响的因素。除此之外，免疫途径、表达类型的选择和细菌在胃肠道的生理行为都会影响到最终的免疫应答。在诱发系统免疫方面，滴鼻给药似乎比口服灌胃途径更有效，细菌在胃肠道内的短暂驻留是否对免疫效果产生有利的影响也不是很确定，这需要用同一基因型的细菌来评价它们在体内的影响。有证据说明用重组乳酸乳球菌进行免疫能够促使混合的 TH 细胞应答。随着对不同乳酸菌菌株免疫调节性质的了解，选择乳酸菌作为疫苗载体，从而影响 Th_1 和 Th_2 细胞因子之间的平衡是可能的。

1.2.7 重组乳酸乳球菌用于治疗炎症性肠病的研究

炎症性肠疾病（inflammatory bowel disease，IBD）是一组肠道长期炎症或溃疡的疾病的总称。IBD 的病因和发病机制还不是十分清楚，但是免疫功能紊乱被公认为是 IBD 发病的关键因素之一。最常见的 IBD 包括溃疡性结肠炎（ulcerative colitis，UC）和克罗恩病（Crohn's disease，CD），主要症状包括严重腹痛、发烧、寒战和腹泻等。

IL-10 是一种很强的抗炎的细胞因子而在 IBD 患者中具有很强的治疗潜力。Steidler L.等首次进行了重组乳酸乳球菌分泌表达 IL-10 在两个不同的小鼠模型中用于防治结肠炎的研究[99]，IL-10 对 IBD 的治疗作用在慢性回肠结肠炎 IL-10 基因敲除小鼠（$IL\text{-}10^{-/-}$）[100]，以及在各种结肠炎的动物模型中得到论证[101-103]。对 IBD 患者进行重组人 IL-10 的全身给药后的临床结果不太理想，有限的临床效果以及各种副作用的产生限制了人重组 IL-10 的应用[104，105]，然而，将重组人 IL-10 直接靶向到炎症部位，比如肠，就能够解决很多问题。由此可见，重组乳酸乳球菌表达人 IL-10 用于治疗肠道疾病无疑是一个比较好的选择。

每天口服分泌表达小鼠 IL-10 的重组乳酸乳球菌，与抗炎药物（如地塞米松、抗 IL-12 抗体）相比较，能够在葡聚糖硫酸钠（DSS）诱发的慢性结肠炎小鼠模型中发挥有效的治疗作用，但剂量却比全身性的重组 IL-10 给药少了 10 000 倍[100]。而且每天口服分泌表达小鼠 IL-10 的重组乳酸乳球菌也能够预防 IL-10$^{-/-}$小鼠中自发性肠炎的形成[100]。这种口服活的重组乳酸乳球菌在三硝基苯磺酸钠（TNBS）诱导的结肠炎小鼠模型中也是有显著疗效的[106]。通过遗传修饰的重组乳酸乳球菌分泌表达人 IL-10 在 DSS 诱导的结肠炎小鼠模型中也表现出生物学活性并且减少了炎症的发生[107]。

为了探讨重组乳酸乳球菌分泌表达人 IL-10 在人身上的安全性，由比利时根特大学 Steidler L.领导的研究小组用人 IL-10 基因替换掉乳酸乳球菌中一个控制细菌生长和存活所必需的基因，也就是用乳酸乳球菌染色体上胸苷合成酶基因（thyA）被人 IL-10 基因替代。因为肠内含有胸苷，所以乳酸乳球菌无须产生胸苷也能在肠道中存活。但肠外一般不产生胸苷，遗传改造后的乳酸乳球菌被放置到没有胸苷的环境下 72 h 后全部死亡。研究人员希望 IBD 病人可以受益于这种改造细菌，但首先要确定这种遗传改良细菌不会传播到健康人体内。这种方法虽不是 IBD 最终的治愈方法，但可作为减轻 IBD 症状的一条新途径。小规模的临床 I 级试验证实了重组乳酸乳球菌分泌表达的 IL-10 治疗克罗恩病不仅是有效的，而且在人体内进行黏膜输送也是可行的[108]。这个里程碑式的研究为重组乳酸乳球菌疫苗在人体上的应用铺平了道路。目前，已经在临床试验中评估了口服重组乳酸乳球菌分泌表达人 IL-10 对 10 个从轻度到重度 CD 患者的治疗作用[108, 109]。其中在 8 个患者中有明显的临床效果：5 个患者得到了完全缓解，3 个患者表现出了明显的临床应答。这个试验是研究乳酸乳球菌作为疫苗输送载体有史以来第一个上临床试验的，不仅表明这种口服遗传修饰过的乳酸乳球菌在治疗患者中的可行性与安全性，而且证实这种细菌对治疗炎症性肠疾病也具有很大的潜力[108]。

三叶因子家族的多肽是一群主要由胃肠道黏液细胞分泌的小分子多肽，其共同特征为均含一种特殊的 P 结构域，由 38 ~ 39 个氨基酸通过 6 个半胱氨酸残基经由 3 个二硫键相互连接使整个肽链扭曲折叠形成三叶状结构而得名。这种稳定结构使三叶因子家族具有明显的抗蛋白酶水解酸消化及耐热特性，因而能在消化道复杂的环境中保持生物活性。目前在哺乳动物体内发现的有 pS2/TFF1、SP/TFF2 和 ITF/TFF3 三种，它们具有保护黏膜与修复肿瘤抑制信号传导调节细胞凋亡等功能。TFF1，2，3 可以在黏膜损伤后起到保护和治疗作用，是一种新兴的治疗炎症性肠疾病试剂。已经有较多的文献证实，TFF 多肽通过口服、皮下或直肠等途径给药后，对各种黏膜损伤都有保护和治疗的效果[110-121]。在一种 IL-10$^{-/-}$小鼠模型中，重组乳酸乳球菌分泌表达 TFF 通过口服灌胃途径，将 TFF 多肽输送至结肠黏膜，能够有效地阻止并治疗自发的结肠炎以及 DSS 诱导的急性结肠炎[61]。

环氧合酶（Cyclooxygenase，COX）-2，是一种已知靶向 TFF 多肽的信号[122, 123]，用重组乳酸乳球菌分泌表达的 TFF 进行治疗时，能够在小鼠的小肠部位诱导产生 COX-2。在 DSS 诱导的急性结肠炎小鼠模型中，美洛昔康可以抑制 COX-2 的产生，进而减弱对急性结肠炎的预防效果。实验表明，遗传修饰过的重组乳酸乳球菌能够与基底外侧的结肠细胞紧密接触，通过 M 细胞转运或通过上皮的破裂，表达的 TFF 多肽累积到达一定量后，与基底外侧结肠的 TFF 受体结合。在急性肠炎的保护和恢复方面，通过重组乳酸乳球菌分泌表达的 TFF 经口服途径免疫后导致 COX-2 的上调是至关重要的[124]。

近年来报道了一个用于治疗结肠炎的新的策略[125],这个策略是基于乳酸乳球菌分泌表达 LcrV。LcrV 是由致病的耶尔森氏菌科（yersiniae）的细菌在逃避宿主的免疫应答时而产生的一种抗炎症的蛋白。在三硝基苯磺酸（TNBS）和 DSS 诱导的结肠炎小鼠模型中证实了重组乳酸乳球菌分泌表达的 LcrV 具有治疗的潜力。在 TNBS 诱导的小鼠结肠炎模型中，基于宏观病变评分，乳酸乳球菌分泌表达的 LcrV 大约有 50%的保护效率，这与以前报道过的 IL-10 菌株一样有效[125]，而且在预防 DSS 诱导的小鼠结肠炎模型中同样有效。

总之，重组乳酸乳球菌分泌表达 IL-10 细胞因子、TFF 多肽以及 LcrV 未来在治疗人类炎症性肠疾病的黏膜治疗中表现出诱人的前景。

综上所述，随着乳酸乳球菌表达系统的成功开发，乳酸乳球菌作为黏膜输送载体已经在免疫学领域展示了很好的应用前景。NICE 系统已经被证实是一个高效、可控的诱导型表达系统，在病毒抗原基因的表达方面有着十分诱人的潜力。黏膜免疫被认为是抵抗细菌或病毒感染的第一道防线，所以应用重组乳酸乳球菌表达病毒抗原基因，并经黏膜输送后产生有效的免疫防护，这将是一个令人欣喜的应用。然而，重组乳酸乳球菌表达系统在防治禽流感病毒方面的研究还没有开展，成熟的 NICE 系统将在流感疫苗开发领域带来新的契机。

1.2.8 禽流感病毒简介

流感病毒（influenza virus）通过呼吸道感染从而给人类和动物的健康带来严重的威胁。流感病毒归属于 RNA 病毒的正黏病毒科（Orthomyxoviridae）流感病毒属（influenza virus）。根据流感病毒的核蛋白（nucleoprotein，NP）和基质蛋白（matrix protein，M）的不同，可分为 A（甲）、B（乙）和 C（丙）三型。禽流感病毒（avian influenza virus，AIV）属于 A（甲）型病毒，根据病毒颗粒表面抗原血凝素（hemagglutinin，HA）和神经氨酸酶（neuramidinase，NA）的不同而划分为不同的亚型，目前有 16 种 HA 亚型（H1-H16）和 9 种 NA 亚型（N1-N9）[126，127]，它们之间可以构成不同的组合，如 H5N1、H7N7 等。一般认为，H5 和 H7 是属于高致病性的亚型[128]，感染人的禽流感病毒亚型主要有 H5N1、H7N7 和 H9N2。

禽流感病毒基因组由 8 股负链的单链 RNA 片段组成，共编码 10 个病毒蛋白，其中 8 个是病毒粒子的组成成分（HA、NA、NP、M1、M2、PB1、PB2 和 PA）以及 2 个非结构蛋白（NS1 和 NS2）。禽流感病毒一般为球形，直径为 80 ~ 120 nm，病毒表面有密集的钉状物或纤突覆盖，它们是 HA（棒状三聚体）和 NA（蘑菇状四聚体）。禽流感病毒的结构模式图如图 1-9 所示[129]。

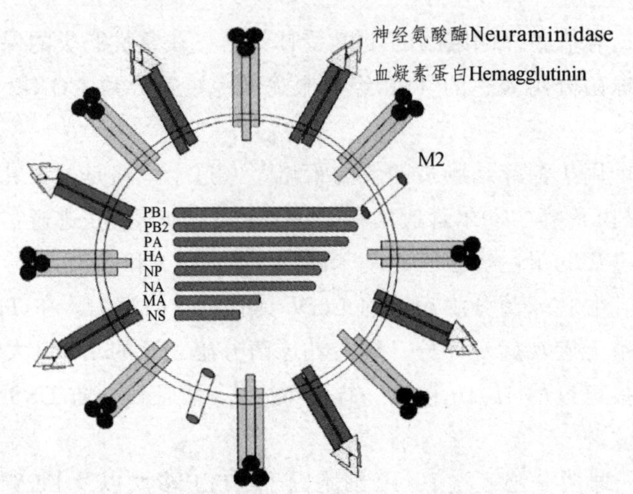

图 1-9　禽流感病毒的结构模型示意图[129]

Figure 1-9　Schematic model representation of avian influenza virus[129]

禽流感病毒的主要抗原成分是 HA、NA、NP 和 M1，其中 HA 和 NA 具有亚型特异性。HA 蛋白是由 RNA 片段 4 编码的，是禽流感病毒主要的表面糖蛋白，具有诱导机体产生中和抗体的能力，是一种保护性抗原[130, 131]，HA 在病毒入侵宿主的过程中扮演重要角色。首先 HA 蛋白 N 端得信号肽被信号肽酶切除，然后在蛋白酶作用下，裂解成 HA1 和 HA2，HA1 与宿主细胞上的受体结合，使病毒附着于易感细胞。HA2 则诱使病毒囊膜与宿主细胞的细胞膜融合。HA1 和 HA2 的协同作用，使病毒顺利完成入侵过程[132]。而决定禽流感致病毒力强弱的关键因素就在于 HA 是否完全被裂解成 HA1 和 HA2 两个片段[133]，碱性氨基酸的存在以及细胞内泛素蛋白酶的水解作用是病毒发挥致病性不可或缺的因素。高致病性禽流感病毒的裂解位点含有 6 个连续的碱性氨基酸，而低致病性禽流感病毒则有 2 个连续的碱性氨基酸。人类流感病毒一般为 1 个碱性氨基酸。NA 蛋白是由片段 6 编码的一种Ⅱ型糖蛋白，通过识别感染细胞表面的流感病毒受体末端的唾液酸残基，使病毒顺利进入靶细胞[134, 135]。在流感病毒出芽过程中，NA 蛋白还可催化去除病毒与宿主细胞之间起连接作用的唾液酸，从而促进子代病毒粒子的成熟与释放。所以 NA 蛋白既是一种唾液酸酶，又是一种受体破坏酶。NP 蛋白是由片段 5 编码的，是主要的结构蛋白，与病毒 RNA 相互作用形成 RNP。片段 7 编码 M1 和 M2，其中 M1 具有支撑病毒包膜的功能，M2 具有离子通道的作用。两个非结构蛋白 NS1 和 NS2 是由片段 8 编码的，其中 NS1 只存在于被感染的细胞中，而 NS2 则存在于病毒粒子中。片段 1、2、3 分别编码 PB2、PB1 和 PA，它们的主要作用是参与病毒 RNA 的合成。

1.2.9　流感大流行

20 世纪发生了三次流感大流行[136]，其中最具破坏性的一次是在 1918 年发生的西班牙流感，导致4亿～5亿人死亡[137]，这次流感大流行是由A型H1N1流感病毒引起的。研究者们试图通过各种途径去弄清楚H1N1病毒是如何导致这次大流行的。然而，时至今日关于这个病毒为何具有高毒力的机制仍然不清楚[138-142]。第二次是在1957年发生的亚洲流感，由A/H2N2病毒引起，致使近1亿人死亡，这个病毒的HA、NA和PB基因片段来源于禽流感病毒，其他基因片段来源于人流感病毒。第三次是在1968年发生的香港流感，由A/H3N2病毒引发，致使近2亿人死亡，在这个病毒中，HA和PB基因片段来源于禽流感病毒，而其他基因片段则来源于禽流感病毒。1957年和1968年的流感病毒是由于基因重组而产生的[143]。人类带着恐慌和极大的研究热情进入了21世纪，在2009年3月，始于墨西哥和美国西南部的流感又暴发了，这次流感大暴发是由A型H1N1病毒引起的，该病毒基因组由猪、禽和人流感病毒的基因片段组成。

一般认为，禽流感病毒优先与含有α2，3连接的唾液酸的细胞受体结合，而人流感病毒则与α2，6连接的唾液酸受体结合[144，145]。从微生物学角度讲，有三方面的原因阻止了禽流感病毒对人类的侵袭。第一，人呼吸道上皮细胞不含禽流感病毒的特异性受体，即禽流感病毒不容易被人体细胞识别并结合；第二，所有能在人群中流行的流感病毒，其基因组必须含有几个人流感病毒的基因片断；第三，高致病性的禽流感病毒由于含碱性氨基酸的数目较多，使其在人体内复制比较困难。所以一般情况下，禽流感病毒不能在人体内有效地复制，这就说明直接从禽流感病毒向人类传播是一个概率极低的事件。然而，这种人类独有的天然屏障在1997年被打破了，高致病性禽流感病毒H5N1完成了直接从禽到人的传播，在1997年5月，从一个死亡的3岁香港男孩身上分离到H5N1禽流感病毒[146，147]。这表明高致病性禽流感H5N1病毒可以不经过中间宿主而直接传播给人，如图1-10所示。其中，在PB2蛋白中的第627位的氨基酸具有决定病毒毒力的作用。尽管高致病性禽流感病毒H5N1在人类中没有构成大流行，但是在东南亚的禽类中却不断大爆发[148-150]，随着病毒基因组的进化，谁也无法保证该病毒不会在人类中诱发大流行，而一旦呈流行趋势，这种病毒造成的人类死亡或许是人类历史上又一次的重大灾难。

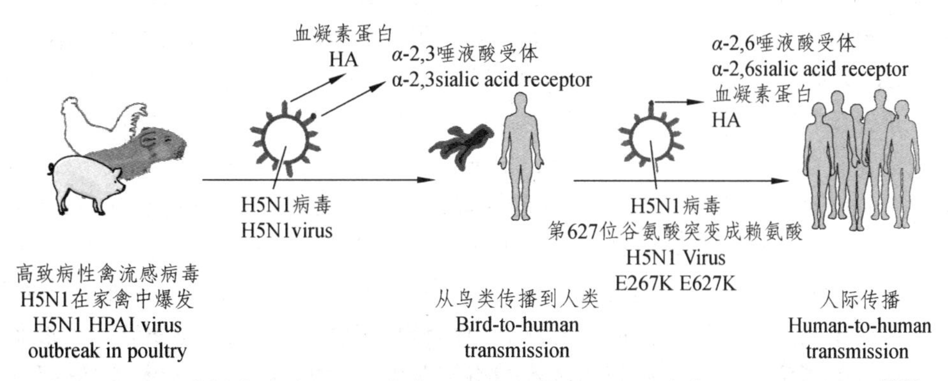

图1-10　高致病性禽流感H5N1病毒不经过中间宿主而直接传播给人的示意图[151]

Figure 1-10　Schematic representation of highly pathogenic avian H5N1 virus direct transmission to human without intermediate animals[151]

禽流感病毒 H5N1 的大流行需要满足以下几个条件：① 高致病性禽流感病毒 H5N1 首先在家禽中爆发，并在病禽与人之间有直接接触；② 当人与大量的病毒接触后，病毒会在下呼吸道与禽源的唾液酸受体结合；③ 病毒在人的下呼吸道复制增殖，导致呼吸困难；④ 病毒变异识别人源的唾液酸受体，并在上呼吸道生长繁殖；⑤ 变异后的病毒可以通过咳嗽和打喷嚏的途径在人与人之间传播；⑥ 由于人对 H5N1 病毒没有免疫性，所以在短时间内极易在人群中流行，进而导致 H5N1 的大流行。这种高致病性禽流感病毒不经过中间宿主而直接传播给人类，主要原因是病毒表面的血凝素蛋白 HA 的受体结合域发生了变异，从而与人呼吸道上的唾液酸受体结合，最终导致 H5N1 病毒在人与人之间传播[152]。

禽流感病毒的抗原非常容易发生变异，分为抗原转变（antigen shift）和抗原漂移（antigen drift）。抗原转变是指流感病毒基因经过重排，从而导致新的流感病毒株的出现。主要有以下三种原因导致抗原转变：① 人与动物流感病毒基因片段进行重组，特别是 HA 和 NA 基因片段的交换；② 流感病毒基因变异后导致受体特异性的改变，从而出现受体转移；③ 旧亚型株的再次出现。抗原转变是诱发流感大流行的直接因素。抗原漂移是指流感病毒内部的 HA 基因和/或 NA 基因发生点突变或多点突变，从而使 HA 和/或 NA 蛋白的氨基酸序列发生改变，进而出现新的变种。由于流感病毒的 RNA 聚合酶没有校正功能，导致流感病毒基因在复制时容易出错[152]，所以流感病毒发生抗原漂移是不可预知和不可避免的。由于流感病毒频繁发生抗原变异，不断出现新的毒株，造成疫苗研制的进度跟不上病毒变异的速度。

1.2.10 高致病性禽流感 H5N1 病毒疫苗的研究进展

1. 全病毒灭活疫苗

接种疫苗被认为是控制流感大流行最有效的预防措施。常用 H5N1 灭活疫苗主要用于家禽。灭活疫苗是将病毒接种于鸡胚中，收集鸡胚中的尿囊液，经密度梯度离心浓缩纯化后，并用福尔马林或β-丙内酯灭活而制备出的灭活全病毒疫苗，经肌肉或皮下注射途径可免疫家禽或人。目前，世界上使用的禽用禽流感疫苗绝大部分是国际兽疫局（OIE）推荐生产的全病毒抗原油佐剂乳化灭活疫苗。这种疫苗安全性好、抗原成分齐全及免疫原性强且不会出现毒力返强和变异的危险，广泛用于家禽免疫。但是灭活疫苗也存在一些无法克服的缺点，如免疫效率低下、免疫剂量大以及不能诱导有效的黏膜免疫和细胞免疫应答,所以接种灭活疫苗不能抑制呼吸道中流感病毒的复制。由于接种动物的血清检测呈阳性，所以无法与自然感染者区分开，从而影响了疫情的监测。尽管针对全病毒灭活疫苗做了大量的研究，如开发更有效的佐剂等，但全病毒灭活疫苗并未成为禽流感疫苗研究的重点。而且对于高致病性禽流感 H5N1 病毒而言，制备出有效的灭活疫苗是一件相当困难的事。首先，因为 H5N1 病毒不能作为种子病毒而用于灭活疫苗的制备。其次，很难从鸡胚中获得高纯度的尿囊液。此外，H5N1 病毒的高毒力对疫苗生产者也是一个潜在的威胁。

2. 基于细胞培养为基础制备流感疫苗的研究

全病毒灭活疫苗制备过程中的技术要求使得以鸡胚为基础生产的灭活疫苗很难在流感大流行有所作为，而改用以细胞培养为基础制备 H5 亚型疫苗无疑是一个很有潜力的新方法。以鸡胚为基础制备流感疫苗，目前用于大规模制备流感疫苗的两个哺乳动物细胞系分别是 Madin-Darby 犬肾细胞（MDCK）系和非洲绿猴肾细胞（Vero）系。与流感病毒在鸡胚上生长相比，流感病毒在哺乳动物细胞培养液中生长更接近于人类临床上的样本，用此方法制备的灭活疫苗能诱导更多的交叉反应性血清抗体以及起到更好的保护作用。[154-156]

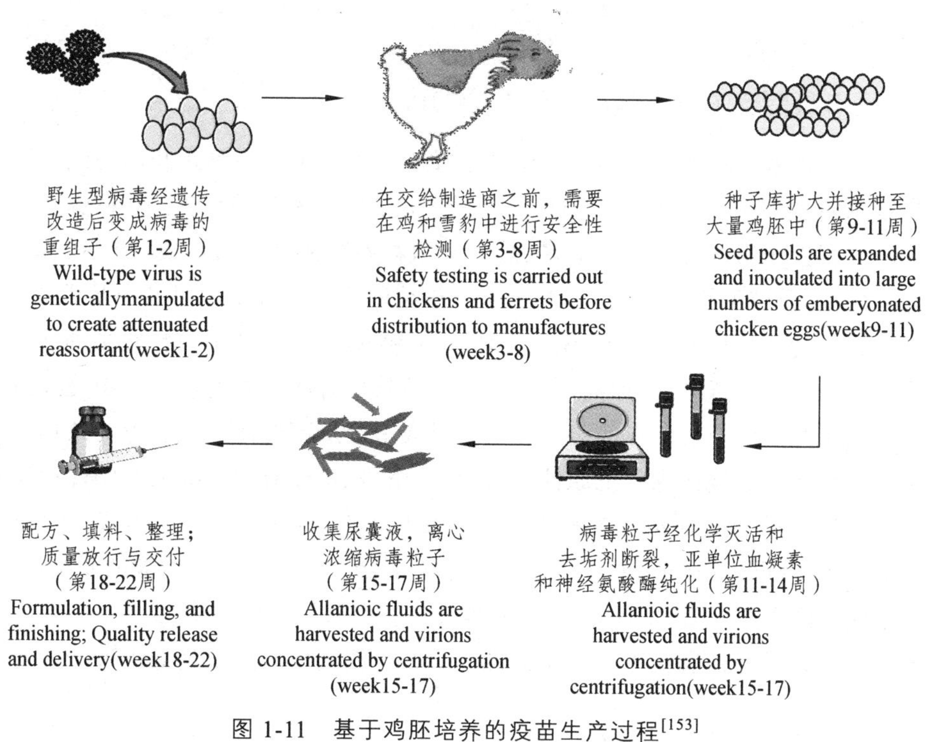

图 1-11　基于鸡胚培养的疫苗生产过程[153]

Figure 1-11　The vaccine production process with the egg-based method[153]

3. 减毒活疫苗

活的减毒流感疫苗（live attenuated influenza vaccine，LAIV）是基于流感病毒生长所需的温度低于人正常温度而致使供体株减毒的理念开发出来的。这种减毒活疫苗主要用于预防季节性流感。第一个抗季节性流感的 LAIV 是俄罗斯开发成功的[157]。2003 年美国生产的 LAIV（FluMist™）对 5 ~ 49 岁年龄段的健康人进行接种，用于预防季节性流感。FluMist™ 使用的原毒株是冷适应的 A/Ann Arbor/6/60（H2N2）和 B/Ann Arbor/1/66 株[158-160]。减毒活疫苗一般通过滴鼻途径进行给药，可以将抗原直接输送至鼻咽关联的淋巴组织次级黏膜免疫细胞。接种 LAIV 后，人体不仅能抵抗同源的毒株，而且也能抵抗原漂移的流感病毒[161]。病毒不能在人上呼吸道复制，这就限制了病毒的反应原性，但不影响免疫原性。Suguitan 等通过反向遗传学技术制备了 H5N1 减毒活疫苗，这种疫苗在小鼠模型上具有免疫原性，滴鼻接种一次这种疫苗，4 周后用同源或异源的 H5N1 病毒进行攻击，结果小鼠获得了 100%的保护[162]。与灭活全病毒疫苗相比，减毒活疫苗不仅能诱导体液免疫和细胞免疫，而且还能诱导黏膜免疫以及细胞毒性 T 细胞应答，从而在系统和黏膜水平上提供保护。这些优点使得 LAIV 在人类预防流感大流行中成为一种很有优势的疫苗。但是接种 LAIV 是否足够的安全，这有待进一步的观察。不过，随着 LAIV 开发技术的完善与成熟，它将是人类征服流感的一个有力武器。

4. 反向遗传技术在流感疫苗开发中的应用

反向遗传技术是一种新兴的分子生物学技术，由 Luytjes 等人开创的流感病毒反向遗传技术始于 1989 年[163]，经过近 20 年的发展，该技术日趋完善，并在流感疫苗开发领域发挥积极作用。目前使用最多的是 12 质粒系统和 8 质粒系统。其中 Neumann 等人建立的 12 质粒系统，用 8 个质粒分别准确编码流行病毒基因组 8 个基因片段，并用 4 个质粒表达 4 种病毒蛋白（PB2、PB1、PA 和 NP），这 12 个质粒转染细胞，最终产生合成性的流感病毒[164]，如图 1-12 所示。该技术有两个关键点：一个是经过遗传修饰可以对 HA 基因裂解位点的编码序列进行改造，从而使禽流感病毒的致病力减弱或消失，而且还不影响病毒的抗原性[165]；另一个是 A/Puerto Rico/8/34（H1N1-PR8，简称 PR8 株）作为骨架病毒。PR8 株是从人身上分离得到的，世界卫生组织（WHO）已经同意 PR8 株可以用作一个骨架病毒。在图 1-10 所展示的 12 质粒的系统中，HA 和 NA 基因片段来源于 H5N1 病毒，而其他 6 个基因片段来源于 PR8 株，它是从人身上分离得到的，已经证实在人身上是减毒的，并且在鸡胚上生长良好[166]。

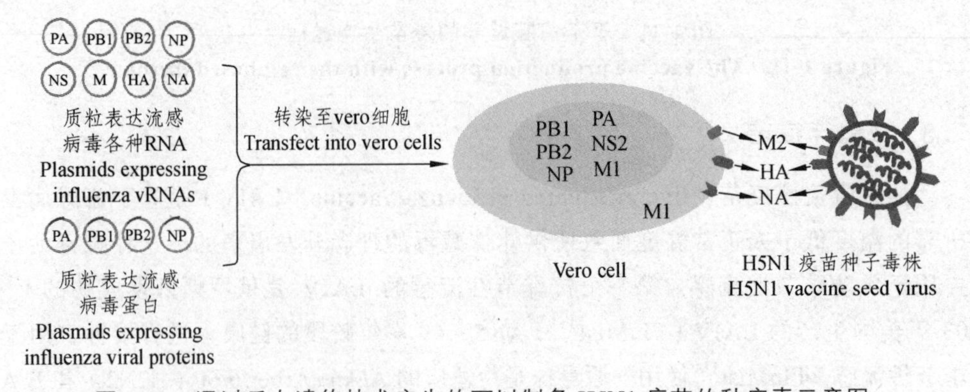

图 1-12　通过反向遗传技术产生的可以制备 H5N1 疫苗的种病毒示意图

Figure 1-12　Diagram of the H5N1 vaccine seed virus candidates produced by reverse genetics

如图 1-12 所示，通过逆转录获得 H5N1 病毒的全长 cDNA，对 HA 基因裂解位点的编码序列进行修饰，使得 H5N1 病毒从高毒力变为无毒，NA 基因片段来源于流行的 H5N1 病毒，将修饰后的 HA 基因片段和 NA 基因片段分别克隆进带有 RNA 聚合酶 I 的质粒载体，进而合成病毒 RNA。全长 cDNA 的另外 6 个基因片段（PB2、PB1、PA、NP、M 和 NS）也分别克隆到同样的质粒载体，这种质粒载体来源于可以在鸡胚上生长的 PR8 株。另外的 4 个质粒分别表达 PB2、PB1、PA 和 NP，它们均来源于 PR8 株，主要功能是参与病毒 RNA 的转录与复制。将构建好的 12 个质粒转染到 Vero 细胞，就可用于人用疫苗的生产。转染后的细胞培养 2～4 天后收集上清并接种于鸡胚扩增复苏的病毒，复苏后的病毒中包含有来源于 H5N1 病毒的 HA 和 NA 基因片段，以及来源于 PR8 株的 6 个基因片段。这个用于家禽和人疫苗生产用的种病毒是无毒的，能在鸡胚上生长，并与流行的 H5N1 病毒具有相同的抗原[151]。[Full length cDNAs of HA, modified so that its cleavage-site coding sequences were altered from virulent to avirulent, and NA gene segments of the circulating H5N1 virus were cloned into RNA polymerase I (PolI)-based plasmids that synthesize viral RNA(vRNA). Full-length cDNAs of the other six gene segments (PB2, PB1, PA, NP, M and NS) were cloned into the same plasmid vector from the PR8 strain, which grows well in chicken embryonated eggs. An additional four plasmids, expressing PB2, PB1, PA or NP, which are required for transcription and replication of viral RNAs, were also prepared from the PR8 strain. A total of 12 plasmids were thus transfected into Vero cells, which are approved for human vaccine production. The transfected cells were then cultured for 2-4 days and their supernatants subsequently inoculated into eggs to amplify rescued virus that contains HA and NA segments derived from the H5N1 virus and the other six segments derived from PR8. The resultant vaccine seed virus should be avirulent for poultry and human, grow well in eggs and be antigenically identical to the circulating H5N1 viruses [151].]

Hoffmann 等人建立了 8 质粒反向遗传系统，其基本原理是将病毒 cDNA 插入 RNA 聚合酶 I（pol I）与终止序列之间，在完整的 pol I 转录单元的两侧分别是 RNA 聚合酶 II 启动子（pol II）和多聚腺苷酸位点（Poly A），利用这两套转录单元就可以从一个病毒 cDNA 模板上同时合成负链 RNA 和正链 mRNA，转染细胞后可以利用宿主细胞的复制及转录机制产生并释放出具有感染性的流感病毒粒子。这个系统最大的特点是在一个带有双启动子的质粒载体中表达病毒 RNA 和蛋白[167]。

5. 反向遗传技术在 H5N1 疫苗开发中的应用

制备灭活 H5N1 流感疫苗（全病毒或亚病毒粒子）的传统方法是使用种病毒，它在抗原上更接近流行的 H5N1 病毒[168]。有两种基本的方法用于制备 H5N1 种病毒。第一个方法是用自然发生的 H5N1 种病毒，它是没有经过遗传修饰的，这种病毒具有高致病性并能在鸡胚上有效生长。第二个方法是通过 8 质粒反向遗传学技术制备 H5N1

种病毒，如图 1-13 所示[169]。然而大多数 H5N1 疫苗生产商报道从反向遗传技术来源的 H5N1 病毒抗原产量低于季节性的流感病毒[170]，所以急需提高反向遗传学技术来源的 H5N1 种病毒在鸡胚中的产量。目前，开发出了几个可在鸡胚上迅速生长的种病毒（PR8-H5N1，6：2 重配），包括 NIBRG-14（由英国 National Institute for Biological Standards and Control 生产）、VN/04Xpr8-rg（由美国 St Jude Children's Research Hospital 生产）以及 VNH5N1-PR8/CDC-rg（由美国 Centers for Disease Control and Prevention 生产），它们已经用于 H5N1 灭活疫苗开发领域[171, 172]。

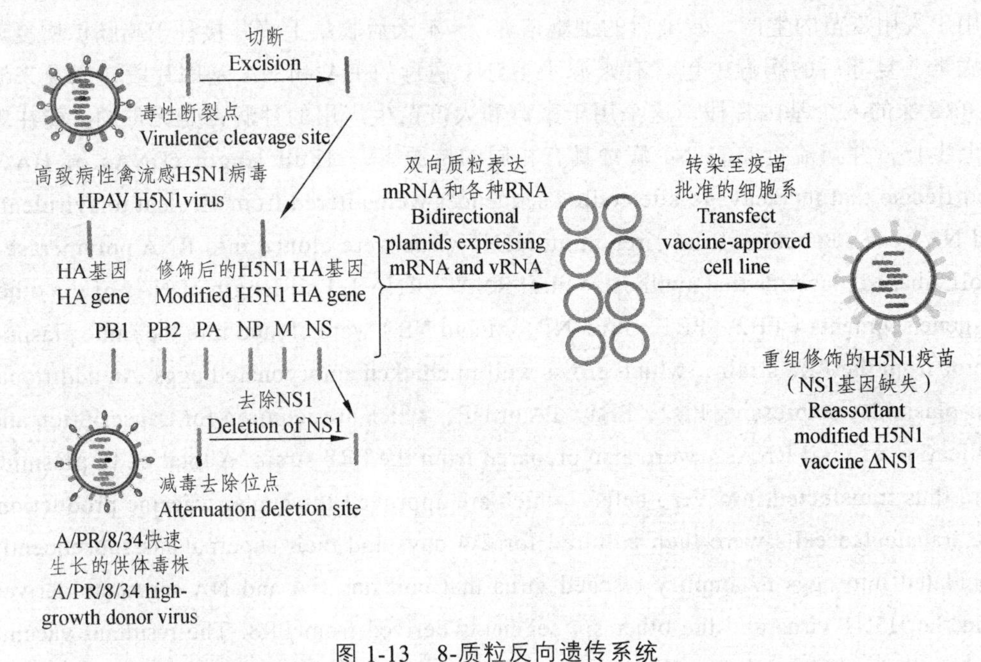

图 1-13　8-质粒反向遗传系统

Figure 1-13　The eight-plasmid reverse genetics system

如图 1-13 所示，高致病性的禽流感病毒 HA 的全长 cDNA，通过修饰以达到其裂解位点的编码序列改变，从剧毒到无毒。然后与来源于 H5N1 病毒的 NA 基因克隆至带双启动子的质粒，这种质粒可以合成负链的病毒 RNA 和正链 mRNA。其他 6 个基因片段的全长 cDNA 克隆进同样的质粒载体，这种质粒载体来源于高生长性的供体 A/PR/8/34（H1N1）病毒。8 个质粒转染到用于制备疫苗的细胞株（如 Vero 细胞），然后分离这个重配的病毒。这个重组的病毒可以用于制备灭活的全病毒疫苗或裂解疫苗。通过对供体病毒 PR8 株进行修饰，可以制备减毒活疫苗。图中显示的是 NS1 基因的缺失[169]。[Full-length cDNA of high pathogenic（HP）avian virus HA，modified so that its cleavage-site coding sequences were altered from virulent to avirulent，and wild-type NA of H5N1 virus were cloned into plasmids with dual promoters that allow synthesis of both negative-sense viral RNA and positive sense mRNA. Full-length cDNAs of the other six internal gene segments were cloned into the same plasmid vector from the high-growth donor A/PR/8/34(H1N1)virus. Cell line that is certified for vaccine strain preparation(e.g. Vero cells) is transfected with the plasmids, and the ressortant virus is isolated. The recombinant viruses may be used as inactivated whole-virion or split vaccine. Live attenuated vaccine may be prepared by modification of donor virus as shown here for a deletion of NS1 gene [169].]

通过反向遗传学技术得到的 H5N1 种病毒（A/Vietnam/11994/04）的制备的全病毒灭活疫苗，并使用氢氧化铝作为佐剂，于 2006 年在我国进入临床试验阶段[173]。通过随机分组，安慰剂对照，在 18～60 岁的 120 个志愿者中进行了双盲的临床 I 级实验。在两个 10 μg 的 HA 剂量后检测到了抗体应答，在 78 个人中检测到血清抗体阳性。两个剂量的给药方案符合欧洲药监局每年授权的季节性流感疫苗的要求。尽管灭活的 H5N1 全病毒疫苗具有良好的耐受性[173]，但是早期的全病毒疫苗会引起发热，尤其在儿童中[174, 175]，所以应用 H5N1 全病毒灭活疫苗进行大规模免疫之前，还有很多指标需要观测。

以反向遗传技术为基础制备的 H5N1 减毒活疫苗，在小鼠和雪貂上进行实验[162, 176]，这种修饰后的 H5N1 冷适应的候选减毒疫苗在小鼠上具有免疫原性，并在小鼠、雪貂和小鸡上是减毒的，能保护小鼠和雪貂抵抗同源或异源野生型流感病毒包括 A/Vietnam/JPH0321/05 和 A/Indonesia/05/05 的联合攻击。这些在小鼠、小鸡和雪貂上的动物实验为临床上评价 LAIV 的安全性、免疫原性和有效性提供了帮助。

通过反向遗传技术对流感病毒非结构性蛋白 1（NS1）的流感病毒进行改造，可以作为一个制备减毒活疫苗的合理方法。NS1 是宿主 IFN 应答的主要的拮抗剂[177, 178]，通过反向遗传技术，构建 NS1 缺失的流感病毒，使得改造后的流感病毒不能在 IFN 感受态细胞中复制，在小鼠作为宿主的实验中是高度减毒的，并提供 100%的免疫保护效率[179]。除此之外，缺少功能性 NS1 蛋白的流感病毒可以产生高水平的 IFN 和其他细胞因子，这些细胞因子可以增强这种改造后的流感病毒的免疫原性[180]。内源性 IFN 的高表达，能够提高免疫球蛋白的产生和促进用于抗原提呈的 DCs 的激活[181, 182]。因此，与常规的活疫苗或灭活疫苗相比较，用缺失了 NS1 蛋白的流感病毒而制备的减毒活疫苗可以引起更高的免疫应答，而且这种减毒疫苗使用更少的剂量就可诱导更强的保护性的免疫应答。反向遗传学技术使用 NS1 缺失的流感病毒作为种病毒而用于制备 H5N1 疫苗（见图 1-13）。奥地利的维也纳正在进行临床 I 级试验研究，以确定这种疫苗的安全性和免疫原性。通过这种方法制备的减毒活疫苗在未来可能出现的某种流感大流行的时候可能会发挥作用。

6. 流感 DNA 疫苗

流感 DNA 疫苗是指将表达流感病毒抗原基因的质粒 DNA 经肌内注射或基因枪注射等方式导入机体细胞，使抗原基因经内源性表达后递呈给免疫系统，从而诱发机体产生特异性的免疫应答。根据抗原的不同可以将流感病毒的 DNA 疫苗分为：① 利用 HA、NA 构建的 DNA 疫苗，以诱导体液免疫为主；② 利用 NP、M1 和 NS1 等构建的 DNA 疫苗，以诱导细胞免疫为主。1993 年，Robinson 等构建了表达 HA 基因的质粒，经肌内注射小鼠，结果在小鼠血清检测到了抗 HA 特异性抗体并能抵抗 H7N7 流感病毒的致死性攻击[183]。Ulmer 等用质粒 DNA 表达保守的 NP 蛋白，经肌内注射免疫小鼠，诱导产生了抗 NP 抗体和细胞毒性 T 淋巴细胞[184]。此后，很多流感 DNA 疫苗在小鼠、小鸡和雪貂动物模型上诱导产生了保护性的中和抗体并能抵抗同源流感病毒的攻击[185-190]。Tompkins 等用表达 M2 蛋白的 DNA 疫苗免疫小鼠，能够有效地抵抗 H1N1 亚型和 H5N1 亚型的攻击[188]。Jiang 等用质粒 pCAGGS 表达 H5N1 的 HA 基因，构成了单价的DNA疫苗，经肌内注射免疫小鼠后只能抵抗同源的H5N1病毒的攻击[189]，而 Rao 等构建了多价的 HA DNA 疫苗，注射的最少剂量是每只小鼠 5 μg，共免疫 3 次，每次间隔 3 周，结果小鼠能够抵抗同源或异源 H5N1 病毒的攻击[190]。中国科学院武汉病毒所的陈则等在流感病毒 DNA 疫苗开发领域一直在努力探索，对 DNA 疫苗免疫效果的一些影响因素（如免疫的剂量、给药的次数及电击的电压等）进行了较为系统的研究[191-198]，只有 HA、NA DNA 疫苗能提供足够的中和抗体，使小鼠在致死剂量流感病毒的感染下生存，并且 HA 与 NA DNA 疫苗联合使用的效果比单独使用的效果更好。与传统疫苗相比，DNA 疫苗具有能长时间表达抗原、较低的抗原剂量即可刺激机体产生强而持久的免疫应答、不存在散毒及毒力回升的危险等优点。但流感 DNA 疫苗也存在着安全性问题：一是导入体内的外源 DNA 有可能整合到宿主染色体基因组，使宿主细胞转化为癌细胞；二是少量抗原长期表达很可能引起针对该抗原的免疫耐受，在遭遇流感病毒感染后会引起严重感染。因此，在流感 DNA 疫苗进入临床试验之前，还需要对其安全性进行系统的验证。除了考虑流感 DNA 疫苗的安全性外，还有很多的关键性问题亟待解决：首先，用于表达抗原的载体多带有抗生素基因，导致机体产生一定的耐药性；其次，目前所研制的流感 DNA 疫苗体内表达效率有待提高；最后，流感 DNA 疫苗的免疫途径一般经肌内注射，并辅以电击，这给流感 DNA 疫苗大规模的应用带来一定困难。尽管针对流感 DNA 疫苗还有如此多的实际问题需要解决，但不可否认的是，它作为一种新兴的疫苗，将给预防流感大流行提供了一个备选的、可行的思路。

7. 以病毒为载体为基础的流感疫苗

由于病毒对宿主细胞具有较强的侵染性，经过对病毒进行遗传改造后，使其能用于输送流感病毒 DNA。Hoelscher 等利用复制缺陷型的腺病毒表达全长的 H5N1 亚型的 HA 基因，免疫小鼠后成功地诱发了抗 HA 的特异性抗体和细胞免疫应答，并能抵抗同源或异源 H5N1 病毒的攻击[199]。相似的结果也出现在 Gao 等的研究中[200]。腺病毒载体应用的一个主要障碍在于其本身具有很强的免疫原性，从而强过外源基因诱发的免疫应答。用痘病毒载体表达 H5N8 的 HA 基因在小猫模型上进行实验以及新城疫病毒（NDV）载体表达 H5N2 或 H5N1 的 HA 基因在小鼠和小鸡模型进行实验，均能抵抗同源和异源野生型 H5N1 病毒的攻击[201-203]。基于安全的考虑，目前并没有用于人的以病毒作为输送载体的疫苗。在我国以重组痘病毒和重组新城疫病毒为载体的流感疫苗在家禽中已经广泛应用[204]。

8. 通用流感疫苗

流感病毒容易发生抗原转移和抗原漂移，这给流感疫苗的开发带来了极大的挑战。人类开发疫苗的速度总是赶不上病毒变异的速度，因而很多储备的流感疫苗很可能无法抵抗即将或已经到来的流感大流行。所以疫苗研究者希望能开发出一种通用的疫苗，用于预防更多亚型的流感病毒。目前大多数对于通用疫苗的研究都集中在离子通道蛋白 M2 或核蛋白，A 型流感病毒的 M 基因编码两个高度保守的蛋白，一个是病毒壳体蛋白 M1，另一个是离子通道蛋白 M2。其中 M2 有一个小的胞外结构域（含有 23 个氨基酸残基）[205]，称为 M2e，作为免疫的靶点[206]。Ernst 等用脂质体包裹 M2e，可在 H1、H5、H6、H9 亚型之间提供交叉保护作用[207]。De Filette 等将 M2 耦联到乙肝病毒核心抗原，免疫后的小鼠能够抵抗流感病毒的攻击[208]。另外，基于 M2 蛋白能够提供交叉反应和交叉保护的特性，开发出了很多的 M2 候选疫苗，并在小鼠模型上产生了较好的免疫效果[209-215]。尽管 M2 蛋白或 NP 蛋白能提供具有交叉保护性的细胞免疫，但是最近的一些研究（文献[216-220]）却从另一个方面提供了一些有用的信息，如果机体产生足够水平的中和抗体或许能够更加有效地抵抗各种流感病毒的感染。Chen 和 Sbbarao 针对 HA 蛋白球形顶部的表位开发出来的抗体对 HA 抗原性相关的流感病毒具有很强的中和作用，但对其他 HA 亚型的流感病毒不产生交叉反应[221]。在此基础上，一个通用的流感疫苗应该是以 HA 与 M2 联合或以 HA 与 NP 联合为基础，这种联合疫苗不仅能产生足够的中和抗体而且能提供交叉反应和交叉保护，从而抵御更多亚型的流感病毒。也许在未来的某一天，一种理想通用的流感疫苗或许能让人类摆脱流感的困扰。

9. 流感黏膜疫苗

在流感病毒感染上呼吸道系统时，黏膜免疫系统发挥着重要的防御功能。减毒活疫苗经鼻接种后能够诱导产生 IgG、sIgA 和细胞毒性 T 淋巴细胞应答。美国目前使用的减毒活疫苗是 FluMist®（MedImmune）。它是一种三价流感疫苗，包含两个减毒的 A 型流感株（H1N1 和 H3N2）以及一个减毒的 B 型流感株（B/Ann Arbor/1/66）。这种减毒活疫苗需要保存在 – 15 °C 或更低的温度中[222]。为了克服这一问题，另外一种三价流感疫苗（CAIV-T）可以在 2 ~ 8 °C 保存，目前正在进行临床Ⅲ级试验[223]。

Prabakaran 等通过杆状病毒表面展示 H5N1 的 HA 蛋白，并用霍乱毒素的 B 亚单位作为佐剂，经滴鼻途径免疫小鼠，诱发了有效的黏膜免疫和体液免疫，经同源 H5N1 病毒攻击后，小鼠获得了 100%的保护[224]。已经证实通过肌内注射或皮下注射的途径接种流感疫苗，不能在黏膜表面产生保护性的免疫应答[225]。但是单独对抗原进行黏膜免疫时不能诱导有效和持久的免疫反应，因此需要黏膜免疫佐剂的辅助才能诱导产生更强的免疫应答。目前认为最强的黏膜免疫原是霍乱毒素（CT）和 *E.coli* 热不稳定肠毒素（LT），它们在四级结构中具有80%的同源性，均由1个A亚基和5个B亚基组成的AB5亚单位结构，其中A亚单位具有酶活性，是毒性的主要来源，B亚单位是一个五具体，与真核表面的半乳糖受体和神经节苷脂GM1结合。CT和LT具有较强的毒性，这就限制了它们在临床上的应用，但是对CT和LT进行遗传改造后，将毒性减弱或去除后，重组CTB和LTB已经表现出很强的黏膜免疫佐剂活性[226, 227]。另外，也可用补体成分C3d作为一种黏膜免疫佐剂[228]。

10. 人用禽流感疫苗的研究现状

2009年3月暴发的甲型H1N1流感是人类进入21世纪后面临的一次流感大流行，目前我国生产的人用甲型H1N1疫苗是一种灭活疫苗，制备用的毒株是美国疾病控制中心提供的NYMCX-179A，它是以反向遗传技术为基础构建而用于疫苗制备的种毒。对于H5N1人用禽流感疫苗的研发，主要集中在H5N1灭活疫苗方面，美国和英国在此方面走在了世界的前列，并有相当数量的战略储备。在意大利和德国，以M59作为佐剂的H5N1亚单位疫苗已经进入临床Ⅱ期试验，在健康的成年人中分别于第1天、第22天和第222天各注射一次，跟踪检测至第382天，结果在以M59作为佐剂，注射15 μg的H5N1的H5N1亚单位疫苗的志愿者中诱发了高效价的中和抗体和细胞免疫应答，而且提出了新的观点，早期的$CD4^+$T细胞应答促使了中和抗体的长期存在[229]。

11. 转基因植物疫苗

通过植物基因工程技术，可以在供人食用的蔬菜和水果中表达抗原基因，从而形成使人类或动物通过摄取这种食物而获得免疫。1992年，Mason等将HBsAg基因转染到番茄中，生产出世界上首例候选植物来源的可食用的乙肝疫苗。在转基因改造后的番茄果实中，可检测出rHBsAg的存在[230]。Haq等将带有大肠杆菌不耐热B亚单位/（LTB）编码基因的DNA导入烟草和马铃薯中，并成功地检测到该基因在植物中的表达和抗原的累积[231]。此后，包括导致腹泻的细菌抗原、Norwalk病毒抗原、巨细胞病毒糖抗原、呼吸道融合病毒（RSV）抗原、破伤风杆菌片段C等在番茄、烟草或马铃薯中获得了表达[232-234]。值得一提的是，Nochi等开发出了以粳米为基础表达霍乱毒素B亚单位（CTB）的口服疫苗（MucoRice-CTB），每粒种子平均含有30 μg的CTB，经黏膜免疫小鼠后，通过免疫组化的方法可以观察到MucoRice-CTB被M细胞摄取，并产生了CTB特异性的血清IgG抗体和黏膜IgA抗体，经霍乱毒素攻击后，没有腹泻症状出现，而对照组却出现了明显的腹泻症状。MucoRice-CTB在常温存放一年半以后仍具有免疫原性，预示着以粳米为基础、不需要冷链保存的口服黏膜疫苗将为预防黏膜感染提供一个可行的免疫方案[235]。进一步地，Yuki等利用MucoRice表达双突变的霍乱毒素（MucoRice-dmCT），口服免疫小鼠后，发现产生CTB特异性的血清IgG抗体和黏膜IgA抗体，并没有产生CTA的特异性抗体。经霍乱毒素攻击后，产生了与MucoRice-CTB相似的保护效果[236]。接着Nochi等用MucoRice-CTB免疫非人源的灵长类动物——食蟹猴，口服免疫后产生了高水平的血清 IgG 抗体，暗示以 MucoRice 为基础的黏膜疫苗在迈向人用的历程中又前进了一步[237]。不过，目前可食用的转基因植物疫苗还有许多已知的和潜在的问题需要进一步探讨与研究。

1.3 主要技术平台及研究技术路线

1.3.1 主要技术平台

重组乳酸乳球菌分子构建技术平台：PCR（聚合酶链式反应）扩增目的基因、酶切分析、转化、筛选、PCR 鉴定、酶切鉴定以及测序分析。

重组乳酸乳球菌体外表达分析技术平台：Western blot、免疫荧光分析、流式细胞仪分析、ELISA、BCA 法蛋白定量测定。

重组乳酸乳球菌体内分析技术平台：免疫应答分析、血凝抑制分析、微量中和分析、病毒攻击分析。

1.3.2 研究技术路线

重组乳酸乳球菌分子构建→体外表达分析→黏膜途径给药→免疫应答检测（血清 IgG、分泌型 IgA、IFN-γ 和 IL-4）→血凝抑制分析或微量中和分析→病毒攻击分析→体重变化→肺部病毒滴度→存活率。

主要研究技术路线如图 1-14 所示。

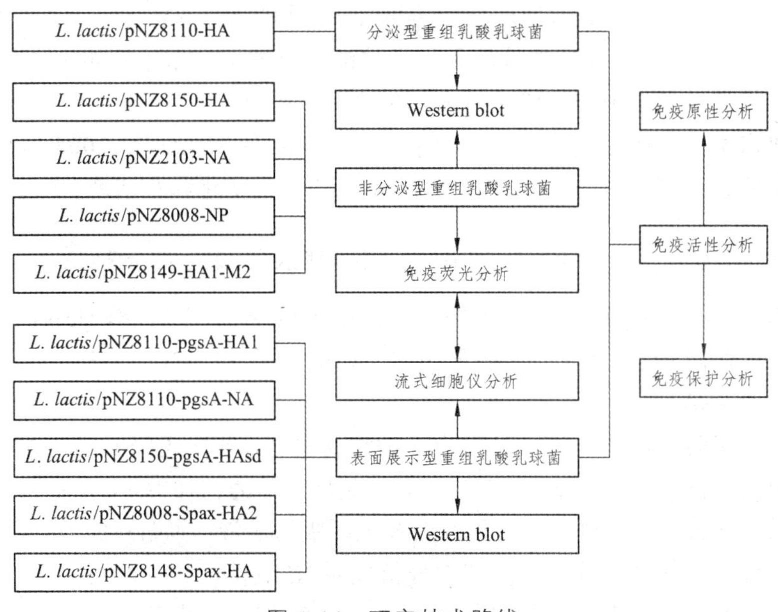

图 1-14 研究技术路线

Figure 1-14 Flow chart of research technology

1.4 主要研究内容

1. *L. lactis*/pNZ8110-HA 和 *L. lactis*/pNZ8150-HA 的构建及免疫活性分析

L. lactis/pNZ8110-HA 和 *L. lactis*/pNZ8150-HA 分子构建：以 A/chicken/Henan/12/2004（H5N1）的 HA 蛋白作为研究对象，通过常规分子生物学方法构建分泌型重组乳酸乳球菌 *L. lactis*/pNZ8110-HA 和非分泌型重组乳酸乳球菌 *L. lactis*/pNZ8150-HA，通过 Western blot 和 Brodfford 法对 *L. lactis*/pNZ8110-HA 和 *L. lactis*/pNZ8150-HA 进行定性和定量分析。进一步地，通过肠溶胶囊分别包裹 *L. lactis*/pNZ8110-HA 和 *L. lactis*/pNZ8150-HA，并考察其口服免疫 BALB/c 小鼠后的免疫原性和免疫保护效率。

口服免疫实验：每粒肠溶胶囊包裹 1×10^9 CFU 与 0.5 mg BSA，在第 0、2、4、6 周免疫一次，每次一粒。在最后一次免疫后的第 10 天，收集血清、粪便，通过 ELISA 检测血清 IgG 效价和 sIgA 的 OD_{450nm} 吸收值。通过 ELISpot 分析细胞因子 IFN-γ 的分泌水平。通过微量中和实验分析血清抗体的中和效价。

病毒攻击实验：通过 20 μL $6\times LD_{50}$ 同型 A/chicken/Henan/12/2004（H5N1）进行病毒攻击实验，在攻毒后的第 6 天测定肺部病毒滴度，并在攻毒后的 14 天内，记录小鼠的存活率。

2. *L. lactis*/pNZ8110-HA 联合黏膜免疫佐剂 LTB 在小鸡中的免疫活性分析

滴鼻免疫实验：利用前期构建的 *L. lactis*/pNZ8110-HA 联合黏膜免疫佐剂 LTB 通过滴鼻免疫 7 日龄 SPF 级小鸡。免疫时间为第 1、14、28 天，免疫剂量为 4×10^9 CFU *L. lactis*-HA 加或不加 10 μg LTB。与此同时，相同剂量的 PBS 和 *L. lactis* 作为对照。在第 42 天，分离血清，收集鼻洗液和小肠洗液。通过 ELISpot 检测 INF-γ 和 IL-4 的分泌水平，再通过微量中和实验分析血清的中和效价。

病毒攻击实验：通过 20 μL $6\times LD_{50}$ 同型 A/chicken/Henan/12/2004（H5N1）进行病毒攻击实验，在攻毒后的 14 天内，记录小鸡的体重变化和存活率。

3. 非分泌型 *L. lactis*/pNZ2103-NA 的构建及免疫活性分析

非分泌型 *L. lactis*/pNZ2103-NA 的构建：A/Vietnam/1203/2004（H5N1）的 NA gene（1459 bp）克隆至乳酸乳球菌非分泌型表达质粒 pNZ2103，构建重组 *L. lactis*/pNZ2103-NA。

口服免疫实验：以 SPF 级 7 日龄小鸡为动物模型，初次免疫安排在第 0、1、2、3 天，加强免疫安排在第 20、21、22、23 天。免疫剂量为：10^{12}CFU。在初次免疫后的第 15 天和第 34 天，收集血清、小肠洗液和上呼吸道洗液，通过 ELISA 检测 NA 特异性 IgG 抗体和 IgA 抗体。通过 NA 抑制分析检测 NI 效价。

病毒攻击实验：25 μL 的 10^4 EID_{50} of VN/1203/04 用于免疫后小鸡的病毒攻击实验，在攻毒后的 14 天内，记录小鸡的体重变化和存活率。

4. 非分泌型 *L. lactis*/pNZ8008-NP 的构建及交叉免疫保护效率分析

非分泌型 *L. lactis*/pNZ8008-NP 的构建：以 A/California/07/2009（H1N1）的 NP 基因（1515 bp，GenBank：CY121683.1）作为研究对象，利用乳酸乳球菌非分泌型表达质粒 pNZ8008，构建 pNZ8008-NP 重组质粒，将重组质粒电转至感受态 *L. lactis* NZ9000，获得重组 *L. lactis*/pNZ8008-NP。通过 Western blot、免疫荧光和流式细胞仪分析，明确 NP 蛋白的特异性表达及定位情况。

口服免疫实验：SPF 级 6 ~ 8 周龄的 BALB/c 小鼠作为动物模型，PBS 和 *L. lactis*/pNZ8008 作为对照，*L. lactis*/pNZ8008-Spax-HA2 作为实验组。初次免疫安排在第 0、1、2 天，加强免疫安排在第 17、18、19 天。免疫剂量为：5×10^{11}CFU 加或不加 1μg 的黏膜免疫佐剂 CTB。在初次免疫后的第 16 天和 33 天，采取血样，分离得到血清，收集小肠洗液和上呼吸道洗液，通过 ELISA 检测 HA2 特异性血清 IgG 效价和 IgA 效价。分离小鼠的脾脏，通过 ELISPot 分析 FN-γ 和 IL-4 的分泌水平。

病毒攻击实验：在最后一次免疫后的第 14 天，对免疫后的小鼠进行病毒攻击实验。攻毒剂量为：20 μL 的 10^4 EID_{50} A/California/04/2009（H1N1），A/Guangdong/08/95（H3N2）或 A/Chicken/Henan/12/2004（H5N1），在攻毒后的第 5 天检测肺部病毒滴度。在攻毒后的 14 天内，记录体重变化和存活率。

5. 非分泌型 *L. lactis*/pNZ8149-HA1-M2 的构建及免疫活性分析

非分泌型 *L. lactis*/pNZ8149-HA1-M2 的构建：A/chicken/Vietnam/NCVD-15A59/2015（H5N6）（基因库编号：AY651334，987 bp）的 HA1 基因以及 A/Vietnam/1203/2004（H5N1）M2 基因（基因库编号：AAT70528，291 bp）作为研究对象，将 HA1-GS linker-M2 克隆至乳酸乳球菌非分泌型表达质粒 pNZ149，构建重组 *L. lactis*/pNZ8149-HA1-M2。

口服免疫实验：以 7 日龄 SPF 级小鸡为动物模型，初次免疫安排在第 1、2 天，加强免疫安排在第 16、17 天。免疫剂量为：500 μL 的 10^{12}CFU *L. lactis*/pNZ8149-HA1-M2。在初次免疫后的第 14 天和第 28 天，收集血清、上呼吸道洗液和脾脏细胞，通过 ELISA 检测血清特异性 IgG 抗体和分泌型 IgA 抗体。通过 ELISpot 检测细胞因子 IFN-γ 的分泌水平。通过血凝抑制分析和微量中和分析检测 HI 效价和抗体中和效价。

病毒攻击实验：在初次免疫后的第 30 天，25 μL $5 \times LD_{50}$ 的 A/chicken/Vietnam/NCVD-15A59/2015（H5N6）或 A/Vietnam/1203/04（H5N1）virus 用于免疫后小鸡的病毒攻击实验，在攻毒后的 14 天内，记录小鼠的体重变化和存活率，并在病毒攻击后的第 3 天检测肺部病毒滴度。

6. *L. lactis*/pNZ8110-pgsA-HA1 的构建及免疫活性分析

L. lactis/pNZ8110-pgsA-HA1 的分子构建：以枯草芽孢杆菌（*B. subtilis*）的 pgsA 蛋白作为锚定蛋白，以 A/chicken/Henan/12/2004（H5N1）的 HA1 蛋白作为研究对象，通过常规分子生物学方法构建表面展示型重组乳酸乳球菌 *L. lactis*/pNZ8110-pgsA-

HA1，通过 Western blot、免疫荧光和流式细胞仪分析，对 HA1 的表达定位进行分析。

口服免疫实验：以 BALB/c 小鼠作为动物模型，150 μL *L. lactis*/pNZ8110-pgsA-HA1 或 *L. lactis*/pNZ8110-pgsA-HA1 + 1 mg CTB，免疫时间：第 0 ~ 3 天，8 ~ 11 天和 24 ~ 28 天。在初次免疫后的第 38 天收集血清和粪便。通过 ELISA 检测血清特异性 IgG 抗体和分泌型 IgA 抗体。通过 ELISpot 检测细胞因子 IFN-γ 的分泌水平。

病毒攻击实验：在最后一次免疫后的第 14 天，20 μL 5 × LD_{50} 的 A/chicken/Vietnam/NCVD-15A59/2015（H5N6）或 A/Vietnam/1203/04（H5N1）virus 用于免疫后小鸡的病毒攻击实验，在攻毒后的 14 天内记录小鼠存活率。

7. *L. lactis*/pNZ8110-pgsA-HA1 在雪貂动物模型中的免疫原活性分析

利用前期构建的 *L. lactis*-pgsA-HA1 通过滴鼻方式免疫 4 ~ 6 月大的雪貂，免疫时间：第 1 ~ 3 天、第 14 ~ 16 天和第 28 ~ 30 天，免疫剂量为：2×10^{12} CFU。相同剂量的 PBS 和 *L. lactis*-pgsA 作为对照。在第 44 天，收集血清用于检测 HA1 特异性 IgG 效价和血凝抑制效价，收集鼻洗液用于检测分泌型 IgA 效价。最后，通过 1 mL 10^6 EID_{50} 同型 A/chicken/Henan/ 12/2004（H5N1）进行病毒攻击实验。

8. 表面展示型 *L. lactis*/pNZ8110-pgsA-NA 的构建及交叉免疫活性分析

表面展示型 *L. lactis*/pNZ8110-pgsA-NA 的构建：将 A/Vietnam/1203/2004（H5N1）的 NA gene（1459 bp）克隆至表面展示型表达质粒 pNZ8110-pgsA，再将重组质粒 pNZ8110-pgsA-NA 电转至感受态 *L. lactis* NZ9000，筛选出阳性克隆 *L. lactis*/pNZ8110-pgsA-NA。通过 Western blot 检测 NA 蛋白的特异性表达。通过特异性一抗（鼠抗-NA 抗体）和 FITC 标记的羊抗鼠 IgG 对 *L. lactis*/pNZ8110-pgsA-NA 进行直接标记，最终通过荧光显微镜和流式细胞仪对标记后的 *L. lactis*/pNZ8110-pgsA-NA 进行分析。以 *L. lactis*/pNZ8110-pgsA 作为对照。

口服免疫实验：SPF 级 6 周龄的 BALB/c 小鼠作为动物模型，生理盐水和 *L. lactis* /pNZ8110-pgsA 作为对照，*L. lactis*/pNZ8110-pgsA-NA 作为实验组。初次免疫安排在第 0、1、2、3 天，加强免疫安排在第 20、21、22、23 天。免疫剂量为：10^{12} CFU。血样、小肠洗液和上呼吸道洗液采集安排在初次免疫后的第 17 天和第 37 天，通过 ELISA 对 NA 特异性血清 IgG 进行免疫学分析。通过 NA 抑制分析检测 NA 特异性抗体效价。

病毒攻击实验：在最后一次免疫后的第 14 天，对免疫后的小鼠进行病毒攻击实验。攻毒剂量为：20 μL 的 10^4 EID_{50} A/Vietnam/1203/2004（H5N1），A/Hong Kong/1/1968（H3N2）或 A/California/04/2009（H1N1），在攻毒的第 5 天检测肺部病毒滴度。在攻毒后的 14 天内，记录体重变化和存活率。

9. 表面展示型 *L. lactis*/pNZ8150-pgsA-HAsd 的构建及免疫保护效率分析

表面展示型 *L. lactis*/pNZ8150-pgsA-HAsd 的构建：将 A/Vietnam/1203/2004（H5N1）的部分 HA1 基因（831 bp - 1041 bp）和 HA2 基因（1041 bp - 1707 bp）克隆至表面展示型表达质粒 pNZ8150-pgsA，再将重组质粒 pNZ8150-pgsA-NA 电转至感受态 *L. lactis* NZ9000，筛选出阳性克隆 *L. lactis*/pNZ8150-pgsA-HAsd。通过 Western blot 检测 HAsd 蛋白的特异性表达。通过特异性一抗（鼠抗-HA 抗体）和 FITC 标记的羊抗鼠 IgG 对 *L. lactis*/pNZ8150-pgsA-NA 进行直接标记，最终通过荧光显微镜和流式细胞仪对标记后的 *L. lactis*/pNZ8150-pgsA-HAsd 进行分析。以 *L. lactis*/pNZ8150-pgsA 作为对照。

口服免疫实验：SPF 级 6 周龄的 BALB/c 小鼠作为动物模型（$n = 39$ 只/组），PBS 和 *L. lactis*/pNZ8150-pgsA 作为对照，*L. lactis*/pNZ8150-pgsA-HAsd 作为实验组。初次免疫安排在第 0、1、2、3 天，加强免疫安排在第 17、18、19、20 天。免疫剂量为：10^{12} CFU。血样、小肠洗液和上呼吸道洗液采集安排在初次免疫后的第 15 天和第 34 天，通过 ELISA 对 NA 特异性血清 IgG 进行免疫学分析。

病毒攻击实验：在最后一次免疫后的第 14 天，对免疫后的小鼠（$n = 24$ 只/组）进行病毒攻击实验。攻毒剂量为：20 μL 的 10^4 EID_{50} A/Vietnam/1203/2004（H5N1），A/Beijing/47/1992（H3N2）或 A/California/04/2009（H1N1），在攻毒的第 3 天检测肺部病毒滴度。在攻毒后的 14 天内，记录体重变化和存活率。

10. 表面展示型 *L. lactis*/pNZ8008-Spax-HA2 的构建及免疫活性分析

表面展示型 *L. lactis*/pNZ8008-Spax-HA2 的构建：以金黄色葡萄球菌的基因组作为模板，PCR 扩增出具有细胞壁锚定功能的 Spax 基因（411 bp）。通过常规的分子生物学方法，将 Spax 基因与来自 A/chicken/Henan/12/2004（H5N1）的 HA2 基因（744 bp）进行融合，构建重组 *L. lactis*/pNZ8008-Spax-HA2。通过 Western blot、免疫荧光分析和流式细胞仪分析，对 HA2 抗原蛋白的表达及定位进行检测。

口服免疫实验：SPF 级 6 周龄的 BALB/c 小鼠作为动物模型，生理盐水和 *L. lactis*/pNZ8008-Spax 作为对照，*L. lactis*/pNZ8008-Spax-HA2 作为实验组。初次免疫安排在第 1、2、3 天，加强免疫安排在第 17、18、19 天。免疫剂量为：5×10^{11}CFU。在初次免疫后的第 16 天和第 33 天，采取血样，分离得到血清，收集小肠洗液，通过 ELISA 检测 HA2 特异性血清 IgG 效价和 IgA 效价。通过微量中和实验分析血清的中和效价。

病毒攻击实验：在最后一次免疫后的第 14 天，对免疫后的小鼠进行病毒攻击实验。攻毒剂量为：20 μL $5 \times LD_{50}$ 的 A/chicken/Henan/12/2004（H5N1）或 A/Puerto Rico/1/34（H1N1），在攻毒的第 3 天检测肺部病毒滴度。在攻毒后的 14 天内，记录体重变化和存活率。

11. 表面展示型 *L. lactis*/pNZ8148-Spax-HA 的构建及免疫保护效率分析

表面展示型 *L. lactis*/pNZ8148-Spax-HA 的构建：以金黄色葡萄球菌的基因组作为模板，PCR 扩增出具有细胞壁锚定功能的 Spax 基因（411 bp）。通过常规的分子生物学方法，将 Spax 基因与来自 A/chicken/Henan/12/2004（H5N1）的 HA 基因（1650 bp）进行融合，构建重组 *L. lactis*/pNZ8148-Spax-HA。通过 Western blot、免疫荧光分析和流式细胞仪分析，对 HA 抗原蛋白的表达及定位进行检测。

口服免疫实验：SPF 级 7 日龄的小鸡作为动物模型，PBS 和 *L. lactis*/pNZ8148-Spax 作为对照，*L. lactis*/pNZ8148-Spax-HA 作为实验组。初次免疫安排在第 0、1、2 天，加强免疫安排在第 17、18、19 天。免疫剂量为：2 mL PBS、10^{12}CFU 的 *L. lactis*/pNZ8148-Spax 或 *L. lactis*/pNZ8148-Spax-HA。在初次免疫后的第 15 天和第 34 天，采取血样，分离得到血清，收集小肠洗液和粪便，通过 ELISA 检测 HA 特异性血清 IgG 效价和 sIgA 效价。通过微量中和实验分析血清的中和效价。

病毒攻击实验：在最后一次免疫后的第 14 天，对免疫后的小鸡进行病毒攻击实验。攻毒剂量为：20 μL　$5 \times LD_{50}$ 的 H5N1 clade 1（A/Vietnam/1203/2004，VN1203），clade 2.3（A/Anhui/1/2005，Anhui）或 clade 8（A/chicken/Henan/12/2004，Henan），在攻毒的第 3 天检测肺部病毒滴度。在攻毒后的 14 天内，记录体重变化和存活率。

第2章

分泌型和非分泌型重组乳酸乳球菌的分子构建及体外表达分析

2.1 分泌型与非分泌型重组乳酸乳球菌的分子构建

2.1.1 HA 基因的克隆

2.1.1.1 *E.coli* DH5α感受态细胞的制备

（1）挑取 *E.coli* DH5α在 LB 平板上划线，37 °C 倒置、培养过夜，得到合适的克隆。

（2）挑取单克隆至 2 mL LB 培养液中，37 °C、250 r/min，摇菌过夜。

（3）在无菌三角瓶中加入 50 mL LB 培养液，而后将过夜培养的菌液接种其中。37 °C、250 r/min，继续摇菌至 OD_{600nm} 值约为 0.35 时，冰浴 10 min。

（4）将上述 50 mL 菌液转移至一个无菌的离心管中，4 °C、3 500 r/min，离心 10 min，弃上清，保留沉淀。

（5）加入 16 mL Solution A 悬浮菌体，冰浴 15 min。

（6）4 °C，3 500 r/min，离心 10 min，弃上清，保留沉淀。

（7）加入 4 mL Solution B 悬浮菌体。按 100 μL/管的规格分装至冻存管中，迅速置于液氮罐中速冻并保存于 – 80 °C 超低温冰箱中。

2.1.1.2 pGEM-HA 的转化

（1）取一管制备好的 *E.coli* DH5α感受态细胞于冰浴中融解，加入 1 μL pGEM-HA。

（2）轻轻混匀后，冰浴 30 min，然后 42 °C 热休克 90 s，再冰浴 2 min。

（3）加入 1 mL LB 培养液，37 °C，200 r/min，振荡培养 1 h。

（4）取 200 μL 转化好的感受态细胞涂在含有 100 μg/mL 氨苄青霉素的 LB 固体培养板中。

（5）37 °C，倒置培养 12 ~ 16 h。

2.1.1.3 pGEM-HA 质粒的小量提取

（1）从 2.1.1.2 小节中培养的 LB 平板中挑取一个单菌落，接种于 2 mL 含有 100 μg/mL 氨苄青霉素的 LB 培养液中，37 °C、300 r/min，振荡培养过夜。

（2）室温，12 000 r/min，离心 3 min。弃上清，保留沉淀，将离心管倒扣于吸水纸上充分除去余液。

（3）加入 100 μL Soultion I，使菌体彻底悬浮。

（4）加入 150 μL Solution Ⅱ，立即温和地上下颠倒离心管 4 ~ 6 次，使菌体充分裂解，形成透明溶液，冰浴 2 min。

（5）加入 150 μL Solution Ⅲ，立即温和地颠倒离心管数次，直至蛋白絮状沉淀不再增加。室温放置 5 min，12 000 r/min，离心 5 min。

（6）向一个新的吸附柱中加入 420 μL 结合缓冲液，然后将上清小心转移至吸附柱中，避免取到沉淀，混匀。

（7）室温，12 000 r/min，离心 30 s，倒掉废液收集管中的液体。

（8）向吸附柱中加入 700 μL 漂洗液，室温，12 000 r/min，离心 30 s。倒掉废液收集管中的液体。

（9）重复步骤（8）。

（10）倒掉废液后将离心吸附柱装入一个无菌的 1.5 mL 离心管中，室温，12 000 r/min，离心 2 min，完全除去漂洗液。

（11）将吸附柱转移至另一个无菌的 1.5 mL 离心管中，向吸附柱膜中央加入 50 μL 洗脱缓冲液，室温放置 2 min，12 000 r/min，离心 2 min 洗脱 DNA。

（12）丢弃吸附柱，将 DNA 洗脱液保存于 – 20 °C 冰箱中，待用。

2.1.1.4 DNA 浓度测定

DNA 浓度（μg/mL）= 50 × A_{260nm}读数 × 稀释倍数

2.1.1.5 HA 基因的 PCR 扩增

PCR 反应所需引物见表 2-1。

表 2-1 PCR 反应所需引物

Table 2-1 Primers for PCR reaction

编号	序列	长度/mer	用途
H-F1	5'tctgccggcgagaaaatagtgcttctt3'	27	扩增 HA 基因所需的上游引物（画横线处为 *Nae* I 酶切位点）
H-F2	5'aaaagtactatggagaaaatagtgcttctt3'	30	扩增 HA 基因（带有起始密码子 ATG）所需的上游引物（画横线处为 *Sca* I 酶切位点）
H-R1	5'cccaagcttttaaatgcaaattctgcattgtaacg3'	35	扩增 HA 基因所需的下游引物（画横线处为 *Hind*Ⅲ 酶切位点）

在 0.5 mL 的 PCR 反应管加入如下溶液：

pGEM-HA	2.5 ng
10 × *Pyrobest* BufferⅡ（Mg^{2+}Plus）	2.5 μL
dNTP Mixture（各 2.5 mM）	2.0 μL
引物 H-F1 或引物 H-F2（10 μM）	1.0 μL
引物 H-R1（10 μM）	1.0 μL
Pyrobest DNA Polymerase（5U/μL）	0.125 μL
无菌超纯水	补足至 25 μL

PCR 反应程序如下：

① 预变性	94 °C	4 min
② 变性	94 °C	30 s
③ 退火	55 °C	30 s
④ 延伸	72 °C	2 min
⑤ 重复步骤②～④，设计循环 30 次		
⑥ 最后一次延伸	72 °C	10 min

2.1.2 PCR 产物的电泳分析及割胶回收

2.1.2.1 电泳分析 PCR 产物

称取 0.3 g 琼脂糖，放于锥形瓶中，加入 30 mL 1 × TBE 缓冲液，置微波炉加热至完全熔化，取出摇匀，加入 1 μL GelRed，配制浓度为 1% 琼脂糖凝胶溶液。倒入预制好的有机玻璃内槽，插上梳子，等凝胶凝固后，置于电泳槽内，将 PCR 产物与 3 μL 6 × 上样缓冲液混合，点样、80V 电压，当溴酚蓝到合适位置停止电泳。

2.1.2.2 割胶回收

（1）切下目标条带，胶块尽量小。

（2）按 100 μL 胶块加入 300 μL 溶胶液的比例，室温溶胶，其间偶尔摇动，加入 150 μL 异丙醇（按照 100 μL 胶块加入 150 μL 异丙醇的比例），混匀，装柱，12 000 r/min，离心 30 s。弃除废液。

（3）加入 500 μL 漂洗液，12 000 r/min，离心 30 s。重复漂洗一次。倒掉废液后，再于 12 000 r/min，离心 2 min。

（4）在柱子中央加入合适体积的洗脱缓冲液，12 000 r/min，离心 1 min。

（5）洗脱后的 DNA 液保存于 – 20 °C 冰箱中，待用。

（注：通过引物 H-F1 与 H-R1 扩增得到的 PCR 产物，我们命名为 HF1/HR1；通过引物 H-F2 与 H-R1 扩增得到的 PCR 产物，我们命名为 HF2/HR1。）

2.1.2.3 HA 基因的酶切分析、割胶回收

将 2.1.2.2 小节割胶回收的 PCR 产物进行双酶切反应。

（1）通过引物 H-F1 与 H-R1 扩增得到的 PCR 产物 HF1/HR1，用 *Nae* I/*Hind*Ⅲ进行双酶切反应：

10 × FastDigest™ Buffer	3 μL
HF1/HR1	<1 μg
FastDiget *Nae* Ⅰ	1 μL
FastDiget *Hind*Ⅲ	1 μL

无菌超纯水　　补足 20 μL

混匀、37 °C 水浴反应 2 h 后，加 10 × 上样缓冲液终止反应。

（2）HF2/HR1 的双酶切反应如下：

10 × FastDigest^{TM} Buffer　　3 μL

HF2/HR1　　<1 μg

FastDiget *Sca* Ⅰ　　1 μL

FastDiget *Hind* Ⅲ　　1 μL

无菌超纯水　　补足 20 μL

混匀、37 °C 水浴反应 2 h 后，加 10 × 上样缓冲液终止反应。

2.1.2.4　PCR 产物酶切后的电泳分析及割胶回收

对上述双酶切后 HF1/HR1 与 HF2/HR1 进行电泳分析，电泳用的琼脂糖浓度为 1%，电泳过程见 2.1.2.1 小节。割胶回收过程见 2.1.2.2 小节，分别命名为 HF1/HR1（N/H）和 HF2/HR1（S/H）。

2.1.3　非分泌型表达质粒 pNZ8150 的小量提取

2.1.3.1　*L. lactis* NZ9000 感受态细胞的制备

（1）接种 *L. lactis* NZ9000 单菌落于 5 mL 的 G/L-SGM17B 培养液。30 °C，静置培养过夜。

（2）将上述 5 mL 培养液转接至 50 mL 的 G/L-SGM17B 培养液中，30 °C，静置培养过夜。

（3）将 50 mL 培养液转接至 400 mL G/L-SGM17B 培养液中，30 °C，静置培养 2 ~ 3 h。

（4）通过紫外分光光度计测定 OD_{600nm}，当 OD_{600nm} 值到 0.2 ~ 0.3 时，停止培养。

（5）4 000　r/min，4 °C，离心 20 min。

（6）加入 400 mL 0.5 M 蔗糖/10%甘油，4 °C，离心 20 min。

（7）弃上清，用 200 mL 0.5 M 蔗糖/10%甘油/0.05 M EDTA 悬浮沉淀，冰浴 15 min。4 °C 离心 20 min。

（8）弃上清，加入 100 mL 0.5 M 蔗糖/10%甘油，4 °C，离心 20 min。

（9）弃上清，将沉淀重新悬浮于 4 mL 0.5 M 蔗糖/10%甘油，冰浴。

（10）分装成 40 μL /管，保存在 – 80 °C 超低温冰箱中，待用。

2.1.3.2　pNZ8110 与 pNZ8150 的电转

（1）从 – 80 °C 超低温冰箱中取出制备好的 *L. lactis* NZ9000 感受态细胞，在冰浴中融化，加入 1 μL 质粒 DNA。

（2）转移至预冷的电转杯（0.1cm）中。

（3）1 250 V，通常 4.5 ~ 5 ms。

（4）加入 1 mL G/L-M17B + 20 mM $MgCl_2$ + 2 mM $CaCl_2$，转移至一个无菌的离心管中，冰浴 5 min，然后置于培养箱中，30 °C，培养 1.5 h。

（5）取适量培养液涂板于 M17（葡萄糖终浓度为 0.5%，氯霉素终浓度为 5 μg/mL），固体培养基中。

（6）30 °C，倒置、静置培养 1 ~ 2 天。

2.1.3.3 pNZ8110 与 pNZ8150 的小量提取

（1）分别从长有 pNZ8110、pNZ8150 单菌落的平板上，挑取一个单菌落分别接种于 5 mL 的 M17（葡萄糖终浓度为 0.5%，氯霉素浓度为 5 μg/mL）培养液中，30 °C、静置培养 1 ~ 2 天。

（2）3 000 r/min，离心 10 min，弃上清，保留沉淀。

（3）加入 250 μL THMS 缓冲液 + 2 mg/mL 溶菌酶，37 °C，水浴 10 min。

（4）加入 500 μL 0.2 N NaOH + 1% SDS，上下温和地颠倒 4 ~ 6 次，冰浴 5 min。

（5）加入 375 μL 预冷的 3M KAc（pH 5.5），上下温和地颠倒 4 ~ 6 次，冰浴 5 min。

（6）12 000 r/min，离心 10 min。

（7）吸取上清至无菌的离心管中，加入等体积的苯酚-氯仿-异戊醇（25∶24∶1），混匀 12 000 r/min，离心 5 min。

（8）吸取上清至另一个无菌的离心管中，加入 0.7 倍体积的异丙醇。室温放置 5 ~ 10 min。

（9）12 000 r/min，离心 10 min。弃上清，保留沉淀。

（10）70%乙醇洗涤沉淀，12 000 r/min，离心 3 min，倒掉上清液，室温放置、干燥沉淀。

（11）加入 50 μL TE 缓冲液。– 20 °C 冰箱保存，待用。

2.1.3.4 质粒 pNZ8110 与质粒 pNZ8150 的酶切反应

将上述小抽获得的质粒 pNZ8110 与质粒 pNZ8150 分别进行双酶切反应。

（1）质粒 pNZ8110 的双酶切反应

10 × FastDigest™ Buffer	2 μL
质粒 pNZ8110	<1 μg
FastDiget *Nae* I	1 μL
FastDiget *Hind* Ⅲ	1 μL
无菌超纯水	补足 20 μL

混匀、37 °C 水浴反应 2 h 后，加 10 × 上样缓冲液终止反应。

（2）质粒 pNZ8150 的双酶切反应

10 × FastDigest^{TM} Buffer	3 μL
质粒 pNZ8150	<1 μg
FastDiget *Sca* I	1 μL
FastDiget *Hind* Ⅲ	1 μL
无菌超纯水	补足 20 μL

混匀、37 °C 水浴反应 2 h 后，加 10 × 上样缓冲液终止反应。

2.1.3.5 质粒 pNZ8110 与质粒 pNZ8150 酶切后的电泳分析及割胶回收

对上述双酶切后质粒 pNZ8110 与质粒 pNZ8150 进行电泳分析，电泳用的琼脂糖浓度为 1%，电泳过程见 2.1.2.1 小节。割胶回收过程见 2.1.2.2 小节。

2.1.3.6 载体去磷酸反应

（1）在 2.1.3.5 小节割胶回收的载体中，分别加入如下溶液：

10 × 碱性磷酸酶缓冲液	5 μL
碱性磷酸酶（CIAP）	2 μL
ddH_2O	补足至 50 μL

混匀、50 °C 反应 30 min。

（2）苯酚/氯仿/异戊醇（25/24/1）抽提 2 次。

（3）氯仿/异戊醇（24/1）抽提 1 次。

（4）加入 5 μL 的 3M NaAc（1/10 体积）和 4 μL DNAmate。

（5）加入 125 μL 预冷的无水乙醇（2.5 倍体积），– 20 °C 放置过夜。

（6）12 000 r/min，离心 15 min，收集沉淀。

（7）加入 200 μL 70%预冷的乙醇，12 000 r/min，离心 3 min，收集沉淀。

（8）用 15 μL 不含 EDTA 的 TE buffer 溶解沉淀。

（9）分别命名为 pNZ8110（N/H）、pNZ8150（S/H）。– 20 °C 保存，待用。

2.1.4 连接反应

将双酶切、割胶回收后的 pNZ8110（N/H）、pNZ8150（S/H）分别与经同样双酶切、割胶回收的 PCR 产物 HF1/HR1（N/H）、HF2/HR1（S/H）进行连接。

（1）pNZ8110（N/H）与 HF1/HR1（N/H）的连接反应如下：

pNZ8110（N/H）	1 μL
HF1/HR1（N/H）	7 μL
10 × 反应缓冲液	1 μL
T4 DNA 连接酶	1 μL

混匀、16 °C 反应 16 ~ 18 h。

（2）pNZ8150（S/H）与 HF2/HR1（S/H）的连接：

pNZ8150（S/H）	1 μL
HF2/HR1（S/H）	7 μL
10×反应缓冲液	1 μL
T4 DNA 连接酶	1 μL

混匀、16 °C 反应 16 ~ 18 h。

2.1.5　纯化连接产物及电转至感受态 *L. lactis* NZ9000

将 2.1.4 节的连接产物 5 μL 与 40 μL *L. lactis* NZ9000 感受态细菌混匀，加入预冷的电转杯中，电转过程见 2.1.3.2 小节。转化后的阳性克隆分别命名为：*L. lactis*/pNZ8110-HA 和 *L. lactis*/pNZ8150-HA。

2.1.6　阳性克隆的筛选及鉴定

2.1.6.1　质粒提取

在 2.1.5 节中的培养板分别挑取阳性克隆，并进行质粒小量抽提，步骤见 2.1.3.2 部分。

2.1.6.2　PCR 及酶切鉴定

以 2.1.6.1 小节小抽获得的质粒作为模板，PCR 鉴定步骤见 2.1.1.5 小节，用 *TaKaRa Ex* Taq^{TM} 酶代替 *Pyrbest* DNA Polymerase。

以 2.1.6.1 小节小抽获得的质粒作为酶切对象，*L. lactis*/pNZ8110-HA 用 *Nco* I/*Hind* Ⅲ进行双酶切鉴定，过程如下：

10×K Buffer + 0.1% BSA	2 μL
L. lactis/pNZ8110-HA	<1 μg
Nco I（4 ~ 12 U/ μL）	1 μL
*Hind*Ⅲ（8 ~ 20 U/ μL）	1 μL
灭菌超纯水	至 20 μL

混匀、37 °C 反应 2 h，反应结束后加入 10×上样缓冲液终止反应，1%琼脂糖凝胶电泳分析。

L. lactis/pNZ8150-HA 用 *Eco*R I/*Hind*Ⅲ进行双酶切鉴定：

10×M Buffer	2 μL
L. lactis/pNZ8150-HA	<1 μg
*Eco*R I（8 ~ 12 U/ μL）	1 μL
*Hind*Ⅲ（8 ~ 20 U/ μL）	1 μL
灭菌超纯水	至 20 μL

混匀、37 °C 反应 2 h，反应结束后加入 10 × 上样缓冲液终止反应，1%琼脂糖凝胶电泳分析。

2.1.7 分泌型与非分泌型重组乳酸乳球菌的构建线路

分泌型与非分泌型重组乳酸乳球菌的构建线路如图 2-1 所示。

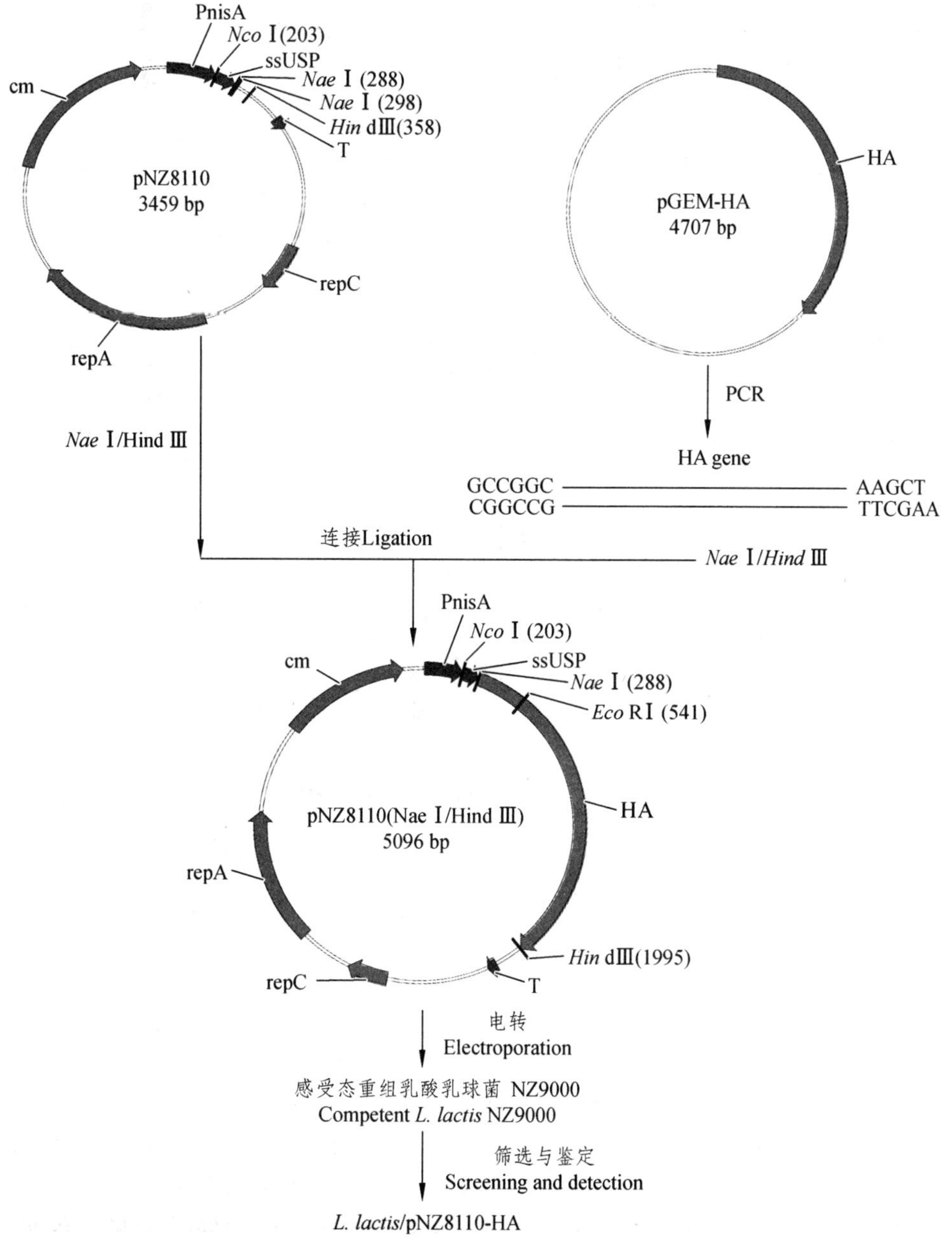

（a）分泌型重组乳酸乳球菌的构建[Construction of secretory recombinant *L. lactis*]

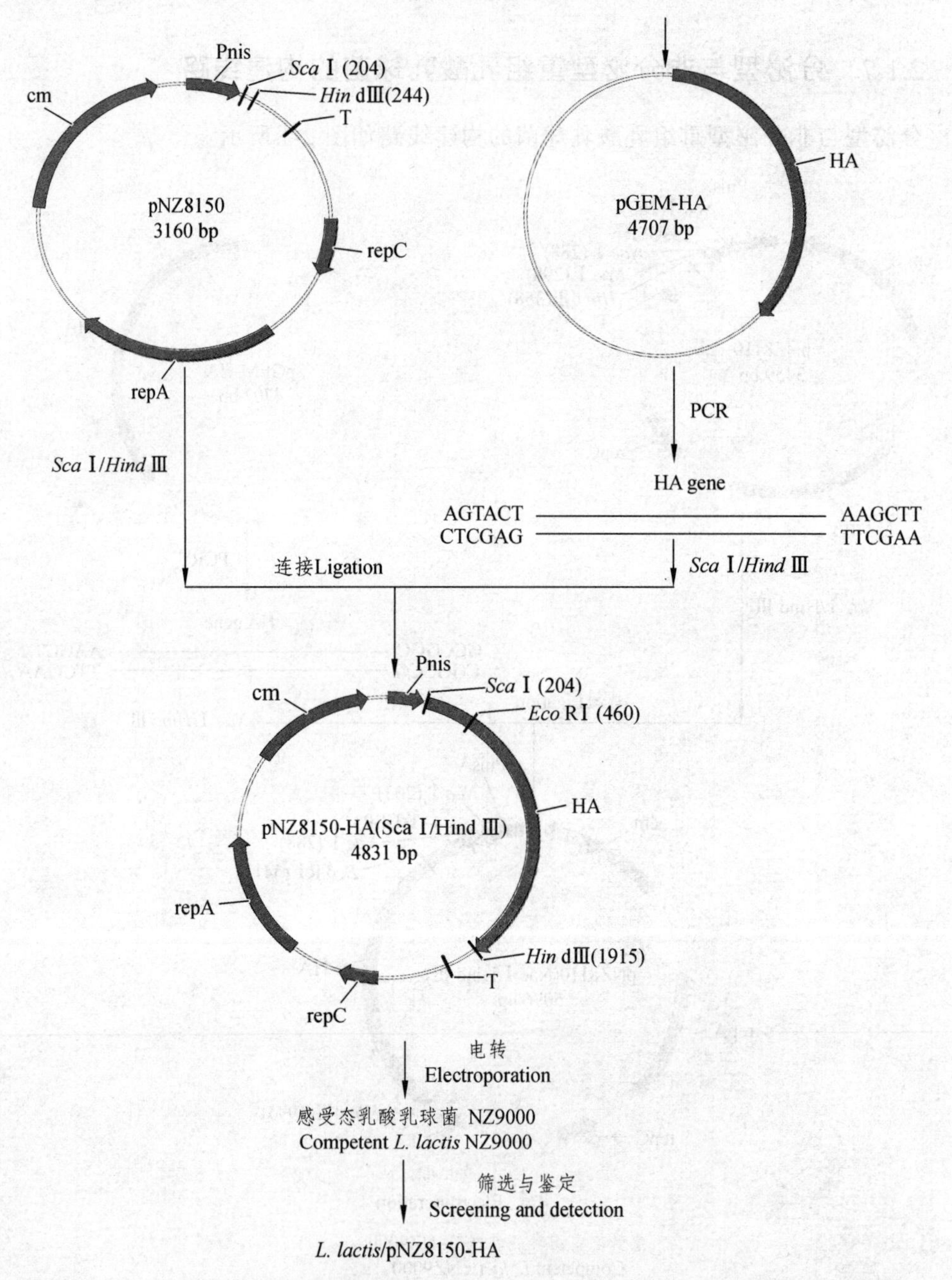

（b）非分泌型重组乳酸乳球菌的构建[Construction of non-secretory recombinant *L. lactis*]

图 2-1　分泌型和非分泌型重组乳酸乳球菌的构建线路

Figure 2-1　Construction maps of secretory and non-secretory recombinant *L. lactis*

2.1.8 结　果

2.1.8.1 HA 基因的 PCR 扩增结果

为了构建带有 HA 基因的分泌型表达载体，首先需要通过 PCR 反应获得 HA 基因。以 pGEM-HA 质粒作为模板，用 H-F1 与 H-R1 作为上、下游引物进行 PCR 扩增后，PCR 产物经 1%琼脂糖凝胶电泳分析，其结果如图 2-2（a）所示，得到的 HA 基因的长度应该是 1 704 bp，电泳分析显示与预期的长度相符。因为在上游引物 H-F1 含有 *Nae* Ⅰ 酶切位点，下游引物含有 *Hind*Ⅲ酶切位点，所以 PCR 反应后获得的 HA 基因带有 *Nae* I/*Hind* Ⅲ酶切位点，经 *Nae* I/*Hind* Ⅲ双酶切后的 HA 基因可用于后续与经同样双酶切后的分泌型表达质粒 pNZ8110 连接实验。

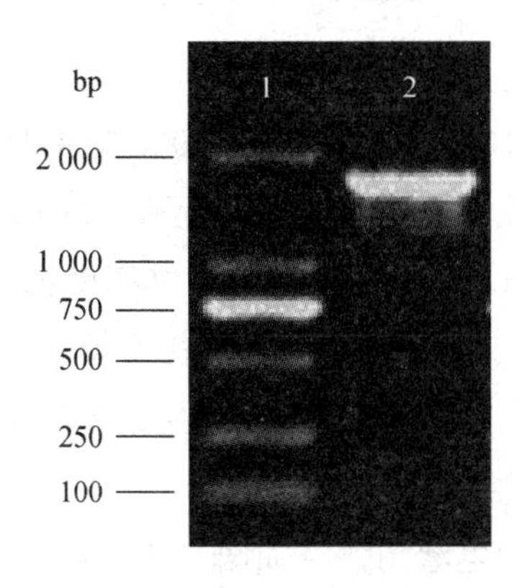

Lane1 — DNA marker DL2,000；Lane2—HA 基因。

Lane 1：DNA marker DL2,000；Lane 2：HA gene.

（a）用引物 H-F1 与 H-R1 扩增得到的 HA 基因[Resulting in HA gene using H-F1 and H-R1 as primers]

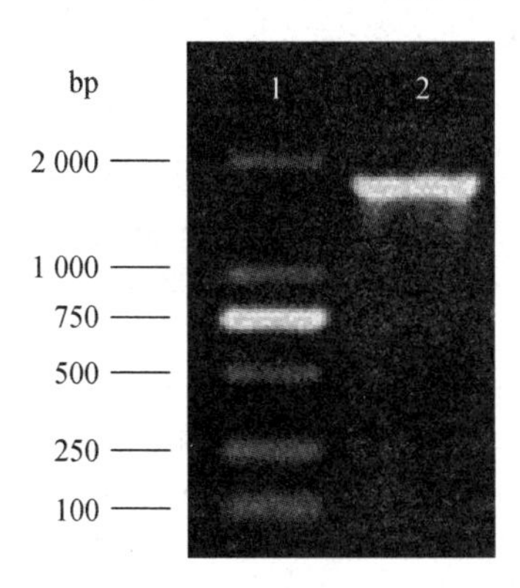

Lane1 — DNA marker DL2,000；Lane2—HA 基因。

Lane1 — DNA marker DL2,000；Lane 2：HA gene.

（b）用引物 H-F2 与 H-R1 扩增得到的 HA 基因[Resulting in HA gene using H-F2 and H-R1 as primers]

图 2-2　HA 基因的 PCR 扩增结果

Figure 2-2　PCR results of HA gene

同理，以 pGEM-HA 质粒作为模板，以 H-F2 与 H-R1 作为上、下游引物进行 PCR 反应。扩增得到 PCR 产物经 1%琼脂糖凝胶电泳分析，实验前预测 PCR 扩增的 HA 基因片段长度应该是 1 707 bp，如图 2-2（b）所示，Lane 2 中的电泳条带与我们预期得到的片段长度一致。因为在引物设计过程中，加入了与 pNZ8150 相同的酶切位点，所以该 PCR 产物上游带有 *Sca* Ⅰ酶切位点，下游带有 *Hind* Ⅲ酶切位点，经 *Sca* Ⅰ/*Hind* Ⅲ双酶切后，与经同样双酶切后的 pNZ8150 连接，从而获得带有 HA 外源基因的非分泌型表达载体。

通过设计引物，以 pGEM-HA 为模板，扩增得到的 HA 基因片段经电泳分析显示，PCR 反应的特异性非常高（只有一条目标条带），可以用于后续的酶切、连接实验。

2.1.8.2 分泌型表达质粒 pNZ8110 与非分泌型表达质粒 pNZ8150 的电泳分析

通过质粒小抽程序可以从带有质粒 pNZ8110 的 *L. lactis* NZ9000 宿主菌中提取分泌型的表达质粒。经 1%的琼脂糖凝胶电泳分析，如图 2-3（a）所示，在 Lane 2 中尽管出现了三条电泳条带，但泳得最快的条带是 DNA 超螺旋构象，其亮度也是最强的，这说明提取的质粒 pNZ8110 纯度较高，可以用于后续的酶切及连接实验。Lane 3 是经 *Nae* Ⅰ/*Hind* Ⅲ双酶切后的质粒 pNZ8110（N/H），其酶切后的长度应该是 3 289 bp，电泳图中可见其大小在 3 200 bp 左右，与预期的结果相符。

通过同样的方法，获得的质粒 pNZ8150 的电泳图谱，如图 2-3（b）所示，其中 Lane 2 表示是经小抽获得的质粒 pNZ8150，只有一条亮带，说明提取到的质粒 pNZ8150 纯度非常高。经 *Sca* Ⅰ/*Hind* Ⅲ双酶切后的电泳图谱如图 2-3（b）中 Lane 3 所示，其片段长度也在 3 100 bp 左右，与预期片段长度相符。

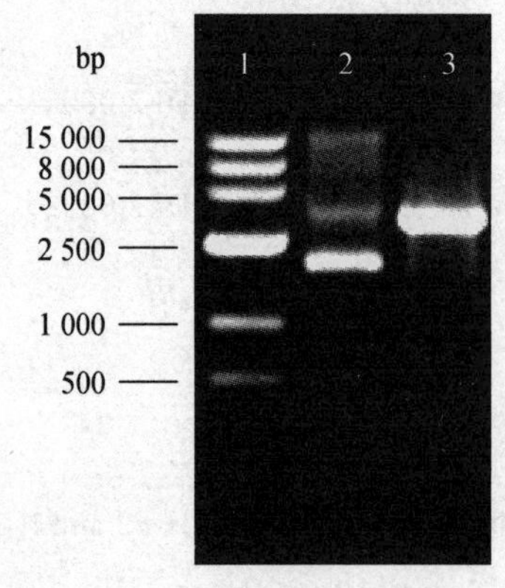

Lane 1—DNA marker（500-15，000 bp）；
Lane 2—通过小抽获得的质粒 pNZ8110；
Lane 3—经 *Nae* Ⅰ/*Hind* Ⅲ双酶切后的质粒 pNZ8110。

Lane 1：DNA marker（500-15，000 bp）；
Lane 2：Plasmid pNZ8110 extracted by mini-preparation；Lane 3：Plasmid pNZ8110 digested by double restriction endonuclease *Nae* Ⅰ/*Hind* Ⅲ.

（a）质粒 pNZ8110 的小量提取与酶切后的电泳图谱[Electrophoresis analyses of mini-preparation and restriction endonuclease digestion of plasmid pNZ8110]

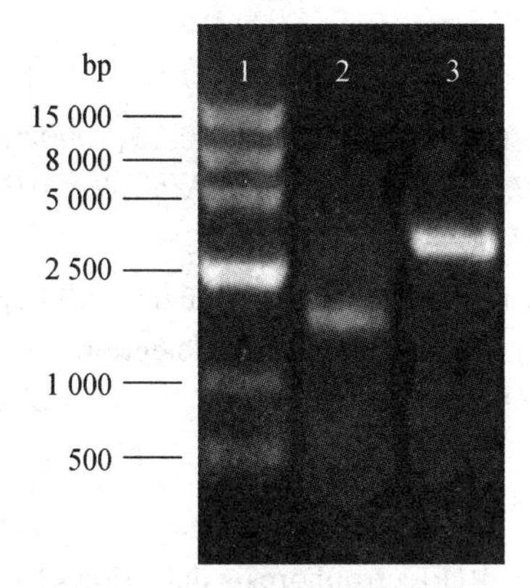

Lane 1—DNA marker（500-15，000 bp）；Lane 2—通过小抽获得的质粒 pNZ8150；Lane 3—经 *Eco*R I/*Hind* Ⅲ双酶切后的质粒 pNZ8150。

Lane 1：DNA marker（500-15，000 bp）；Lane 2：Plasmid pNZ8150 extracted by mini-preparation；Lane 3：Plasmid pNZ8150 digested by double restriction endonuclease *Sca* I/*Hind* Ⅲ.

（b）质粒 pNZ8150 的小量提取与酶切后的电泳图谱[Electrophoresis analyses of mini-preparation and restriction endonuclease digestion of plasmid pNZ8150]

图 2-3　分泌型表达质粒 pNZ8110 与非分泌型表达质粒 pNZ8150 的电泳分析

Figure 2-3　Electrophoresis analysis of secretory expression plasmid pNZ8110 and non-secretory expression plasmid pNZ8150

通过对质粒 pNZ8100 与质粒 pNZ8150 的酶切分析，表明双酶切后得到的线性质粒可以用于后续的去磷酸化反应和连接实验。

2.1.8.3　分泌型和非分泌型重组乳酸乳球菌表达载体的酶切鉴定

通过双酶切鉴定，可以确定 HA 基因是否插入正确位点。当 HA 基因克隆进分泌型表达质粒 pNZ8110 后，电转至 *L. lactis* NZ9000，经过筛选，获得的阳性克隆被命名为 *L. Lactis*/pNZ8110-HA，经过对其进行质粒小量提取，通过 *Nco* I/*Hind* Ⅲ在同一缓冲液进行双酶切，电泳分析如图 2-4（a）所示，Lane 2 中出现了两条亮带，从上而下，依次是：3 304 bp、1 792 bp，与预期设计时应该插入的条带长度一致。这表明 HA 基因已经正确地插入质粒 pNZ8100 中，同时也说明已成功地筛选到用于表达 HA 基因的分泌型重组乳酸乳球菌。

对非分泌型表达载体的酶切分析，可以通过 *Eco*R I/*Hind* Ⅲ同时双酶切进行鉴定。电泳结果如图 2-4（b）所示，Lane 2 中也出现了两条亮带，从上而下依次应该是：3 376 bp、1 455 bp，而在 Lane 2 中的相应位置出现了与预期大小一致的片段，这说明 HA 基因已经成功地克隆进非分泌型表达质粒 pNZ8150 中，经过电转化至 *L. lactis* NZ9000，成功地筛选到了阳性克隆 *L. Lactis*/pNZ8150-HA。

通过酶切分析可以对插入的基因片段进行初步鉴定，从图 2-4 所示的电泳结果可以看出，通过选择的酶切位点可以分析分泌型与非分泌型重组乳酸乳球菌表达载体获得了正确构建。

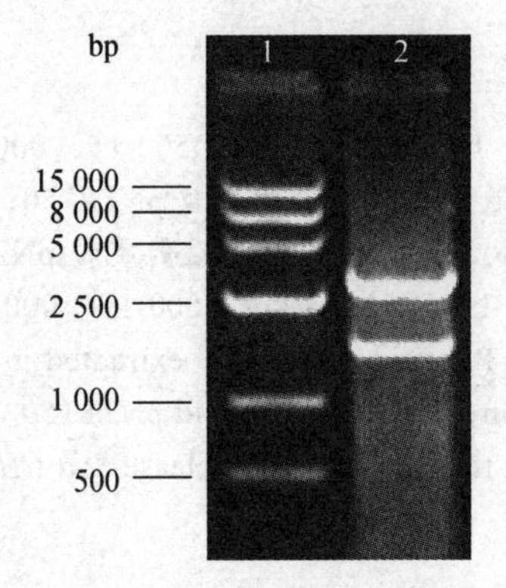

Lane 1—DNA marker（500-15，000 bp）；
Lane 2—*L. lactis*/pNZ8110-HA 经 *Nco* I/*Hind* Ⅲ双酶切后的电泳图。

Lane 1：DNA marker（500-15，000 bp）；
Lane 2：Electrophoresis detection of *L. lactis*/pNZ8110-HA digested by *Nco* I/*Hind* Ⅲ.

（a）*L. lactis*/pNZ8110-HA 的双酶切鉴定电泳图[Electrophoresis detection of *L. lactis*/pNZ8110-HA]

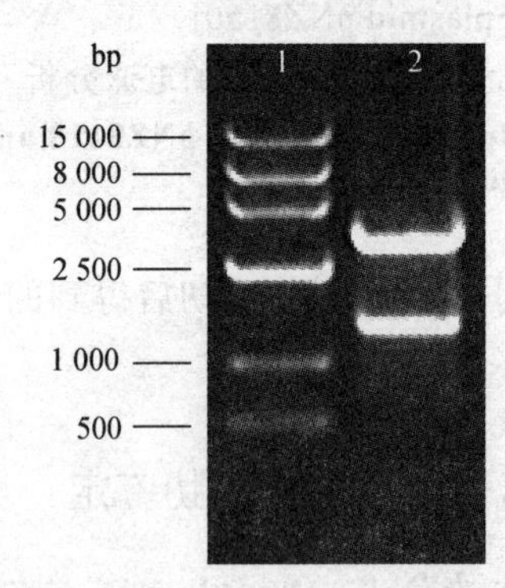

Lane 1—DNA marker（500-15，000 bp）；
Lane 2—*L. lactis*/pNZ8150-HA 经 *Eco*R Ⅰ/*Hind*Ⅲ双酶切后的电泳图。

Lane 1：DNA marker（500-15，000 bp）；
Lane 2：Electrophoresis detection of *L. lactis*/pNZ8150-HA digested by *Eco*R Ⅰ/*Hind* Ⅲ.

（b）*L. lactis*/pNZ8150-HA 的双酶切鉴定电泳图[Electrophoresis detection of *L. lactis*/pNZ8150-HA]

图 2-4　分泌型和非分泌型重组乳酸乳球菌表达载体的酶切鉴定电泳图。

Figure 2-4　Electrophoresis detection of secretory and non-secretory recombinant *L. lactis* expression vector after restriction enzyme digestion

2.1.8.4　分泌型和非分泌型重组乳酸乳球菌表达载体的 PCR 鉴定

通过酶切鉴定可以获悉外源基因片段插入的位置以及片段的大小是否正确，除此之外，还可以通过 PCR 方法对插入的外源片段进行检测。以分泌型重组表达载体 *L. lactis*/pNZ8110-HA 为模板，通过引物 H-F1 与 H-R1 进行 PCR 扩增，得到的 PCR 产物经 1%琼脂糖凝胶电泳分析，结果如图 2-5（a）所示，插入的 HA 基因片段长度应为 1 704 bp，而在 Lane 2 中显示的电泳条带与预期的一致，而且条带单一，说明扩增的特异性非常高，换言之，HA 基因已经成功地克隆到分泌型表达质粒 pNZ8110 中。

通过同样的方法对非分泌型重组表达载体 *L. lactis*/pNZ8150-HA 进行 PCR 鉴定，其电泳结果如图 2-5（b）所示，使用的引物是 H-F1 与 H-R1，预期的 HA 基因片段大小为 1 707 bp，Lane 2 中出现了一条亮带，说明目标产物获得了特异性扩增，而且亮带代表的片段大小与预期的一样，表明 HA 基因成功地克隆到非分泌型表达载体 pNZ8150 中。

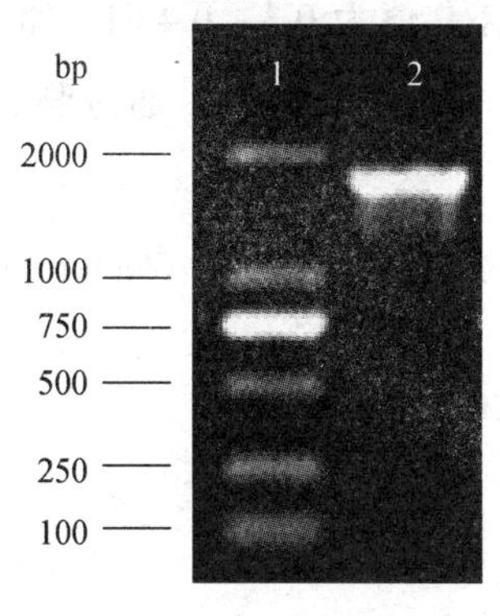

Lane 1—DNA marker（DL2，000）；Lane 2—通过引物 H-F1 与 H-R1 扩增得到的 PCR 产物。

Lane 1：DNA marker（DL2，000）；Lane 2：PCR product using H-F1and H-R1 as primers

（a）分泌型表达载体 *L. lactis*/pNZ8110-HA 的 PCR 鉴定[PCR detection of secretory expression vector *L. lactis*/pNZ8110-HA]

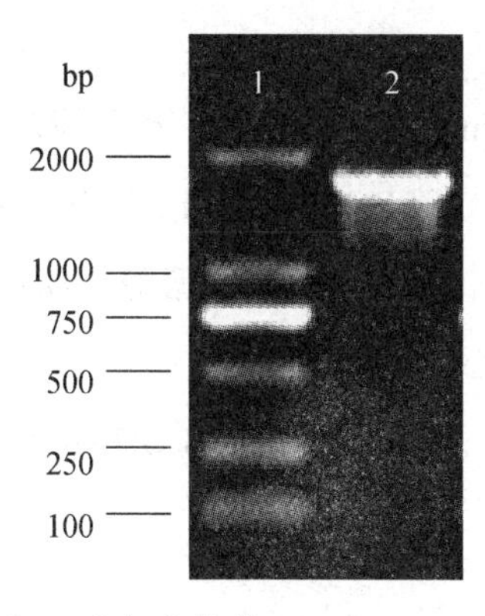

Lane 1—DNA marker（DL2，000）；Lane 2—通过引物 H-F2 与 H-R1 扩增得到的 PCR 产物。

Lane 1：DNA marker（DL2，000）；Lane 2：PCR product using H-F2 and H-R1 as primers.

（b）非分泌型表达载体 *L. lactis*/pNZ8150-HA 的 PCR 鉴定[PCR detection of non-secretory expression vector *L. lactis*/pNZ8150-HA]

图 2-5　分泌型和非分泌型重组乳酸乳球菌表达载体的 PCR 鉴定电泳图

Figure 2-5　Electrophoresis map of PCR detection of secretory and non-secretory recombinant *L. lactis* expression vector

2.2　分泌型和非分泌型重组乳酸乳球菌的体外表达分析

2.2.1　分泌型和非分泌型重组乳酸乳球菌的诱导表达及生长曲线的测定

（1）分别挑取 *L. lactis*/pNZ8110，*L. lactis*/pNZ8110-HA，*L. lactis*/pNZ8150 和 *L. lactis*/pNZ8150-HA 的单克隆菌落，接种于含有 10 μg/mL 氯霉素的 GM17 液体培养基中，30 °C 静置、培养过夜。

（2）取上述过夜培养液以 1∶25 的比例接种于新鲜的 GM17 培养液中（氯霉素的终浓度为 10 μg/mL）。

（3）通过紫外分光光度计测定 OD_{600nm}，当 OD_{600nm} 值为 0.3 ~ 0.4 时，加入 nisin A 溶液，其终浓度为 1 ng/mL。不加 nisin A 的培养液作为阴性对照。通过测定 OD_{600nm} 值，确定诱导前后的细菌生长曲线图。

（4）30 °C、静置诱导 3 h，终止培养用于后续的 SDS-PAGE 及 Western blot 分析。

2.2.2 表达产物的 SDS-PAGE 及 Western blot 分析

2.2.2.1 样品制备

（1）取上述 nisin A 诱导前、后的细菌培养液各 100 μL，12 000 r/min，离心 5 min。

（2）取上清 50 μL，其余上清倾去保留沉淀，用 100 μL HMFS 缓冲液悬浮沉淀，加入 2 μg/mL 的溶菌酶，37 °C 水浴 15 min。

（3）沸水浴 10 min，灭活溶菌酶，12 000 r/min，离心 5 min，弃上清。

（4）加入 40 μL 6 × SDS 凝胶上样缓冲液（含二硫叔糖醇，DTT）至（3）中的沉淀，充分混匀。另外取 20 μL 6 × SDS 凝胶上样缓冲液（含二硫叔糖醇，DTT）与（2）中的上清混匀。沸水浴 10 min，12 000 r/min，离心 5 min。

（5）取上清 15 μL 上样，以蛋白质标准分子量为参考，在 10% SDS-PAGE 上进行电泳分析。

2.2.2.2 SDS-PAGE 胶的配制及电泳

（1）配制 10%分离胶：在 25 mL 量杯中，混匀 30%丙烯酰胺/0.8%亚甲双丙烯酰胺 3 mL，4 × Tris · Cl/SDS（pH8.8）1.875 mL，H_2O 3.125 mL，10%过硫酸铵（最好新鲜配制）50 μL，TEMED 10 μL。混匀后迅速加入已固定密封好的制胶板中，并在其上面加入一薄层超纯水，待其凝固后，倒出上层超纯水，用滤纸反复吸干，灌注积层胶。

（2）配制积层胶（3.9%丙烯酰胺）：在 25 mL 量杯中，混匀 0.65 mL 30%丙烯酰胺/0.8%亚甲双丙烯酰胺溶液、1.25 mL 4 × Tris · Cl/SDS（pH6.8）缓冲液、3.05 mL 水、25 μL 10%过硫酸铵和 5 μL TEMED，混匀，加入制胶板分离胶的上面，灌满后插入加样梳子。

（3）取下梳子，将凝胶固定于电泳装置上，加入 Tris-Gly 电泳缓冲液，上样。

（4）连接电源，10 mA 恒流，待电泳至溴酚蓝染料从积层胶进入分离胶时，再将电流调至 15 mA 继续电泳至溴酚蓝到达凝胶底部为止。

（5）关闭电源并撤去连接的导线，弃去电泳缓冲液。连同上槽一起将凝胶夹层取出。

（6）将凝胶定位以便识别加样顺序，将凝胶板从上槽解离出来。

（7）小心地将封边的垫片抽出一半，并以此为杠杆撬起上面的玻璃平板，使凝胶暴露出来。

（8）小心地从下面的玻璃平板上移出凝胶，在凝胶的一角切去一小块以便在染色后仍然能认出加样次序。

2.2.2.3　Western blot 分析

（1）SDS-PAGE 电泳结束，去除积层胶。以适量的转移缓冲液室温平衡凝胶 30 min。

（2）将转移盒放入一个较大的托盘中，加入足量的转移缓冲液。

（3）在塑料转移盒的底边，依次将下面物品组装转印夹层：海绵→滤纸（预先用转移缓冲液浸润，大小基本与凝胶一致，阴极面）→凝胶→PVDF 转印膜→滤纸（阳极面）→海绵。

（4）将转移盒顶部的半面放置适当，扣紧，完成组装。

（5）加入转移缓冲液，按正确的极性方向将转移盒放进电转仪中，连接电源。

（6）在冰浴条件下，110 V，电转 60 min。

（7）关闭电源，拆卸转印装置，在转印膜上剪去一个小角标记定位。

（8）将 PVDF 膜浸没于含 5%脱脂奶粉封闭液中，室温封闭 2 h。

（9）PBS-T（pH7.4）漂洗 3 次，5 min/次。

（10）将 PVDF 膜浸没于 1∶200 稀释多克隆鼠抗-HA 抗体，4 °C 孵育过夜。

（11）PBS-T（pH7.4）漂洗 3 次，5 min/次。

（12）将 PVDF 膜浸没于 1∶5 000 稀释的辣根过氧化物酶（HRP）标记的羊抗鼠 IgG 二抗溶液中，37 °C 孵育 1 h。

（13）PBS-T（pH7.4）漂洗 3 次，5 min/次。

（14）化学发光，压片 3 s ~ 10 min。

（15）显影 5 min。超纯水漂洗一下。

（16）定影 5 min。超纯水漂洗一下。

（17）晾干、扫描。

2.2.3 流式细胞仪分析

（1）取 nisin A 诱导前、后的重组乳酸乳球菌各 600 μL，12 000 r/min，4 °C，离心 5 min。

（2）无菌 PBS 洗涤沉淀 3 次，6 000 r/min，离心 5 min。

（3）加入 100 μL 无菌 PBS 稀释的多克隆鼠抗-HA 抗体，4 °C 孵育过夜。

（4）重复步骤（2）。

（5）将沉淀悬浮于 100 μL 无菌 PBS 稀释的生物素标记的羊抗鼠 IgG（1∶5 000 稀释），37 °C 孵育 1 h。

（6）重复步骤（2）。

（7）加入 100 μL 藻红蛋白连接的-链菌蛋白（PE-conjugated strepatavidin）。

（8）重复步骤（2）。

（9）将菌体悬浮于 500μL 的无菌的 PBS 中。

（10）流式细胞仪分析。

2.2.4 免疫荧光分析

（1）取 nisin A 诱导前、后的重组乳酸乳球菌各 600 μL，12 000 r/min，4 °C，离心 5 min。

（2）无菌 PBS 洗涤沉淀 3 次，6 000 r/min，离心 5 min。

（3）加入 100 μL 无菌 PBS 稀释的多克隆鼠抗-HA 抗体，4 °C 孵育过夜。

（4）重复步骤（2）。

（5）将沉淀悬浮于 100 μL 无菌 PBS 稀释的 FITC-标记的羊抗鼠 IgG，37 °C 孵育 1 h。

（6）重复步骤（2）。

（7）菌体悬浮于 100 μL 无菌 PBS 中。

（8）取 20 μL 菌液涂于干净的载玻片上，盖上盖玻片。

（9）荧光显微镜观察。

2.2.5 蛋白浓度的测定

2.2.5.1 标准曲线的制备

按表 2-2 制备标准曲线。

表 2-2　Brodfford 法制备标准曲线

Table 2-2　Standard curve using Brodfford method

编号	标准体积/μL	来源	稀释体积/μL	最终浓度/（μg/mL）
1	10	2 mg/mL	790	25
2	10	2 mg/mL	990	20
3	6	2 mg/mL	794	15
4	500	tube 2	500	10
5	500	tube 4	500	5
6	500	tube 5	500	2.5
7	500	tube 6	500	1.25
8（blank）			500	0

2.2.5.2　样品处理

取 nisin A 诱导前、后的重组乳酸乳球菌各 1 μL（浓度为 10^8 CFU/mL），6 000 r/min，离心 5 min。

沉淀用 500 μL 无菌 PBS 洗涤三次，而后悬浮于 500 μL 无菌 PBS 中并进行超声裂解，超声仪设置为：功率为 99%，超声 5 s、间隔 5 s，共超声 20 min。12 000 r/min，离心 10 min，取 450 μL 上清用于蛋白浓度的测定。

2.2.5.3　蛋白浓度的测定

取沉淀处理后的 450 μL 上清，分别加入 450 μL Brodfford 显色液，混匀后加入酶标板中，150 μL/孔，共 3 孔，在半小时内通过酶标仪 595 nm 进行测定。

2.2.6　结　果

2.2.6.1　细菌生长曲线

为了探讨分泌型和非分泌型重组乳酸乳球菌在加入诱导剂 nisin A 后的生长情况，通过紫外分光光度计测定 OD_{600nm} 值，确定了重组乳酸乳球菌在有或无诱导剂 nisin A 时的生长曲线。结果如图 2-6 所示，诱导剂 nisin A 对 *L. lactis*/pNZ8110 和 *L. lactis*/pNZ8150 的生长情况基本没有影响，而分泌型重组乳酸乳球菌 *L. lactis*/pNZ8110-HA 及非分泌型重组乳酸乳球菌 *L. lactis*/pNZ8150-HA 在加入诱导剂 nisin A 后的生长速率明显小于相对应的没有加入诱导剂 nisin A 时的重组乳酸乳球菌，这说明 nisin A 诱导的外源蛋白的表达对细菌的生长产生了一定的影响，另外，分泌型和非分泌型重组乳酸乳球菌的 OD_{600nm} 吸收值在加入诱导剂 nisin A 后的第 3 h 基本达到一个稳定值，初步表明诱导的最佳时间在 3 h 左右。

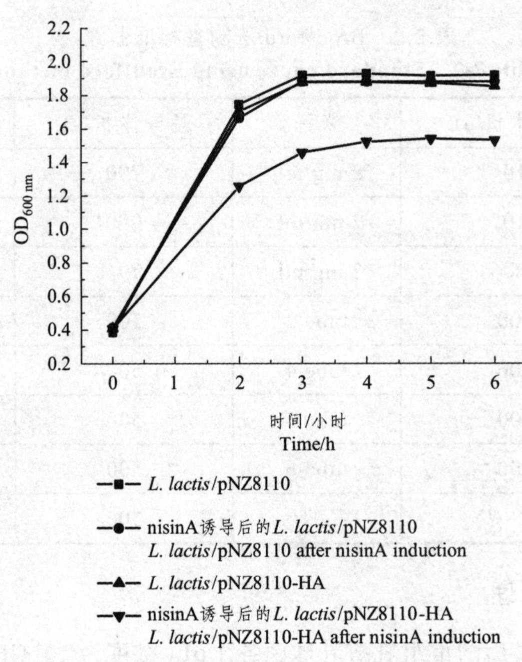

（a）*L. lactis*/pNZ8110 与 *L. lactis*/pNZ8110-HA 在有或者无诱导剂 nisin A 的条件下的生长曲线 [Growth curve of *L. lactis*/pNZ8110 与 *L. lactis*/pNZ8110-HA under the condition of having or not existing inducer nisin A]

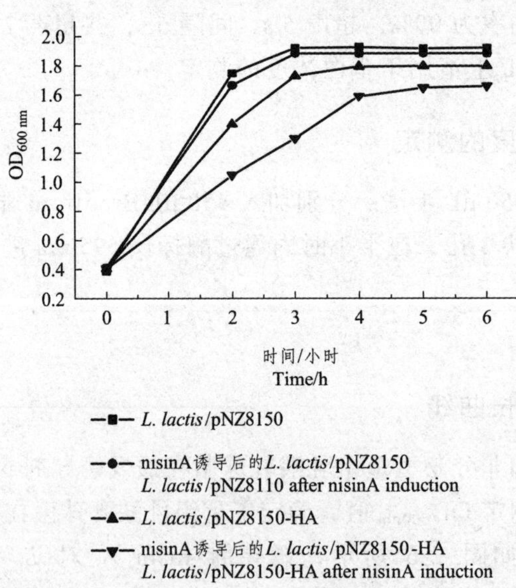

（b）*L. lactis*/pNZ8150 与 *L. lactis*/pNZ8150-HA 在无诱导剂 nisin A 的条件下的生长曲线[Growth curve of: *L. lactis*/pNZ8110 and *L. lactis*/pNZ8150-HA under the condition of having or not existing inducer nisin A]

图 2-6　分泌型 *L. lactis*/pNZ8110-HA 和非分泌型 *L. lactis*/pNZ8150-HA 重组乳酸乳球菌经 nisin A 诱导前、后的生长曲线

Figure 2-6　Growth curve of secretory *L. lactis*/pNZ8110-HA and non- secretory *L. lactis*/pNZ8150-HA recombinant *L. lactis* with or without nisin A induction

2.2.6.2 Western blot 分析

为了确定外源蛋白经诱导后在乳酸乳球菌中的表达定位，Western blot 分析（见图 2-7）显示 *L. lactis*/pNZ8110 在细菌沉淀裂解物和上清中没有出现 HA 特异性的蛋白条带，说明阴性对照 *L. lactis*/pNZ8110 经 nisin A 诱导后并没有产生特异性的蛋白。*L. lactis*/pNZ8150-HA 只在细菌裂解物中发现有 HA 蛋白特异性条带（分子量约为 64 kDa），而在上清并没有出现条带，表明 HA 蛋白表达在重组乳酸乳球菌细胞内。*L. lactis*/pNZ8110-HA 在细菌裂解物和上清中均出现了 HA 特异性的条带，说明 *L. lactis*/pNZ8110-HA 是分泌型的重组乳酸乳球菌。

Western blot 结果表明，经过 nisin A 诱导后，除了阴性对照 *L. lactis*/pNZ8110 不能表达目标蛋白外，两种不同表达类型的重组乳酸乳球菌均能够表达 HA 蛋白，其中分泌型重组乳酸乳球菌 *L. lactis*/pNZ8110-HA 和非分泌型重组乳酸乳球菌 *L. lactis*/pNZ8150-HA 表达的外源蛋白能准确定位在胞外和胞内。

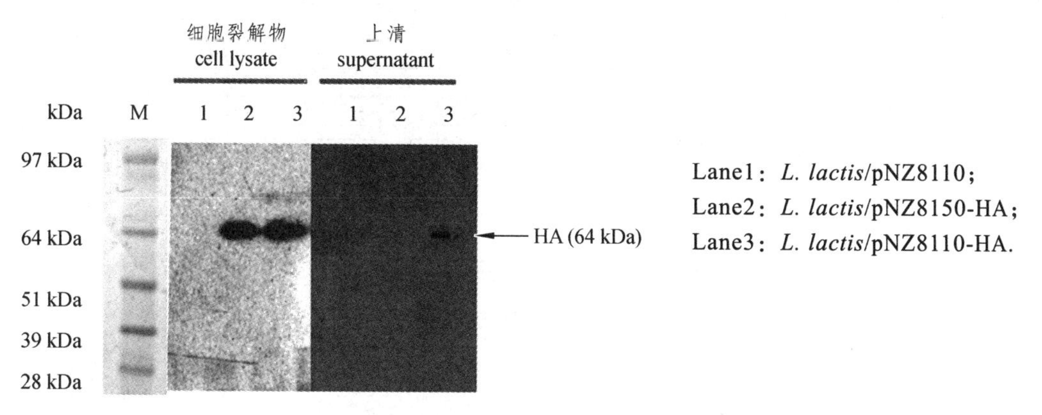

图 2-7 经 nisin A 诱导后重组乳酸乳球菌沉淀裂解物及上清的 Western blot 分析

Figure 2-7 Western blot analysis of recombinant *L. lactis* in the lysates and supernatants after nisin A induction

以带有空质粒 pNZ8110 的乳酸乳球菌作为对照，各实验组在诱导前、后，取浓度为 1×10^8 CFU/mL 的乳酸乳球菌各 1 mL，离心收集沉淀后悬浮于 500 μL 无菌 PBS 中，超声处理，离心后取上清 450 μL 进行分析，结果如表 2-3 所示。

表 2-3 诱导前、后的 OD_{595nm} 平均吸收值

Table 2-3 The average value before and after induction at OD_{595nm}

OD595nm 平均值	*L. lactis*/pNZ8110	*L. lactis*/pNZ8110-HA	*L. lactis*/pNZ8150-HA
诱导前（x_1）	0.190 4	0.388 1	0.598 0
诱导后（x_2）	0.190 6	0.510 2	0.629 8
差值（x_2-x_1）	0.000 2	0.122 1	0.031 8

通过 Brodfford 法测定的标准曲线如图 2-8 所示，经过分析得到的一次函数为 $y = 46.878x - 7.602\ 4$，利用诱导前、后的 OD_{595nm} 的平均值，经一次函数换算后的计算公式为：$y = 46.878（x_2 - x_1）$，通过扣减阴性对照 *L. lactis*/pNZ8110 的本底之后，*L lactis*/pNZ8110-HA 和 *L. lactis*/pNZ8150-HA 诱导后表达的外源蛋白浓度分别为：5.714 4 mg/mL 和 1.481 3 mg/mL。

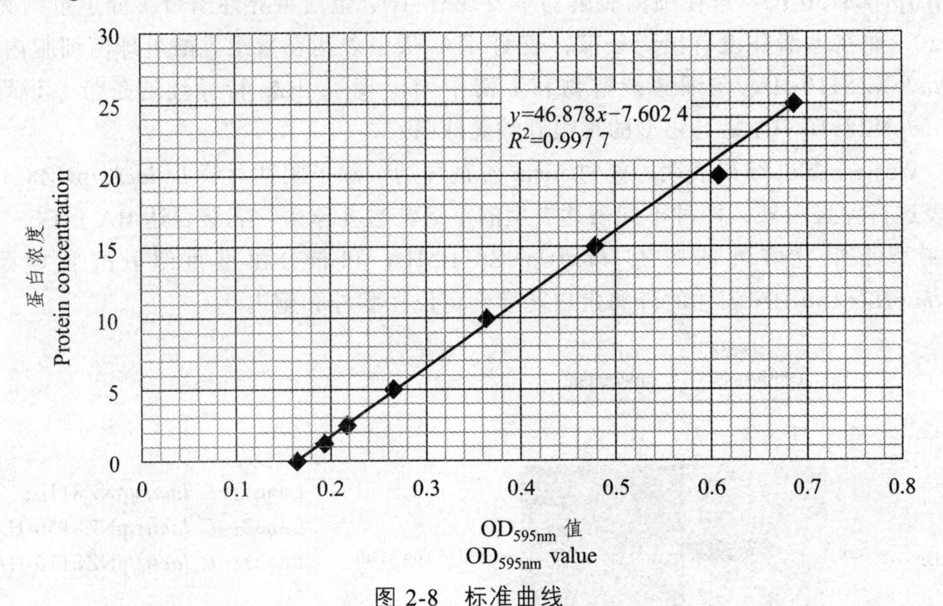

图 2-8　标准曲线

Figure 2-8　Standard curve

第3章

分泌型和非分泌型重组乳酸乳球菌的免疫活性分析

3.1 分泌型和非分泌型重组乳酸乳球菌的免疫原性分析

3.1.1 肠溶胶囊包裹分泌型和非分泌型重组乳酸乳球菌的免疫原性分析

3.1.1.1 肠溶胶囊在人工胃液中的耐酸性实验及在人工肠液中的崩解实验

（1）随机选取 5 粒空心肠溶胶囊在人工胃液中浸泡 2 h，其间慢摇，50 r/min。

（2）取出，在超纯水中稍微漂洗一下，立即放入人工肠液中，并计算肠溶胶囊完全崩解的时间。

3.1.1.2 肠溶胶囊在小鼠体内的实验

（1）随机挑取一粒肠溶胶囊，将 10 μL Cy5.5 染料包裹其中。

（2）将一只 6 周龄的 BALB/c 小鼠麻醉后，通过灌胃针将包裹有 Cy5.5 的胶囊推入小鼠胃部。

（3）应用小动物活体成像系统（eXplore Optix）进行观察。

3.1.1.3 肠溶胶囊包裹重组乳酸乳球菌在体外的存活计数

（1）重组乳酸乳球菌的诱导表达具体步骤见 2.3.1.1 小节，最终浓度调制成 10^{11} CFU/mL。

（2）将 0.5 mg 脱脂奶粉置于胶囊底部，然后取诱导好的重组乳酸乳球菌 10 μL 装入肠溶胶囊内。

（3）在人工胃液中浸泡 2 h，其间慢摇，50 r/min。

（4）超纯水漂洗一下，随即在无菌的人工肠液中进行崩解。

（5）通过梯度稀释的方法，将崩解后的胶囊内容物涂于含有 10 μg/mL 的氯霉素的 GM17 培养平板上，30 °C 倒置培养 1 ~ 2 天。

3.1.1.4 免疫前的准备

1. 分泌型和非分泌型重组乳酸乳球菌的诱导表达

（1）将 *L. lactis*/pNZ8110、*L. lactis*/pNZ8110-HA 以及 *L. lactis*/pNZ8150-HA 分别接种于新鲜的含 10 μg/mL 氯霉素的 GM17 培养液中，30 °C 静置培养过夜。

（2）取过夜的培养液按 1∶25 的比例，转接于新鲜的培养液中（氯霉素浓度：10 μg/mL），继续在 30 °C 培养箱中静置培养。

（3）通过紫外分光光度计测定 OD_{600nm} 值，当 OD_{600nm} 的吸收值达到 0.4 左右时，加入 nisin A 诱导物（nisin A 终浓度为 1 ng/mL）。继续培养 3 h。

（4）5 000 r/min，4 °C，离心 5 min，收获菌体，用无菌 PBS 漂洗 3 次。
（5）将沉淀悬浮于无菌 PBS 中，调整浓度至 10^{11} CFU/mL。

2. 肠溶胶囊包裹重组乳酸乳球菌的制备

将 0.5 mg 脱脂奶粉置于胶囊底部，然后取 3.1.4.1 小节诱导好的重组乳酸乳球菌 10 μL 装入肠溶胶囊内。最终规格为：每粒胶囊含 10 μL 重组乳酸乳球菌。

3.1.1.5 免疫小鼠

（1）6 周龄 SPF 级雌性 BALB/c 小鼠饲养于上海交通大学药学院 SPF 级动物中心。
（2）每次免疫前，禁食 6 h。
（3）用灌胃针将胶囊轻轻推入小鼠胃部，具体免疫剂量见表 3-1。
（4）免疫时间为：第 0、2、4、6 周，每隔一周免疫一次。
注：以同等剂量（10 μL）的 PBS、L1、capsule-L1 作为对照。
（5）样品收集时间：距最后一次免疫 2 周后，即在第 8 周进行眼眶取血，同时收集小鼠粪便。

表 3-1 免疫剂量（/次）
Table 3-1 Immunization dose

BLAB/c 小鼠灌服	免疫剂量
PBS	10 μL
L1	10 μL
L2	10 μL
L3	10 μL
capsule-L1	1 粒
capsule-L2	1 粒
capsule-L3	1 粒

注：L1—*L. lactis*/pNZ8110；L2—*L. lactis*/pNZ8150-HA；L3—*L. lactis*/pNZ8110-HA。

3.1.1.6 血清 IgG 的检测方法

1. 血清的采集及处理

（1）免疫结束后的第 10 天，对小鼠进行眼眶取血（大约 100 μL），室温静置 2 h。
（2）2 000 r/min，室温，离心 15 min。取上清，分装成 2 μL/管，保存于 – 20 °C 备用。

2. ELISA 检测血清 IgG

（1）将重组 HA 蛋白包被于 96 孔高吸附酶标板中，4 °C 孵育过夜。

（2）用 TBS-T 漂洗 3 次，5 min/次。最后一次彻底拍干。

（3）封闭液 250 μL，37 °C 封闭 2 h。

（4）稀释血清，以 2 的倍数用封闭液进行倍比稀释，37 °C 孵育 1.5 h。

（5）重复步骤（2）。

（6）加入 100 μL 1∶5 000 用封闭液稀释的生物素标记的羊抗鼠 IgG，37 °C 孵育 1 h。

（7）重复步骤（2）。

（8）加入 1∶1 000 稀释的碱性磷酸酶标记的链亲和素，37 °C 孵育 1 h。

（9）重复步骤（2）。

（10）加入显色底物 pNPP，避光显色 20 min。

（11）加入 50 μL 2 mol/L NaOH，中止反应。

（12）双波长检测：405 nm 作为检测波长，630 nm 作为参比波长。

（13）数据分析：数据以平均值 ± 标准方差（SD）表示。以 PBS 组（未给药组）的 OD_{405nm} 吸收平均值 + SD 作为阈值，大于或等于域值即为阳性，小于域值则为阴性。以最低阳性值时的稀释倍数的倒数作为 log 以 2 为底的真数，即 log_2 的对数值即为血清 IgG 的效价。

（注：本方法适用于本书中所有血清 IgG 的检测）

3.1.1.7　分泌型 IgA 的检测

1. 小鼠粪便的采集

（1）取小鼠粪便 50 mg 溶于 300 μL 无菌 PBS 中，浸泡 2 h。

（2）剧烈振荡，使其充分溶解。

（3）15 000 r/min，25 °C，离心 5 min。

（4）吸取上清，分装成 100 μL/管，－20 °C 保存，备用。

2. 间接 ELISA 检测 IgA

（1）将重组 HA 蛋白包被于 96 孔高吸附酶标板中，4 °C 过夜。

（2）用 PBS-T 漂洗 3 次，5 min/次，最后一次彻底拍干。

（3）加封闭液 250 μL /孔，37 °C 封闭 2 h。

（4）重复步骤（2）。

（5）加入 100 μL /孔 2.3.4.1 小节中的上清，37 °C 孵育 1.5 h。

（6）重复步骤（2）。

（7）加入 100 μL /孔 1∶10 000 稀释的辣根过氧化物酶标记的羊抗鼠 IgA，37 °C 孵育 1 h。

（8）重复步骤（2）。

（9）加入 50 μL/孔显色底物 TMB，避光显色 20 min。

（10）双波长检测：450 nm 作为检测波长，630 nm 作为参比波长。

（11）数据分析：数据以平均值 ± 标准方差（SD）表示。以 PBS 组（未给药组）的 OD_{450nm} 吸收平均值 + SD 作为阈值，大于或等于域值即为阳性，小于域值则为阴性。

（注：本方法适用于本书中所有分泌型 IgA 的检测）

3.1.1.8 ELISpot 分析

1. 脾脏细胞的分离

（1）每个免疫组麻醉 3 只小鼠，分离脾脏。

（2）加入红细胞裂解液进行研磨。

（3）室温，1 000 r/min，离心 20 min，弃上清，留沉淀。

（4）用细胞培养液（含双抗）悬浮沉淀，稀释至 10^7 cell/mL。

2. IFN-γ /IL-4 的检测

（1）在包被有抗 IFN-γ /IL-4 抗体的 96 孔板上加入 200 μL/孔的无菌培养液，室温孵育 20 min。

（2）脱去培养液，立即加入 100μL（10^6/孔）细胞。

（3）在 37 °C、5% CO_2 细胞培养箱中培养，每孔加入 10 μg/mL 的 HA 特异性多肽，继续培养 48 h。

（4）PBS-T 漂洗 4 次，3 min/次。

（5）加入 100 μL 稀释的检测抗体（生物素化羊抗鼠 IgG），4 °C 培养过夜。

（6）重复步骤（4）。

（7）每孔加入 100 μL 稀释的碱性磷酸酶标记的链菌蛋白，室温孵育 2 h。

（8）重复步骤（4）。

（9）每孔加入 100 μL BCIP/NBT，室温避光孵育 1 h。

（10）脱去显色溶液，并用超纯水冲洗。

（11）脱去底板，并擦干底部，室温干燥 60 ~ 90 min。

（12）用普通光学显微镜进行斑点计数，特殊的斑点是有一个黑色的中心，周围伴有模糊的边缘。计数的结果可以用加入每孔的细胞数中所含有的斑点形成细胞（SFC）的数量。

3.1.1.9 血凝抑制（HI）实验

1. 受体破坏酶（RDE）处理血清

（1）将 3 体积的霍乱滤液与 1 体积的血清（即 0.3 mL RDE：0.1 mL 血清）混合。

（2）37 °C 水浴过夜。

（3）56 °C 灭活 30 min。

（4）加入 6 体积的无菌 PBS，使血清最终稀释为 1∶10 备用。

2. 去除非特异性凝集素

（1）用 1 体积的 0.5%鸡红细胞悬液与 20 体积 RDE 处理过的血清充分混匀。

（2）4 °C 放置 1 h，其间使沉降红细胞再悬浮、混匀。

（3）900 g 室温离心 5 min。

（4）取上清，反复上述操作直至血清与红细胞的吸附阴性为止。

3. 4 个血凝单位抗原的调制

1）标准抗原滴度的测定

（1）50 μL 无菌 PBS 加入 96 孔微量板 A-H 行的 2-12 孔。

（2）分别加入 A-H 行的第一孔加入 50 μL 标准抗原，然后倍比稀释至第 11 孔，弃去 50 μL，第 12 孔为阴性对照。

（3）加 50 μL 0.5%鸡红细胞于每一孔，注意从低浓度至高浓度加入。

（4）混匀、室温静止 30 min。

（5）确定标准抗原的滴度。完全血凝的最高稀释度的倒数为血凝滴度。完全凝集为 +，不完全凝集 +/–，无凝集为 –。

2）4 个血凝单位的调制和复核

（1）调制 4 个血凝单位。

1 个血凝单位指能引起等量红细胞凝集的病毒量。HI 滴度是基于此测定的。实验中需调制 4 个血凝单位，首先根据 HA 滴度，用 8 除其商为 8 个血凝单位的稀释度。如某待检病毒的 HA 滴度为 160，除 8 等于 20，即 1∶20（标准参比抗原病毒 0.1 mL 加 1.9 mL PBS）稀释病毒即得到 8 个血凝单位。注意 HI 试验所需 4 个血凝单位指 25 μL 病毒含 4 个血凝单位，而第二步确定所稀释病毒是否为 4 个血凝单位的 HA 试验用 50 μL 体系，所以先调制为 8 个血凝单位。确认 4 个血凝单位试验的具体操作如下：

① 50 μL 的 PBS 或盐水加入 96 孔板的第 2 ~ 12 孔。

② 调制的 8 个血凝单位抗原 100 μL 加入第一孔，然后倍比稀释至第 6 孔弃去 50 μL。

③ 各孔加 50 μL 0.5%鸡红细胞、混匀，静置 30 min，观察结果。

（2）结果判定：

如果第 1、2、3、4 孔完全凝集，第 5 孔不凝集，表明该稀释病毒准确，可用于

HAI 试验；如果第 5 孔也完全凝集，则说明该 50 μL 病毒含 16 个血凝单位，需等量稀释病毒；如果只有前 3 孔凝集，说明该 50 μL 病毒含 4 个血凝单位，病毒量需加倍。

4. HI 的检测步骤

（1）加无菌 PBS 25 μL 于 96 孔板的第 B 行至第 H 行的每一孔。

（2）加 1∶10 稀释的经受体破坏酶处理过的标准血清 50 μL 于 A 行的每一孔。

（3）用多通道移液器从 A 行各孔取 25 μL 血清，倍比稀释至 H 排各孔，最后一排弃去 25 μL。

（4）25 μL 4 个血凝单位的标准抗原加至各孔，混匀，室温静置 30 min。

（5）各孔加 50 μL 0.5%鸡红细胞。

（6）室温静置 30 min。

（7）结果判定：血凝被完全抑制的血清最大稀释度的倒数为血凝抑制试验的终点，该孔稀释度即为 HI 实验的效价。

3.1.2 微量中和分析

（1）以 2 的倍数倍比稀释 RDE 处理过的血清。

（2）每孔加入 35 μL 半数组织细胞感染量（50% tissue culture infective doses，$TCID_{50}$）的 H5N1 病毒，混匀。

（3）每孔加入 100 μL 狗肾传代细胞（Madin-Darby canine kidney，MDCK）在 37 °C，CO_2浓度为 5%的细胞培养箱中，培养 72 h。

（4）50 μL 0.5%的鸡红细胞与 50 μL 的细胞培养液的上清混匀，静置 30 min。

（5）中和抗体的效价（neutralization titer，IC_{50}）通过抑制 50%病毒感染的血清稀释的最大倍数的倒数表示。

3.1.3 病毒攻击分析

每个免疫组 5 只 BLAB/c 小鼠在最后一次免疫的第二周经麻醉后，用鼠适应株 A/Chicken/Henan/12/2004（H5N1）20 μL $5 \times LD_{50}$进行滴鼻攻击，在攻毒后的 14 天内观察体重变化和存活率。

3.1.4 统计学分析

实验组与对照组的数据采用单因素方差分析（one-way factorial analysis of variance），$p<0.05$ 表示组间数据具有统计学意义。对于存活率的统计通过 Fisher’s exact test 对实验组与对照组进行比较。

3.2 结 果

3.2.1 肠溶胶囊在人工胃肠液中的耐酸性实验与崩解实验

为了检测空心肠溶胶囊的耐酸性，随机挑选 5 粒空心肠溶胶囊在慢速搅动的人工胃液中浸泡 2 h，结果 5 粒空心胶囊外壳全部完好无损，说明该肠溶胶囊具有很好的耐酸性。进一步地，为了检测经人工胃液浸泡后的空心肠溶胶囊在人工肠液中的崩解时间，将胶囊经超纯水漂洗一下后，迅速转入慢速搅动的人工肠液中，结果在 45 min 内全部崩解，说明这些空心胶囊具有很好的肠溶性。

通过耐酸性实验与崩解实验的检测，肠溶性胶囊可以用于后续包裹活的重组乳酸乳球菌实验。

3.2.2 重组乳酸乳球菌在模拟的人工胃肠环境中的相对数量

在肠溶胶囊底部装 0.5 mg 脱脂奶粉后，然后再分别装入 L1、L2、L3 各 10 μL（浓度：10^{11} CFU/mL），经肠溶胶囊包裹后依次命名为：capsule-L1、capsule-L2、capsule-L3。先经人工胃液浸泡 2 h，而后用超纯水漂洗一下，随即转入无菌的人工肠液中，崩解后通过密度梯度稀释方法，取 100 μL 稀释液涂于 GM17 细菌培养板（含有 10 μg/mL 的氯霉素）。通过计算培养板上的单菌落，获得了未包裹和包裹的重组乳酸乳球菌在人工模拟胃肠液处理后的相对数量。结果如表 3-2 所示，对照组：L1、L2、L3、L4 经人工胃肠液处理后细菌存活的相对数量分别为：3.5×10^4 CFU、3.6×10^4 CFU、3.8×10^4 CFU。而经肠溶胶囊包裹后，存活的细菌相对数量均为：10^9CFU。

表 3-2 重组乳酸乳球菌在模拟的胃肠环境中的相对数量*

Table 3-2. Relative number of recombinant *L. lactis* in the simulated gastrointestinal environment

L. lactis vector	live bacteria number/CFU
L1	3.5×10^4
L2	3.6×10^4
L3	3.8×10^4
capsule-L1	10^9
capsule-L2	10^9
capsule-L3	10^9

（*表示这些数据来源于三次独立实验的平均值）

这些数据说明，肠溶胶囊包裹的活重组乳酸乳球菌的数量没有减少，既能够逃避胃酸的降解，又可在肠液中崩解，释放包裹的重组乳酸乳球菌。也就是说，肠溶胶囊包裹重组乳酸乳球菌可以用于后续的免疫实验。

3.2.3 肠溶胶囊包裹 Cy5.5 染料在小鼠体内的实验

为了进一步证实肠溶胶囊在小鼠体内的驻留情况，我们设计了肠溶胶囊包裹 Cy5.5 荧光染料，通过小动物活体成像系统进行扫描观察，结果如图 3-1 所示。将 BALB/c 小鼠麻醉后，用灌胃针将包裹 Cy5.5 的肠溶胶囊轻轻推入小鼠胃部，40 min 后通过小动物活体成像系统进行扫描观察，肠溶胶囊已经进入小鼠的小肠部位，如图 6-1（a）所示，此时的荧光强度最强，说明胶囊还没有崩解释放 Cy5.5。但是在灌服后 60 min 继续扫描，发现荧光强度开始减弱，说明胶囊已经崩解并在不断释放 Cy5.5，如图 6-1（b）所示。当在灌服胶囊 80 min 后，进行扫描观察到的结果如图 6-1（c）所示，在小肠部位的荧光强度已经减至最弱，说明此时的胶囊已经完全崩解。

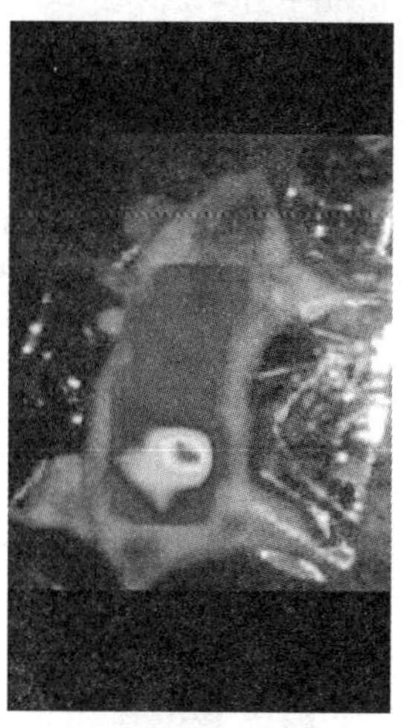

（a）包裹 Cy5.5 的肠溶胶囊在灌服 40 min 后的图像[Imaging map of enteric capsule coating Cy5.5 after oral administration for 40 min]

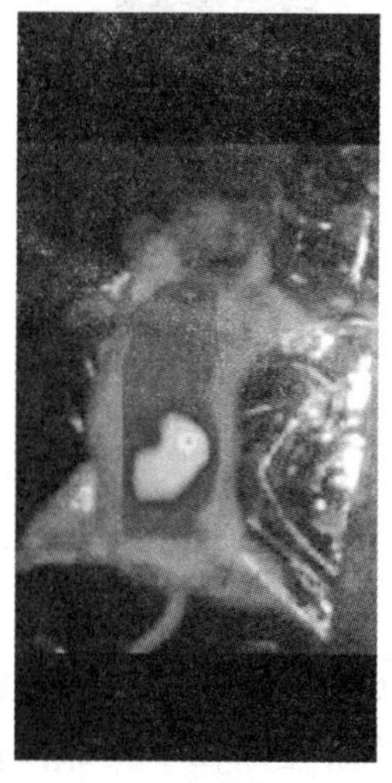

（b）包裹 Cy5.5 的肠溶胶囊在灌服 60 min 后的图像[Imaging map of enteric capsule coating Cy5.5 after oral administration for 60 min]

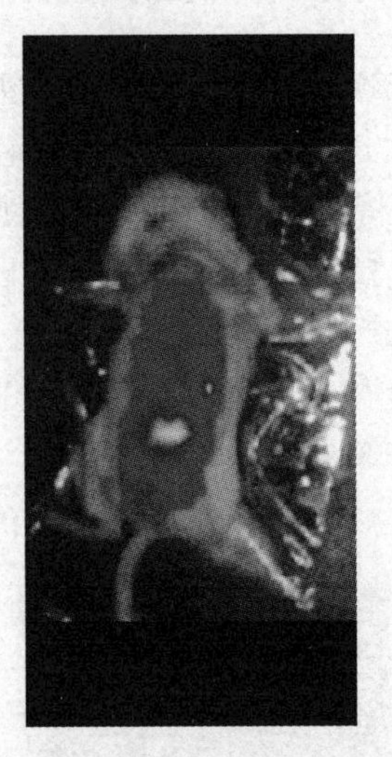

(c)包裹 Cy5.5 的肠溶胶囊在灌服 80 min 后的图像[Imaging map of enteric capsule coating Cy5.5 after oral administration for 80 min]

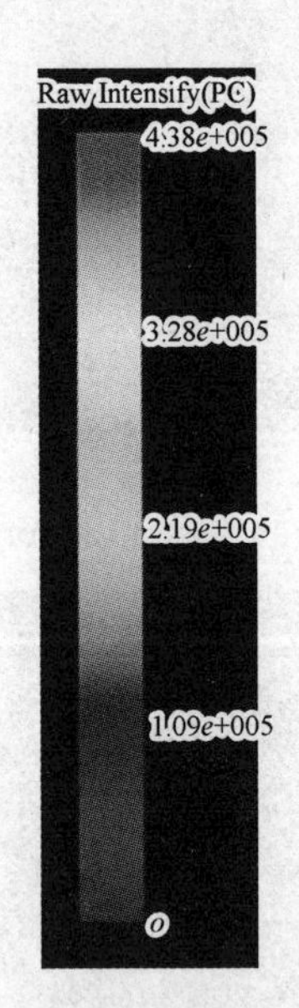

(d)荧光强度指示带[Instruction band of fluorescence intensity]

图 3-1　通过小动物活体成像系统观察肠溶胶囊包裹 Cy5.5 后在小鼠体内的驻留情况

Figure 3-1　The presence of enteric capsule coating Cy5.5 in mice observed by small animal living imaging system

通过扫描观察肠溶胶囊包裹 Cy5.5 在小鼠体内的驻留，表明肠溶胶囊能将包裹的内容物输送至小肠，并随胶囊的崩解逐渐在小肠部位释放内容物。这就为肠溶胶囊包裹活的重组乳酸乳球菌进行靶向输送提供了有利的证明。

3.2.4 HA 特异性的血清 IgG 和粪便 IgA 的检测

3.2.4.1 通过 ABS-ELISA 检测 HA 特异性的血清 IgG 抗体

在最后一次免疫的 2 周后（即在第 8 周）进行眼眶取血，通过 ABS-ELISA 检测血清 IgG 抗体。简言之，用 HA 抗原包被 96 孔高吸附酶标板，血清以 2 的倍数进行倍比稀释，然后用生物素化羊抗鼠 IgG 及碱性磷酸酶标记的链菌蛋白进行孵育，最后通过碱性磷酸酶催化底物 PNPP 进行显色，结果如图 3-2（a）所示。PBS 组、L1 组、L2 组、L3 组的血清 IgG 抗体的最高效价分别为：2.66 ± 0.577、3.33 ± 0.577、6.66 ± 0.577。而对同等剂量的 L1、L2、L3、L4 通过肠溶胶囊包裹后，capsule-L1 组、capsule-L2 组、capsule-L3 组检测到的血清 IgG 抗体效价分别为：4 ± 1、9.66 ± 0.577、10.66 ± 0.577。通过对比肠溶胶囊包裹前后的血清 IgG 的抗体效价，L2 组、L3 组、L4 组经过肠溶胶囊包裹后的血清 IgG 抗体效价明显提升，尤其是 capsule-L3 提升的幅度尤为明显。而对照组 L1 经肠溶胶囊包裹后的血清 IgG 抗体效价并没有实质性的提高。这些数据表明，不同表达类型的重组乳酸乳球菌（非分泌型 L2 和分泌型 L3）经过肠溶胶囊包裹后，HA 特异性的血清 IgG 抗体效价得到明显提高，说明肠溶胶囊的靶向性输送提高了重组乳酸乳球菌的免疫效率，增强了免疫效果。

3.2.4.2 间接 ELISA 检测 HA 特异性的 IgA 抗体

为了检测 HA 特异性的分泌型 IgA 抗体，收集小鼠粪便 50 mg，用无菌 PBS 处理后，取 100 μL 上清进行 ELISA 检测，结果如图 3-2（b）所示。PBS 组、L1 组、L2 组、L3 组、L4 组的粪便 IgA 抗体在 OD_{450nm} 处的吸收值分别为：0.133 ± 0.015、0.227 ± 0.015、0.373 ± 0.032、0.447 ± 0.025、0.47 ± 0.01。而 capsule-L1 组、capsule-L2 组、capsule-L3 组的粪便 IgA 抗体在 OD_{450nm} 处的吸收值则分别为：0.277 ± 0.031、0.630 ± 0.02、0.837 ± 0.025。比较这些数值可以得出，对照组 L1 与 capsule-L1 的吸收值相差不大，而 capsule-L2 组、capsule-L3 组的吸收值较未包裹之前有了很大的提高，说明灌服 capsule-L2、capsule-L3 能诱导较强的黏膜免疫。

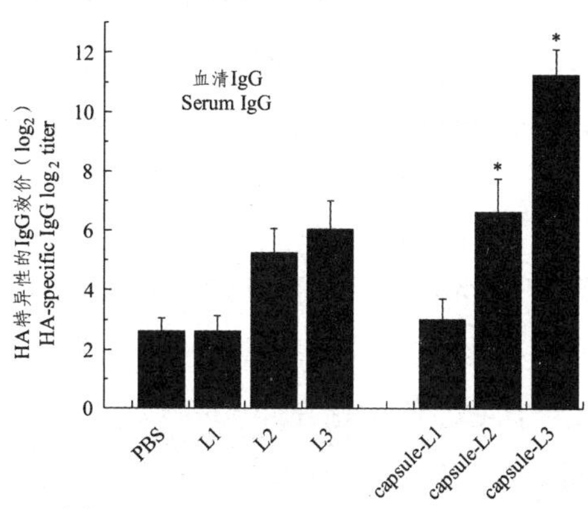

（a）用重组 HA 蛋白作为包被抗原，通过 ABS-ELISA 方法检测 HA 特异性的血清 IgG 抗体
[HA-specific serum IgG was determined by ABS-ELISA using recombinant HA protein as a coating antigen]

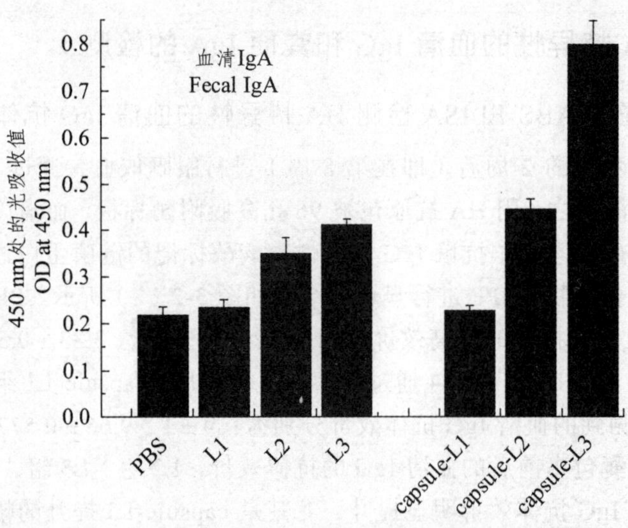

（b）通过间接 ELISA 方法对小鼠粪便进行检测获得 HA 特异性的黏膜 IgA 抗体在 OD_{450nm} 的吸收值[HA-specific mucosal IgA was determined from the fecal pellets]

图 3-2　通过 ELISA 方法检测 HA 特异性抗体

Figure 3-2　HA-specific antibody titers detected by ELISA

如图 3-2 所示，分别用 PBS、L1、L2、L3 各 10 μL 进行灌胃免疫，而 L1、L2、L3 各 10 μL 加 0.5 mg 脱脂奶粉经肠溶胶囊包裹后进行灌胃免疫，免疫时间为：0、2、4、6 周，到第 8 周进行眼眶取血和粪便收集。其中，*表示相对于 PBS 组、L1 组和 capsule-L1 组具有统计学意义（$*p<0.05$）。数据用平均值 ± 标准方差表示。5 只小鼠/组。[Mice were orally immunized with PBS，L1，L2 and L3（immunization dose：10 μL + 0.5 mg skimmed milk）respectively. After L1 , L2 and L3 combined with 0.5 mg BSA and methyl cellulose（MC）were coated by enteric capsules，mice were orally immunized with enteric capsules. Immunizations were repeated at 0，2，4，6 weeks after the initial dosing. Samples（serum and feces）were collected two weeks after the last immunization. * represents statistically significant differences relative to the PBS，L1 and capsule-L1 controls（$*p<0.05$）. Data are given as mean ± SD. n = 5 mice per group.]

3.2.4.3　IFN-γ 检测

为了检测肠溶胶囊包裹重组乳酸乳球菌引起的细胞免疫应答，将免疫后的小鼠麻醉后取脾脏白细胞群培养，用特异性的多肽进行刺激，通过 ELISpot 检测试剂盒分析 IFN-γ 的分泌水平，结果用 HA 特异性的 IFN-γ 斑点数/10^6 脾细胞表示。通过解剖显微镜进行观察计数，PBS 组、L1 组、L2 组、L3 组的斑点数分别为：15 ± 5，25 ± 5，95 ± 12，124 ± 11。而 capsule-L1 组、capsule-L2 组、capsule-L3 组的斑点数分别为：31

±6，242±10，491±16，如图 3-3 所示。这些数据表明经肠溶胶囊包裹的重组乳酸乳球菌（capsule-L2 组、capsule-L3 组）免疫小鼠后能够引起较强的细胞免疫应答。

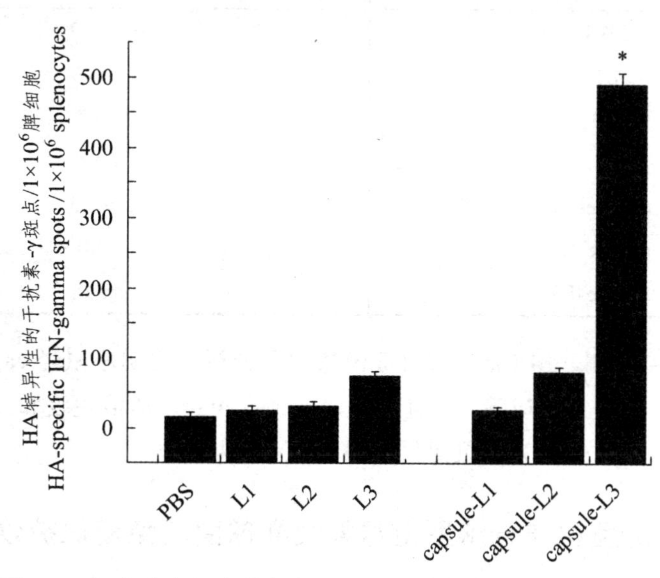

图 3-3　肠溶胶囊包裹的重组乳酸乳球菌介导的细胞免疫应答

Figure 3-3　Cell-mediated immune responses induced by enteric coated recombinant *L. lactis*

图 3-3 中，*表示与 PBS 组、L1 组和 capsule-L1 组相比，具有统计学意义。数据用三次独立实验的平均值±标准方差表示。[* represents statistically significant differences relative to the PBS，L1 and capsule-L1 controls. Data are represented as mean ± SD of triplicate independent experiments.]

3.2.4.4　血清微量中和分析

为了检测血清 IgG 抗体与 H5N1 病毒的中和抗性，用受体破坏酶（RDE）处理血清，与 H5N1 病毒悬液混匀后加入 MDCK 细胞共孵育，通过细胞培养液与鸡红细胞的相互反应程度进而确定血清的中和效价。经检测 L2 组、L3 组的血清的中和效价分别为：47、68 和 70。而 PBS 组、L1 组、capsule-L1 组的血清的中和效价均小于 10。灌服肠溶胶囊后，capsule-L2 组、capsule-L3 组的血清的中和效价分别为：80 和 148（结果见表 3-3）。当血清的中和抗体效价≥80 时，可以有效地中和病毒。而 capsule-L2 组、capsule-L3 组的血清的中和效价值均大于或等于 80，故 capsule-L2 组、capsule-L3 组的小鼠应该能部分或完全抵抗 H5N1 病毒的致死性攻击。

表 3-3　血清的微量中和分析

Table 3-3　Microneutralization analysis of serum

样品	血清中和效价（IC_{50}）
PBS	<10
L1	<10
L2	47
L3	68
capsule-L1	<10
capsule-L2	80
capsule-L3	148

综合 ELISA 检测、ELISpot 和血清微量中和分析，说明小鼠经 capsule-L3 免疫后不仅能诱导产生黏膜免疫应答，而且还能诱导系统免疫（体液免疫和细胞免疫）应答，进一步地证明这些抗体能为小鼠提供很强的免疫保护能力。

3.2.5　分泌型和非分泌型重组乳酸乳球菌的免疫保护效率分析

每个免疫组 5 只 BLAB/c 小鼠在最后一次免疫的第 2 周经麻醉后，用鼠适应株 A/Chicken/Henan/12/2004（H5N1）20 μL 5 × LD_{50} 进行滴鼻攻击，在攻毒后的 14 天内观察体重变化和存活率。

在 H5N1 病毒攻击前记录每组小鼠的体重，在攻毒后的第 6 天再对各组小鼠的体重进行记录，从而计算出平均体重丢失，结果如图 3-4（a）所示。PBS 组、L1 组、L2 组、L3 组、L4 组在攻毒后第 6 天的小鼠存活数分别为：3 只、3 只、4 只、5 只，体重丢失的平均百分数（%）分别为：24 ± 2.007、21.57 ± 0.907、16.62 ± 4.46、16.62 ± 3.63、15.98 ± 5.56。与之相对照的是，capsule-L1 组、capsule-L2 组及 capsule-L3 组对应的存活小鼠数量分别为：3 只、5 只、5 只、5 只，体重丢失平均百分数（%）分别为：20.77 ± 2.09、16.06 ± 3.46、3.08 ± 1.92。比较这些数据可以得出，平均体重丢失百分数越大，小鼠存活率越低。反之，平均体重丢失百分数越小，小鼠存活率越高，这说明小鼠体内的抗体正在发挥作用，中和 H5N1 病毒。

在 H5N1 病毒对免疫后的小鼠进行致死性攻击 0 ~ 14 天，记录小鼠的存活数量，并计算存活百分率，结果如图 3-4（b）所示。PBS 组、L1 组、capsule-L1 组的小鼠在 H5N1 病毒攻击后的 8 天内全部死亡，而 L2 组、L3 组的小鼠存活率分别为：20%、40%。capsule-L2 组、capsule-L3 组的小鼠存活率分别为：20%、100%。这些数据表明，小鼠经 capsule-L3 免疫后获得了完全保护，能够完全抵抗 H5N1 病毒的致死性攻击。而对照组（PBS 组、L1 组、capsule-L1 组）对 H5N1 病毒的致死性攻击没有起到保护作用。

通过对 H5N1 病毒攻击后的小鼠平均体重丢失百分数和存活率进行分析，经 capsule-L3 免疫过的小鼠能够提供完全的保护，进而能为以后开发新的禽流感疫苗提供了一些可行的参考。

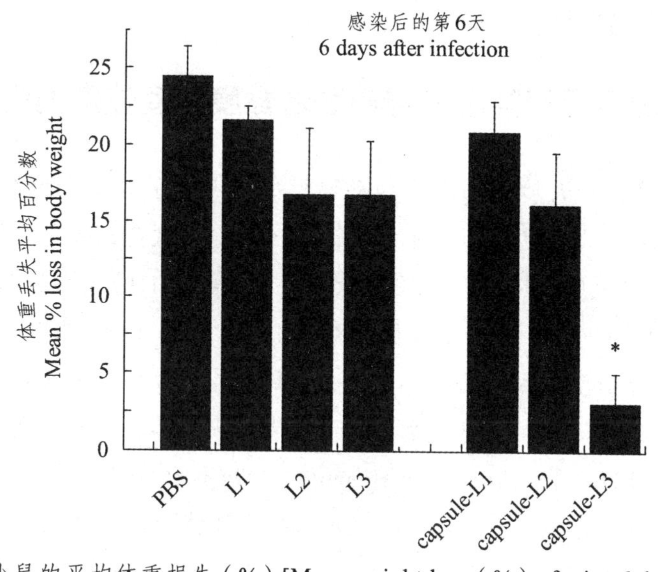

（a）攻毒 6 天后小鼠的平均体重损失（%）[Mean weight loss（%）of mice 6 days after infection]

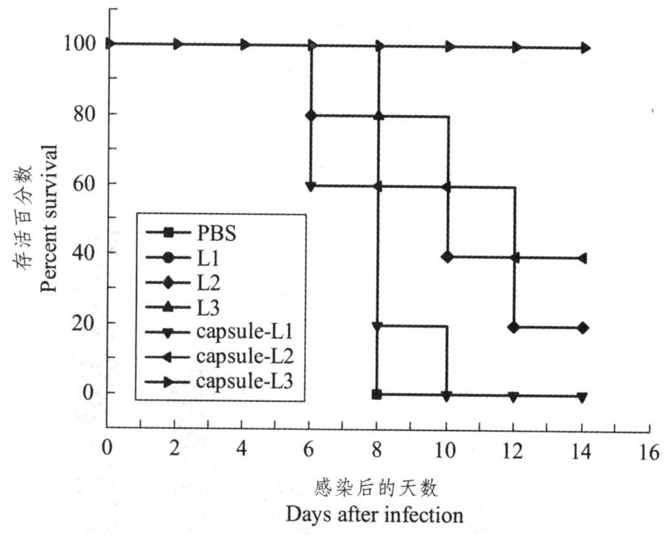

（b）在攻毒后的 0～14 天计算小鼠的存活百分数[Percent survival of mice 0-14 days after infection]

图 3-4　口服不同类型的疫苗后，抵抗 H5N1 病毒致死性攻击而提供的免疫保护

Figure 3-4　Immune protection against H5N1 virus lethal challenges after oral deliveries of different vaccine preparations

如图 3-4 所示，小鼠在最后一次免疫后的第二周进行 H5N1 病毒滴鼻攻击实验。

其中，*表示与 PBS 组、L1 组和 capsule-L1 组相比，具有统计学意义。5 只小鼠/组。[Mice were infected intranasally with H5N1` virus 2 weeks after the last immunization. * represents statistically significant differences relative to the PBS，L1 and capsule-L1 controls. n = 5 mice per group.]

3.3 分泌型重组乳酸乳球菌联合黏膜免疫佐剂的免疫活性分析

进一步地，以 7 天龄的小鸡作为动物模型，考察了分泌型重组乳酸乳球菌 *L. lactis*/pNZ8110-HA（此处也可以表示为：*L. lactis*-HA）联合黏膜免疫佐剂大肠杆菌不耐热肠毒素 B 亚单位（heat-labile enterotoxin B subunit，LTB）经滴鼻途径的免疫原性，免疫剂量为 4×10^9 CFU *L. lactis*-HA 加或不加 10 μg LTB。与此同时，相同剂量的 PBS 和 *L. lactis*-empty 作为对照。在第 42 天，分离血清，收集鼻洗液和小肠洗液。通过 ELISpot 检测 INF-γ 和 IL-4 的分泌水平，通过微量中和实验分析血清的中和效价，最后通过 20 μL $6 \times LD_{50}$ 同型 A/chicken/Henan/12/2004（H5N1）进行病毒攻击实验。

在初次免疫后的第 42 天，通过 ELISA 分析血清特异性 IgG 效价、鼻洗液 IgA 效价和小肠洗液 IgA 效价，与对照组相比，*L. lactis*-HA + LTB 组的 IgG 效价达 10.6 ± 0.894，如图 3-5（a）所示，鼻洗液 IgA 的效价为 8 ± 0.707，如图 3-5（b）所示，小肠洗液 IgA 为 7.2 ± 0.836，如图 3-5（c）所示。这就说明 *L. lactis*-HA + LTB 通过滴鼻免疫小鸡后，可以诱导产生较高效价的 IgG 抗体和分泌型 IgA 抗体。

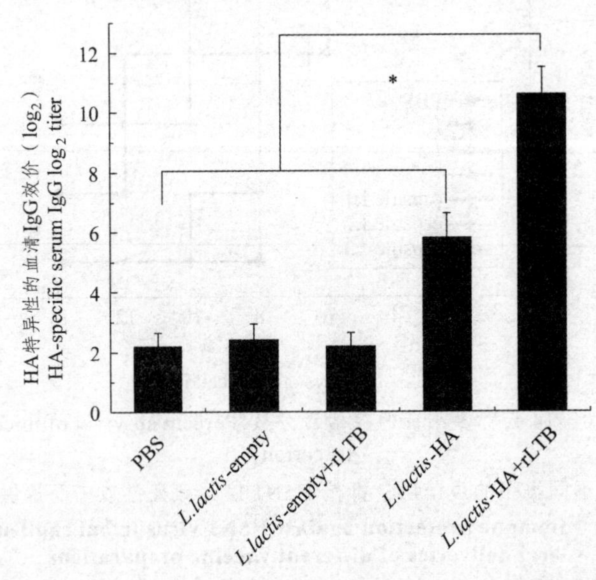

（a）在最后一次免疫后的第 14 天，总的血清 HA 特异性 IgG 抗体[HA-specific total IgG titer was detected using sera from vaccinated chickens at day 14 after the last immunization]

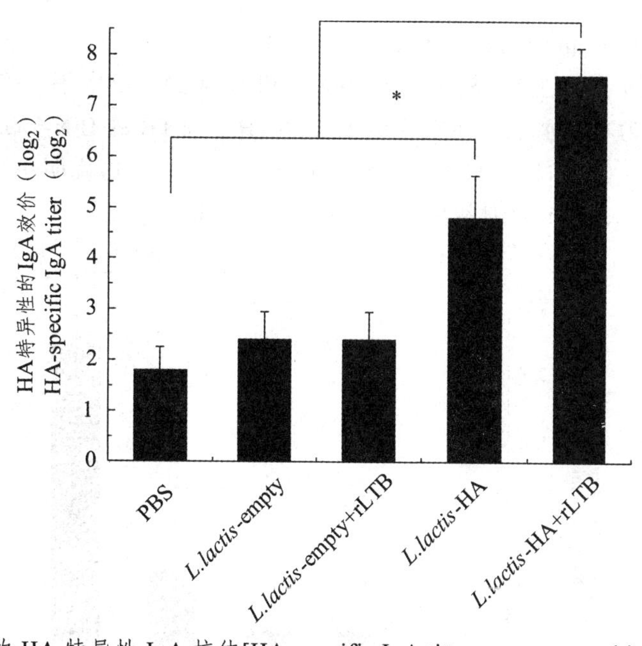

（b）在鼻洗液中的 HA 特异性 IgA 抗体[HA-specific IgA titer was measured in the nasal washes]

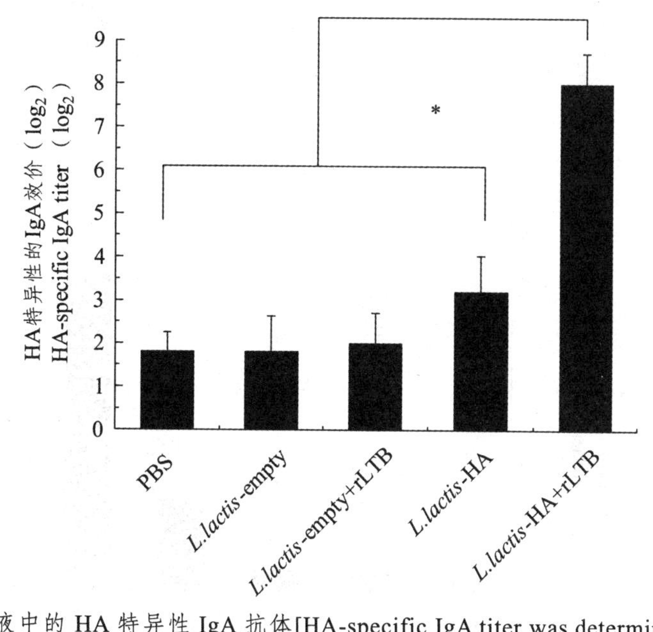

（c）在小肠洗液中的 HA 特异性 IgA 抗体[HA-specific IgA titer was determined in the small intestine washes]

图 3-5　通过 ELISA 检测 HA 特异性的 IgG 和 IgA 抗体

Figure 3-5　Detections of HA-specific IgG and IgA antibodies by ELISA

图 3-5 中，*表示 *L. lactis*-HA + LTB 与对照组（PBS，*L. lactis*-empty，*L. lactis*-empty + LTB 和 *L. lactis*-HA）相比较，具有统计学意义（$p<0.05$）。[* indicates significant difference（$p<0.05$）between *L. lactis*-HA + LTB and other groups（PBS，*L. lactis*-empty，

L. lactis-empty + LTB and *L. lactis*-HA groups）.]

分离小鸡脾脏，通过 ELISpot 分析 IFN-γ 和 IL-4 的分泌水平，确定 Th 应答的偏向性。对照组均为本底水平，而实验组 *L. lactis*-HA + LTB 的 IFN-γ 和 IL-4 值分别是：220 ± 20[见图 3-6（a）]和 141.67 ± 7.64[见图 3-7（b）]，这说明小鸡经滴鼻免疫 *L. lactis*-HA + LTB 后，Th1 的细胞免疫应答水平高于 Th2。

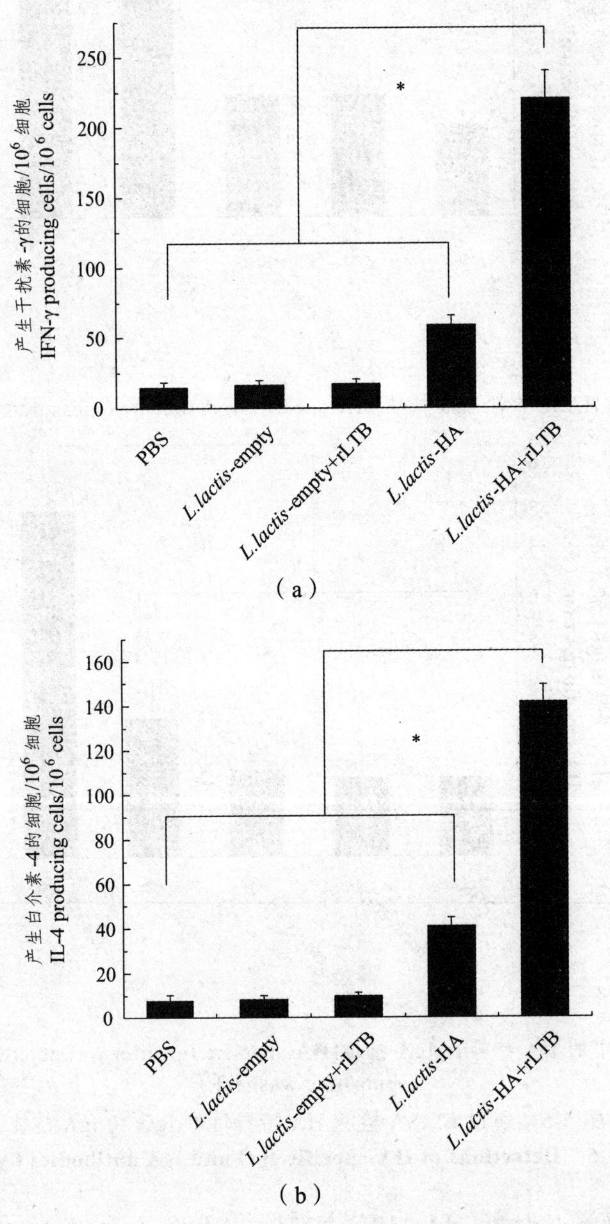

图 3-6 通过双色 ELISpot 试剂盒测定脾细胞中的细胞免疫应答类型

Figure 3-6 The types of cell-mediated immune responses were determined in the splenocytes by Dual-Color ELISpot Kit

如图 3-6 所示，计算 IFN-γ（a）和 IL-4（b）的斑点数。数据用平均值 ± 标准方差表示。*表示 *L. lactis*-HA + LTB 与对照组（PBS，*L. lactis*-empty，*L. lactis*-empty + LTB 和 *L. lactis*-HA）相比较，具有统计学意义（$p<0.05$）。[The spots of IFN-γ（a）and IL-4（b）were counted，respectively. The data are presented as mean ± SD. *（$p<0.05$）represents statistical difference between L. lactis-HA + LTB and other groups（PBS，*L. lactis*-empty，*L. lactis*-empty + LTB and *L. lactis*-HA groups）.]

进一步地，检测了小鸡血清的中和效价，对照组均为本底水平（$<2^4$），而实验组 *L. lactis*-HA + LTB 的抗体中和效价达 7.66 ± 0.58，如图 3-7 所示，这表明 *L. lactis*-HA + LTB 能够诱发小鸡产生具有中和作用的抗体。

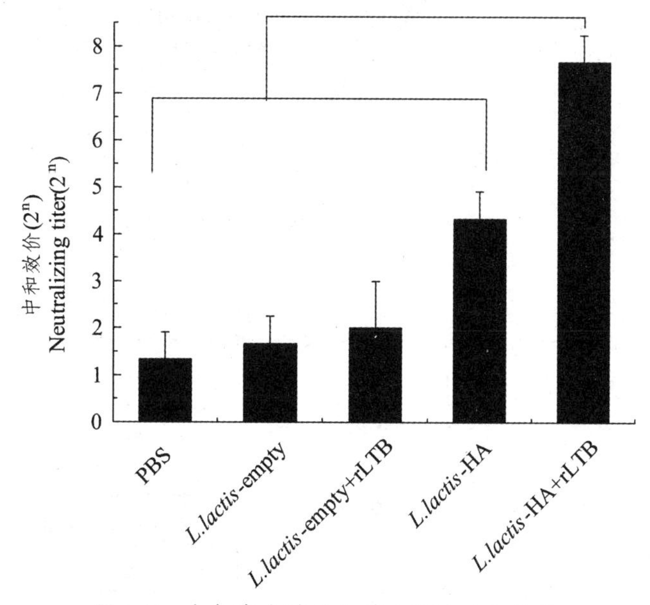

图 3-7 在免疫小鸡的血清中测定中和抗体

Figure 3-7 Assessment of neutralizing antibody titer in the vaccinated chickens' sera

如图 3-7 所示，在初次免疫后的第 42 天，收集血清，PBS 作为阴性对照。数据用每组 5 只小鸡的平均 50%中和抗体效价（NT_{50}）± 标准方差表示。其中，*表示具有统计学意义（$p<0.05$）。[Sera were collected at day 42 after the initial immunization. PBS was used as the negative control. The data are expressed as mean 50% neutralizing antibody titer（NT_{50}）± SD from five chickens per group. * indicates significant difference（$p<0.05$）.]

最后，通过同型 H5N1 病毒攻击实验分析小鸡免疫 *L. lactis*-HA + LTB 后的体重丢失百分数和存活率。在攻毒后的 14 天内，*L. lactis*-HA + LTB 组的小鸡体重没有明显变化，而且存活率达 100%，如图 3-8（a）所示。而对照组中，*L. lactis*-HA 在没加黏膜免疫佐剂的情况下，存活率为 40%，其他对照组在攻毒后的第 8 天全部死亡，如图 3-8（a）所示。

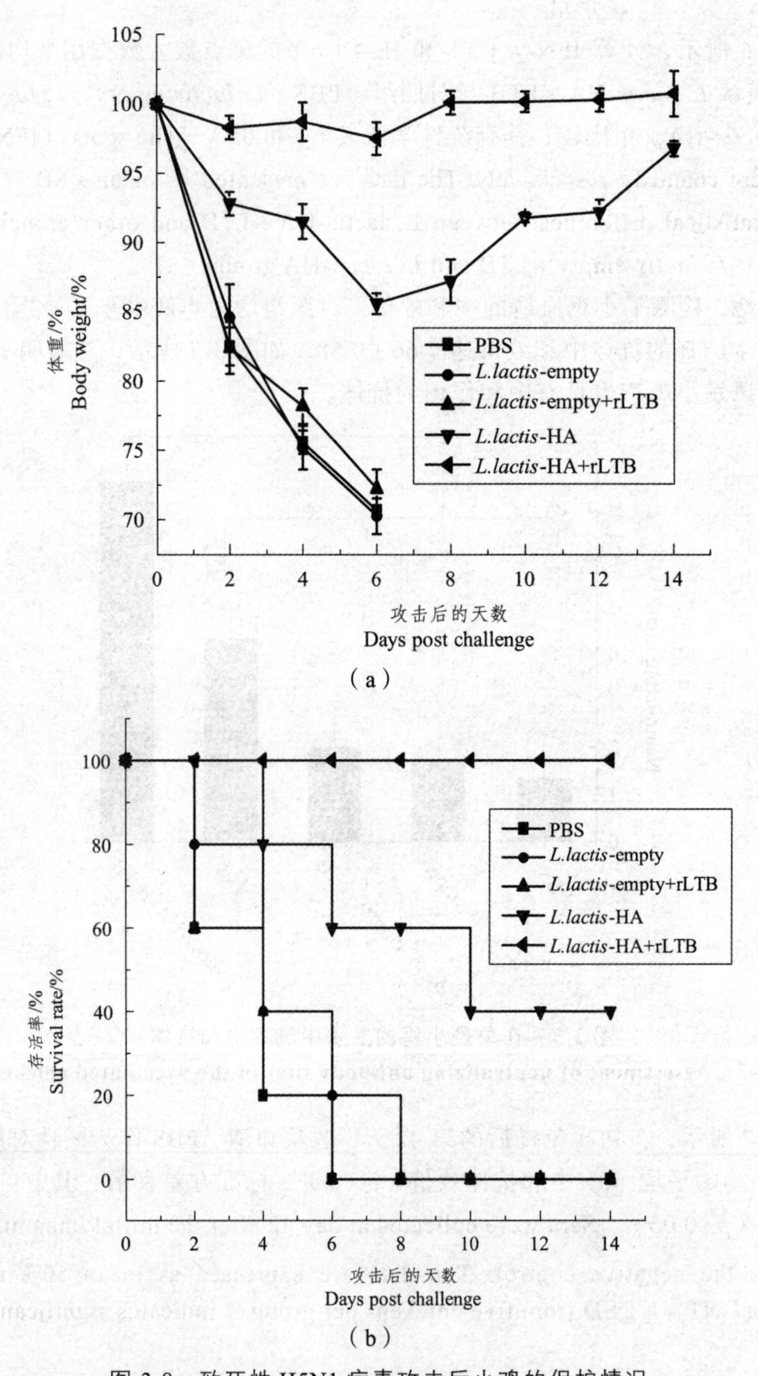

图 3-8　致死性 H5N1 病毒攻击后小鸡的保护情况

Figure 3-8　Protection of chicken against lethal H5N1 virus challenge

如图 3-8 所示，在最后一次免疫后的第 14 天，小鸡通过滴鼻接种致死剂量的鸡适应性 A/chicken/ Henan/12/2004（H5N1）病毒。在攻毒后的 14 天内，记录小鸡的体重变化（a）和存活率。结果用百分数表示，每组 5 只小鸡。[Two weeks after the final vaccination, chickens were intranasally infected with a lethal dose of chicken-adapted A/chicken/Henan/12/2004 (H5N1) virus. Chickens were monitored for weight changes (a) and survival rate (b) throughout 14 days observation period. The results are presented in terms of percent of body weight and percent survival, respectively. (n = 5 per group) .]

该实验的重要意义在于重组乳酸乳球菌可以在家禽中诱发免疫应答，从而为开发用于畜牧业的禽流感疫苗提供了一个可行的方案。

3.4 非分泌型 *L. lactis*/pNZ2103-NA 的构建及在小鸡中的免疫原活性分析

非分泌型 *L. lactis*/pNZ2103-NA 的构建：A/Vietnam/1203/2004 (H5N1) 的 NA 基因 (1 459 bp) 克隆至乳酸乳球菌非分泌型表达质粒 pNZ2103，构建重组 *L. lactis*/pNZ2103-NA。

口服免疫实验：以 SPF 级 7 日龄小鸡为动物模型，初次免疫安排在第 0、1、2、3 天，加强免疫安排在第 20、21、22、23 天。免疫剂量为：10^{12}CFU。在初次免疫后的第 15 天和第 34 天，收集血清、小肠洗液和上呼吸道洗液，通过 ELISA 检测 NA 特异性 IgG 抗体和 IgA 抗体。通过 NA 抑制分析检测 NI 效价。

病毒攻击实验：25 μL 的 10^4 EID_{50} A/Vietnam/1203/2004 (H5N1) 用于免疫后小鸡的病毒攻击实验，在攻毒后的 14 天内，记录小鸡的体重变化和存活率。

为了考察 NA 蛋白在家禽 (小鸡) 中的免疫保护作用，我们以 A/Vietnam/1203/2004 (H5N1) 的 NA 基因作为研究对象，构建了重组 *L. lactis*/pNZ2103-NA，通过 Western blot 分析，NA 蛋白能稳定地表达于 *L. lactis* 细胞内，通过抗 NA 单克隆抗体检测到了一个对应 NA 分子量约为 54 kDa 的条带，如图 3-9 所示。

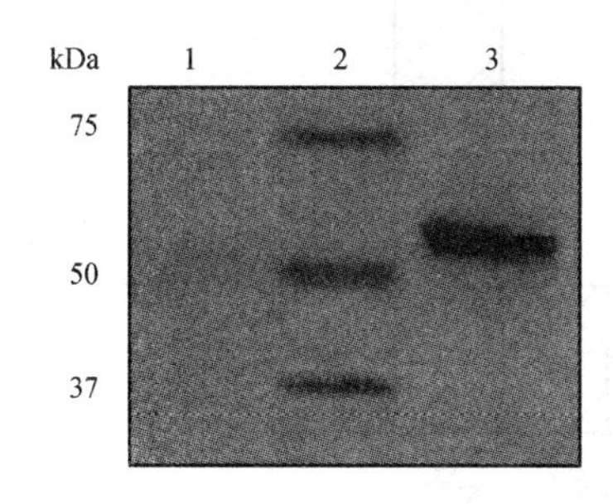

Lane 1—对照 *L. lactis*/pNZ2103；Lane 2—Western 标准 Marker；Lane 3—*L. lactis*/pNZ2103-NA.

Lane 1: Negative control *L. lactis*/pNZ2103;
Lane 2: MagicMark™ XP Western Protein Standard;
Lane 3: *L. lactis*/pNZ2103-NA.

图 3-9 *L. lactis*/pNZ2103-NA 的 Western blot 分析

Figure 3-9 Western blot analysis of *L. lactis*/pNZ2103-NA

经过口服免疫小鸡后，与对照组相比较，实验组 *L. lactis*/pNZ2103-NA 检测到了有意义的血清 IgG 抗体[见图 3-10 (a)]、分泌型 IgA[见图 3-10 (b)]和 NI 效价[见图 3-10 (d)]。

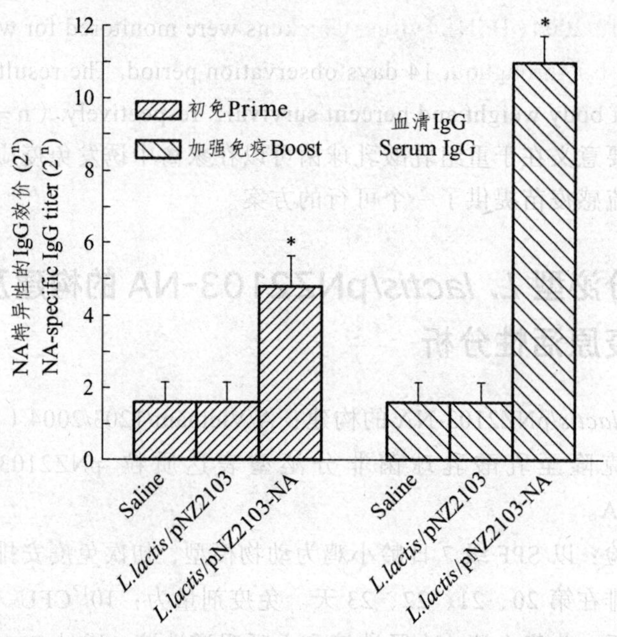

（a）通过 ELISA 检测血清中 NA 特异性 IgG 抗体[NA-specific IgG antibody was measured by ELISA in the sera]

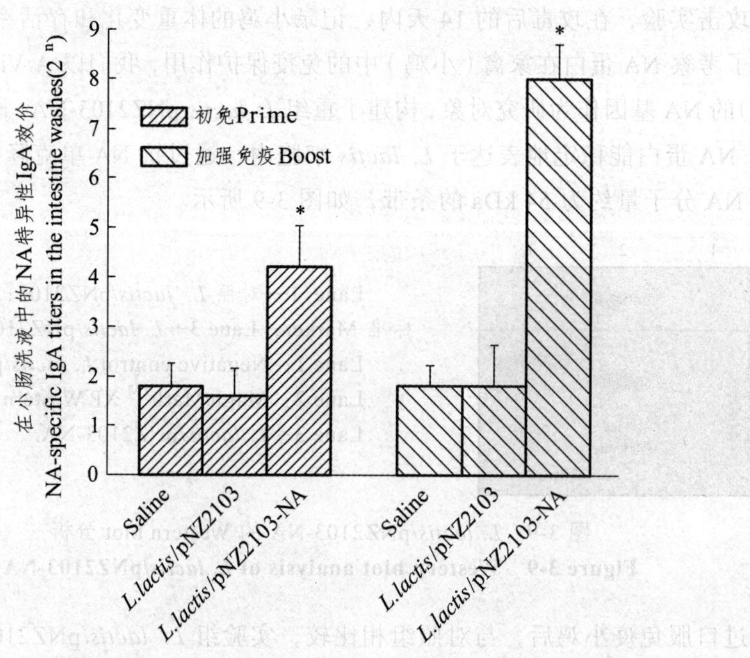

（b）小肠洗液中的 NA 特异性 IgA 抗体[NA-specific IgA antibody was assessed in the intestinal washes]

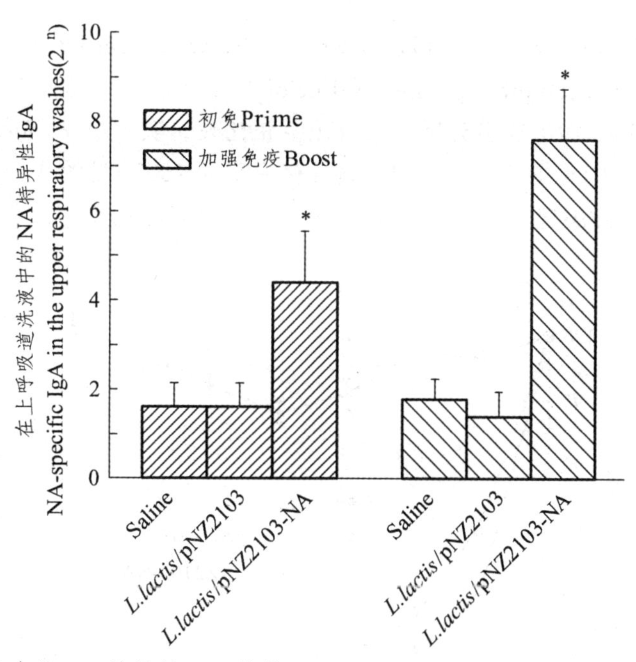

（c）上呼吸道洗液中的 NA 特异性 IgA 抗体[NA-specific IgA antibody was assessed in the upper respiratory washes]

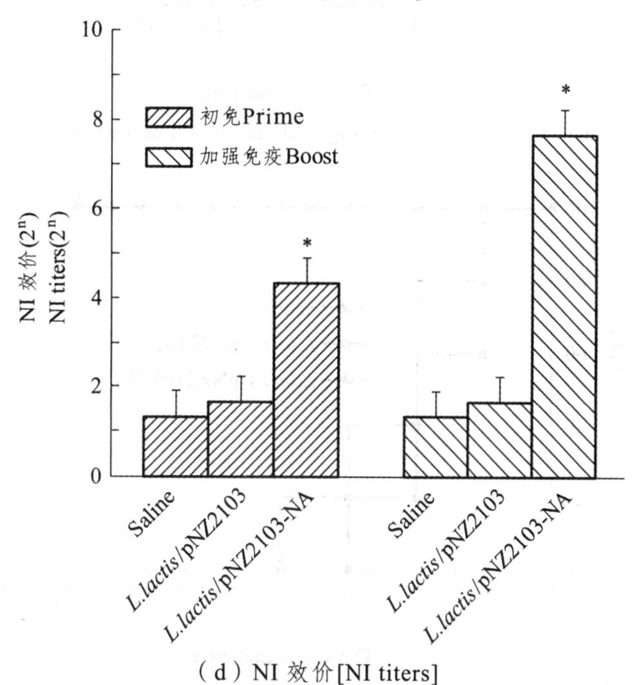

（d）NI 效价[NI titers]

图 3-10 小鸡口服免疫 *L. lactis*/pNZ2103-NA 后诱发 NA 特异性的免疫应答

Figure 3-10 Oral administration of recombinant *L. lactis*/pNZ2103-NA induces NA-specific immune responses in chickens

图 3-10 中，*表示 *L. lactis*/pNZ2103-NA 与对照组生理盐水和 *L. lactis*/pNZ2103

相比，具有统计学意义（$p<0.05$）。[The asterisk indicates a significant difference between *L. lactis*/pNZ2103-NA and other groups（saline or *L. lactis*/pNZ2103）（* $p<0.05$）.]

利用同型 H5N1 病毒攻击分析，与对照组相比较，实验组 *L. lactis*/pNZ2103-NA 的小鸡体重变化不大[见图 3-11（a）]，而且存活率为 100%[见图 3-11（b）]。这表明基于乳酸乳球菌非分泌型表达系统构建的 NA 疫苗可以应用于家禽养殖业预防 H5N1 病毒的感染。

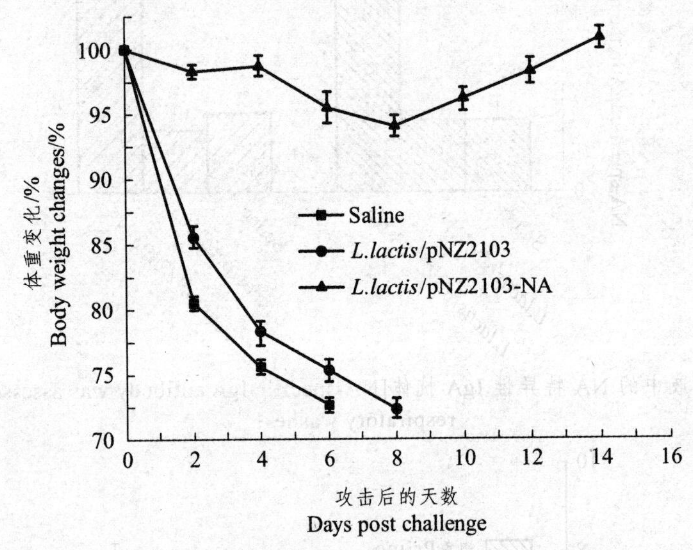

（a）体重变化（%）[Weight changes as a percentage]

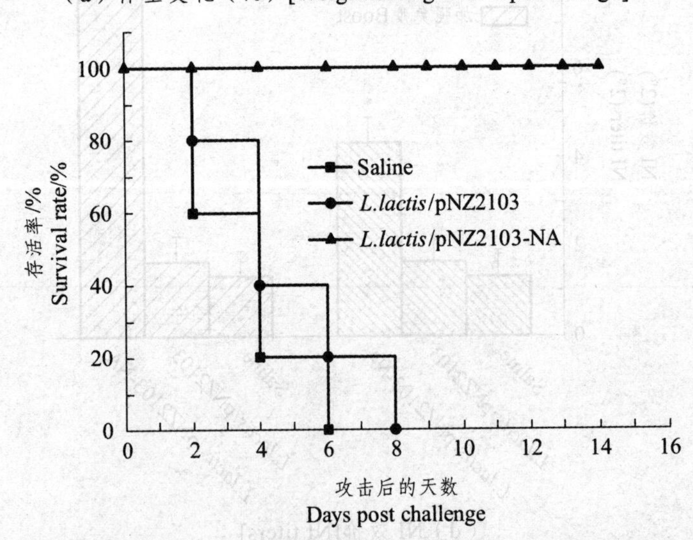

（b）存活率[Survival rate]

图 3-11　*L. lactis*/pNZ2103-NA 对抗 H5N1 病毒攻击的保护效率（每组 10 只小鸡）

Figure 3-11　Protection efficacy of *L. lactis*/pNZ2103-NA against H5N1 virus challenge（n = 10 per group）

3.5 非分泌型 *L. lactis*/pNZ8008-NP 的构建及交叉免疫保护分析

非分泌型 *L. lactis*/pNZ8008-NP 的构建：以 A/California/07/2009（H1N1）的 NP 基因（1515 bp，GenBank：CY121683.1）作为研究对象，利用乳酸乳球菌非分泌型表达质粒 pNZ8008，构建 pNZ8008-NP 重组质粒，将重组质粒电转至感受态 *L. lactis* NZ9000，获得重组 *L. lactis*/pNZ8008-NP。通过 Western blot、免疫荧光和流式细胞仪分析，明确 NP 蛋白的特异性表达及定位情况。

口服免疫实验：SPF 级 6～8 周龄的 BALB/c 小鼠作为动物模型，PBS 和 *L. lactis*/pNZ8008 作为对照，*L. lactis*/pNZ8008-Spax-HA2 作为实验组。初次免疫安排在第 0、1、2 天，加强免疫安排在第 17、18、19 天。免疫剂量为：5×10^{11}CFU 加或不加 1μg 的黏膜免疫佐剂 CTB。在初次免疫后的第 16 天和第 33 天，采取血样，分离得到血清，收集小肠洗液和上呼吸道洗液，通过 ELISA 检测 HA2 特异性血清 IgG 效价和 IgA 效价。分离小鼠的脾脏，通过 ELISPot 分析 FN-γ 和 IL-4 的分泌水平。

病毒攻击实验：在最后一次免疫后的第 14 天，对免疫后的小鼠进行病毒攻击实验。攻毒剂量为：20 μL 的 10^4 EID_{50} A/California/04/2009（H1N1），A/Guangdong/08/95（H3N2）或 A/Chicken/Henan/12/2004（H5N1），在攻毒后的第 5 天检测肺部病毒滴度。在攻毒后的 14 天内，记录体重变化和存活率。

重组 *L. lactis*/pNZ8008-NP 通过 Western blot[见图 3-12（a）]、免疫荧光分析[见图 3-12（b）]和流式细胞仪分析[见图 3-12（c）]，确定了 NP 蛋白的有效表达。

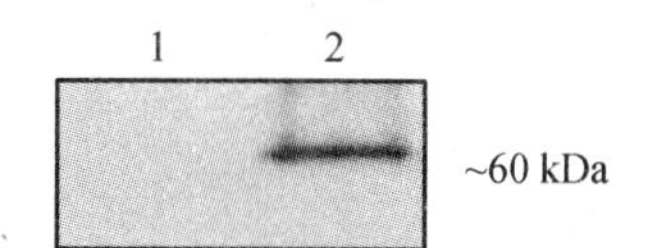

Lane 1—*L. lactis*/pNZ8008；Lane 2—*L. lactis*/pNZ8008-NP

（a）Western blot 分析[Western blot analysis]

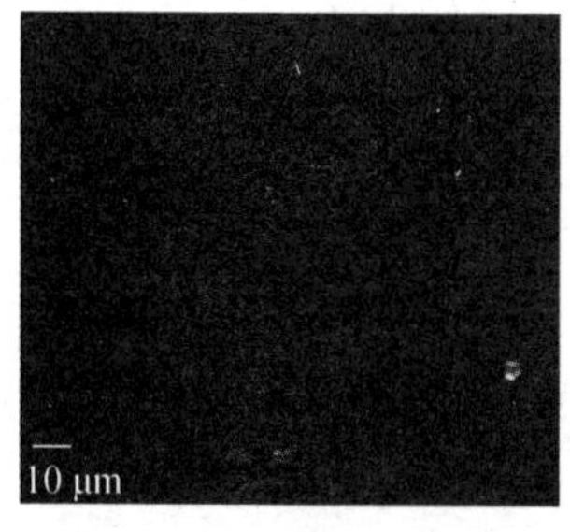

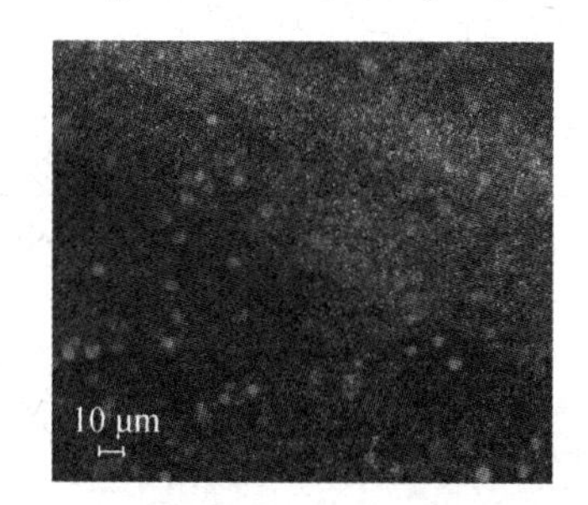

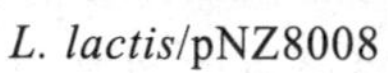

L. lactis/pNZ8008　　*L. lactis*/pNZ8008-NP（放大倍数：1 000×）

（b）免疫荧光分析[Immunofluorescence microscopy assay]

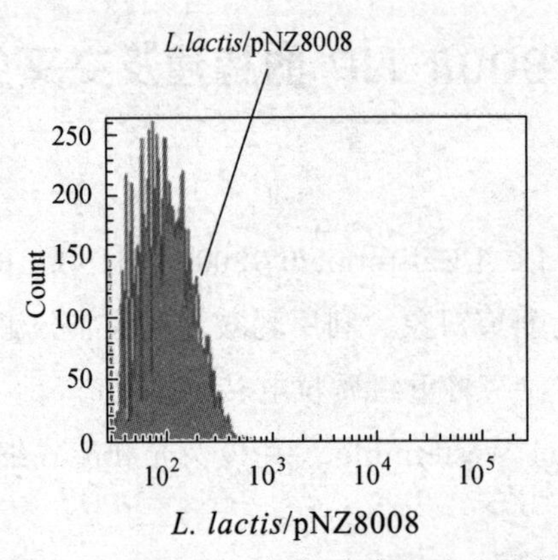

L. lactis/pNZ8008

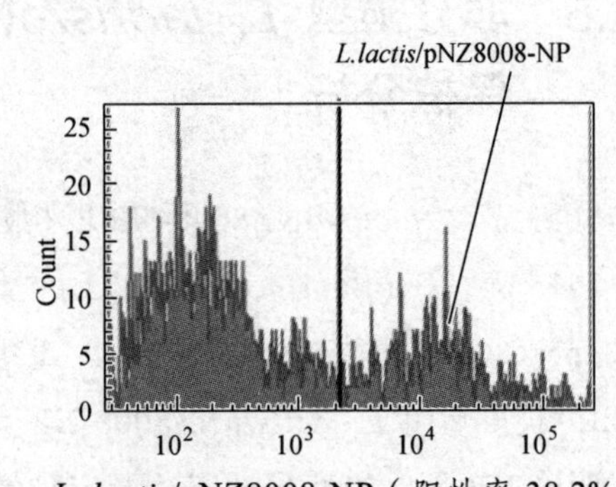

L. lactis/pNZ8008-NP（阳性率 38.2%）

（c）流式细胞仪分析[Flow cytometric analysis]

图 3-12　NP 蛋白在乳酸乳球菌中的表达

Figure 3-12　Expression of NP protein on *L. lactis*

乳酸乳球菌分泌或非分泌表达系统则需要联合黏膜免疫佐剂才能有效地刺激机体产生免疫应答反应。因此，在这个实验中，我们添加了 1 μg 的 CTB。通过 ELISA 分析口服免疫后 BALB/c 小鼠的应答水平，结果表明，与 *L. lactis*/pNZ8008-NP 相比较，*L. lactis*/pNZ8008-NP + CTB 是一个很有效的组合，在初次免疫后的第 33 天，*L. lactis*/pNZ8008-NP + CTB 能够诱导产生有意义的 NP 特异性的血清 IgG[见图 3-13（a）]和分泌型 IgA[见图 3-13（b）、（c）]。细胞免疫分析进一步证实了 *L. lactis*/pNZ8008-NP + CTB 能够诱发产生有意义的 IFN-γ / IL-4，如图 3-14 所示。

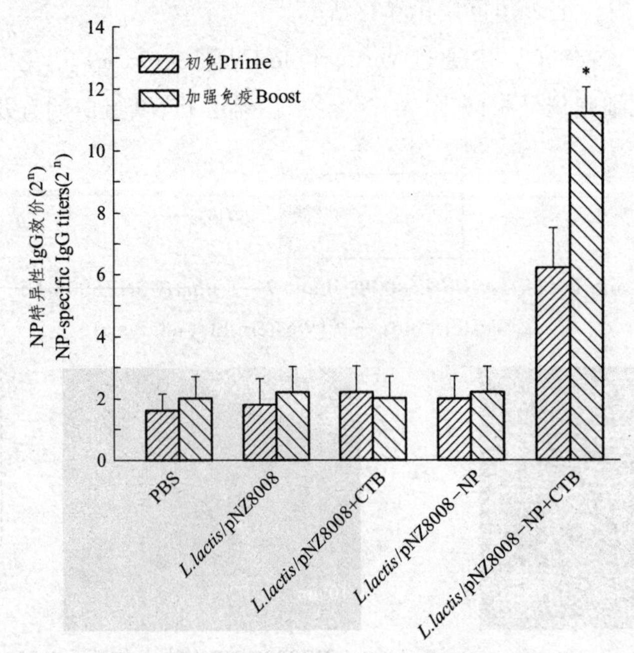

（a）NP 特异性血清 IgG（每组 19 只小鼠）[NP-specific IgG antibodies in the sera（n = 19 mice / group）]

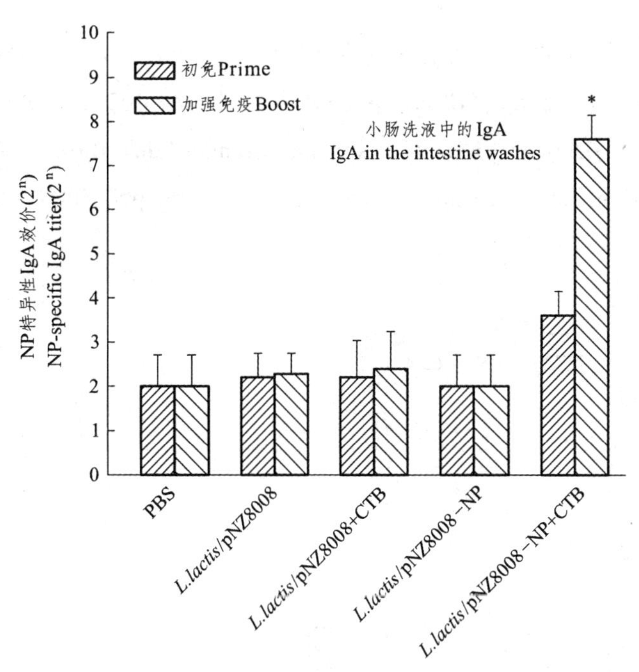

(b)小肠洗液中 NP 特异性 IgA 抗体(每组 3 只小鼠)[NP-specific IgA antibodies in the intestine washes(n = 3 mice/ group)]

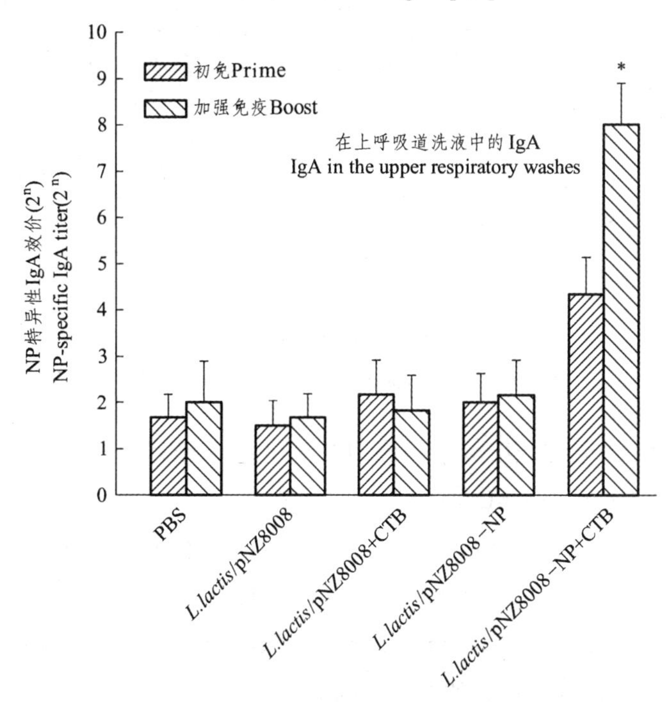

(c)上呼吸道洗液中 NP 特异性 IgA 抗体(每组 3 只小鼠)[NP-specific IgA antibodies in the upper respiratory washes(n = 3 mice/group)]

图 3-13　*L. lactis*/pNZ8008-NP + CTB 诱导产生体液免疫应答和黏膜免疫应答

Figure 3-13　Humoral and mucosal immune responses elicited by *L. lactis*/pNZ8008-NP + CTB

如图 3-13 所示，数据用平均值 ± 标准方差（mean ± SD）表示。*表示与对照组 PBS，*L. lactis*/pNZ8008、*L. lactis*/pNZ8008 + CTB 和 *L. lactis*/pNZ8008-NP 相比，具有统计学意义（$p<0.05$）。[Data are indicated as mean ± standard deviation（SD）. Asterisk（*）shows statistical significance compared with PBS，*L. lactis*/pNZ8008，*L. lactis*/pNZ8008 + CTB or *L. lactis*/pNZ8008-NP controls（$p<0.05$）]

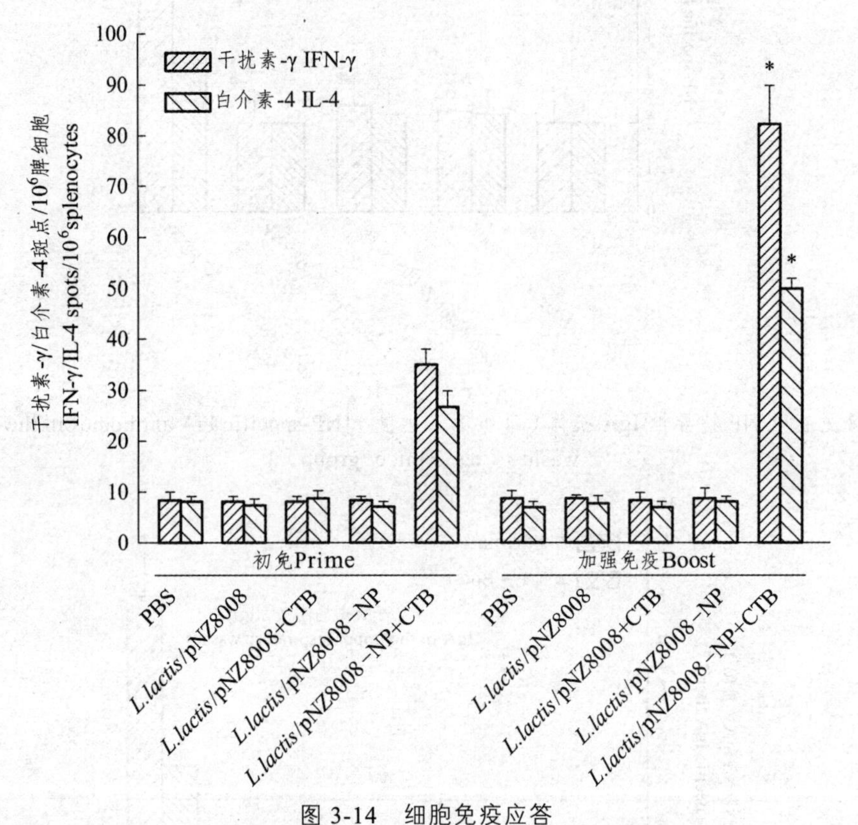

图 3-14　细胞免疫应答

Figure 3-14　Cellular immune responses

如图 3-14 所示，通过 ELISpot 检测 IFN-γ 和 IL-4 斑点（每组 3 只小鼠）。数据用平均值 ± 标准方差（mean ± SD）表示。*表示与对照组 PBS，*L. lactis*/pNZ8008、*L. lactis*/pNZ8008 + CTB 和 *L. lactis*/pNZ8008-NP 相比，具有统计学意义（$p<0.05$）。[IFN-γ and IL-4 secreting spots were determined by ELISpot（n = 3 mice/group）. Data are represented as mean ± SD. Asterisk indicates significant difference compared with PBS，*L. lactis*/pNZ8008，*L. lactis*/pNZ8008 + CTB or *L. lactis*/pNZ8008-NP controls（$p<0.05$）.]

在进行病毒攻击实验时，我们考察了 *L. lactis*/pNZ8008-NP + CTB 的交叉保护效率，以 *L. lactis*/pNZ8110-pgsA-HA1、*L. lactis*/pNZ8110-pgsA-HA1 + CTB 作为平行对照，结果表明，小鼠口服免疫 *L. lactis*/pNZ8008-NP + CTB 后能 100%抵抗 H1N1 的攻

击[见图 3-15（g）]，对 H3N2[见图 3-15（h）]和 H5N1[见图 3-15（i）]的保护效率也达到了 80%。而 *L. lactis*/pNZ8110-pgsA-HA1 + CTB 只对同型的 H5N1 病毒攻击提供 100%保护，对异型的 H1N1 和 H3N2 并没有保护作用。这些实验数据进一步证实了，HA1 不具有交叉反应性，而 NP 具有较强的交叉保护能力，可以作为禽流感通用疫苗的候选抗原蛋白。

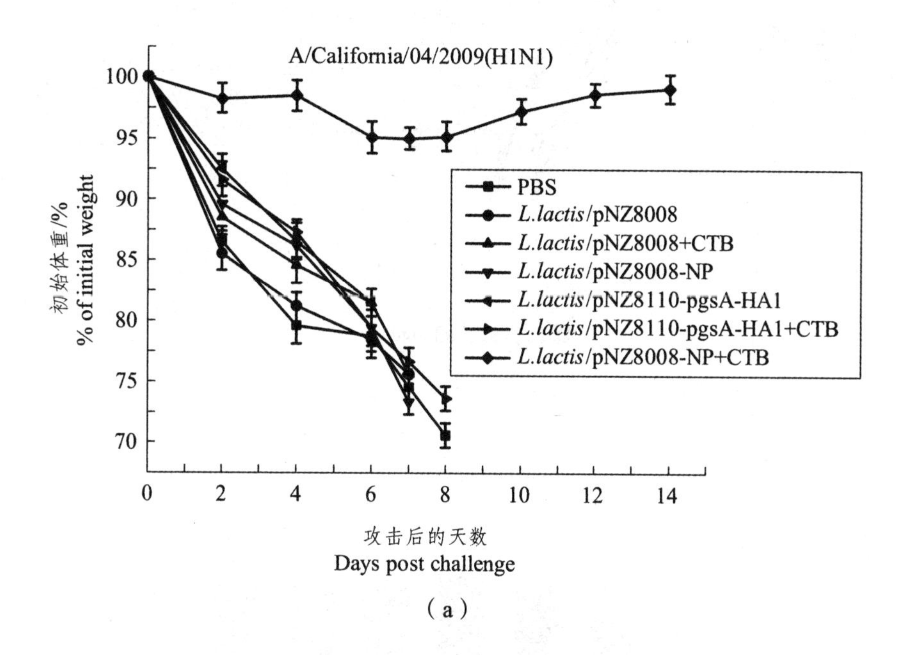

（a）

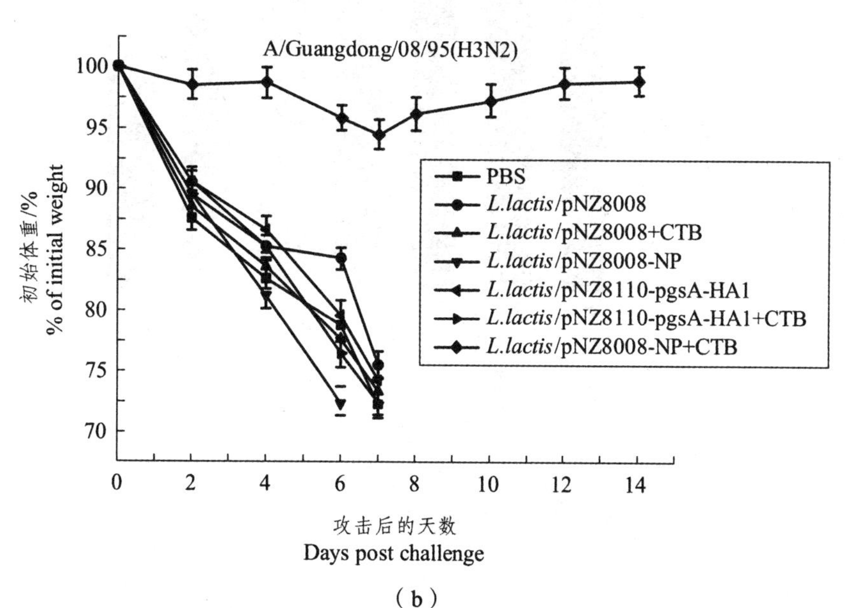

（b）

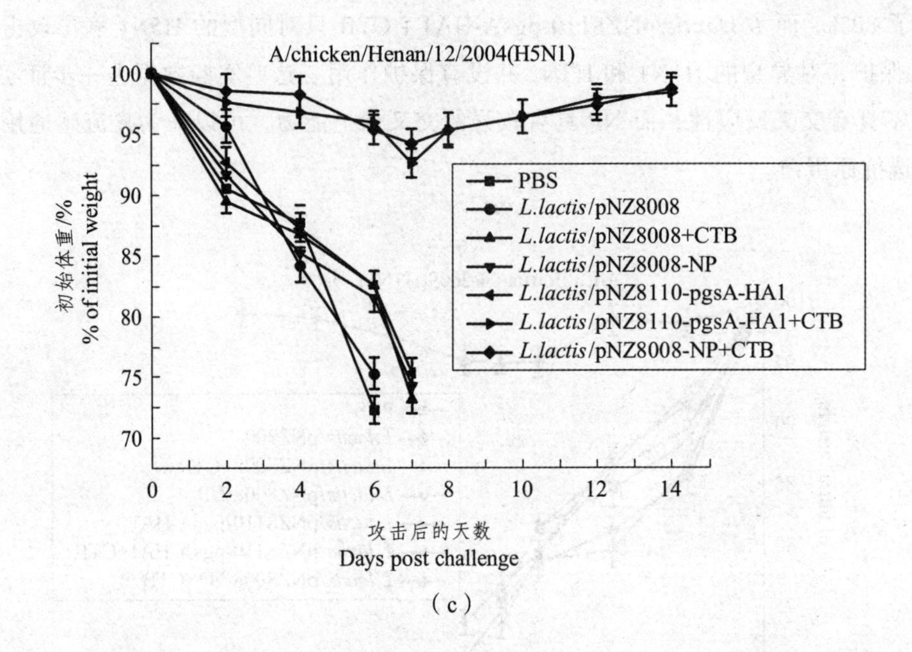
A/chicken/Henan/12/2004(H5N1)
初始体重/%
% of initial weight
100
95
90
85
80
75
70
0
2
4
6
8
10
12
14
攻击后的天数
Days post challenge
PBS
L.lactis/pNZ8008
L.lactis/pNZ8008+CTB
L.lactis/pNZ8008-NP
L.lactis/pNZ8110-pgsA-HA1
L.lactis/pNZ8110-pgsA-HA1+CTB
L.lactis/pNZ8008-NP+CTB

（c）

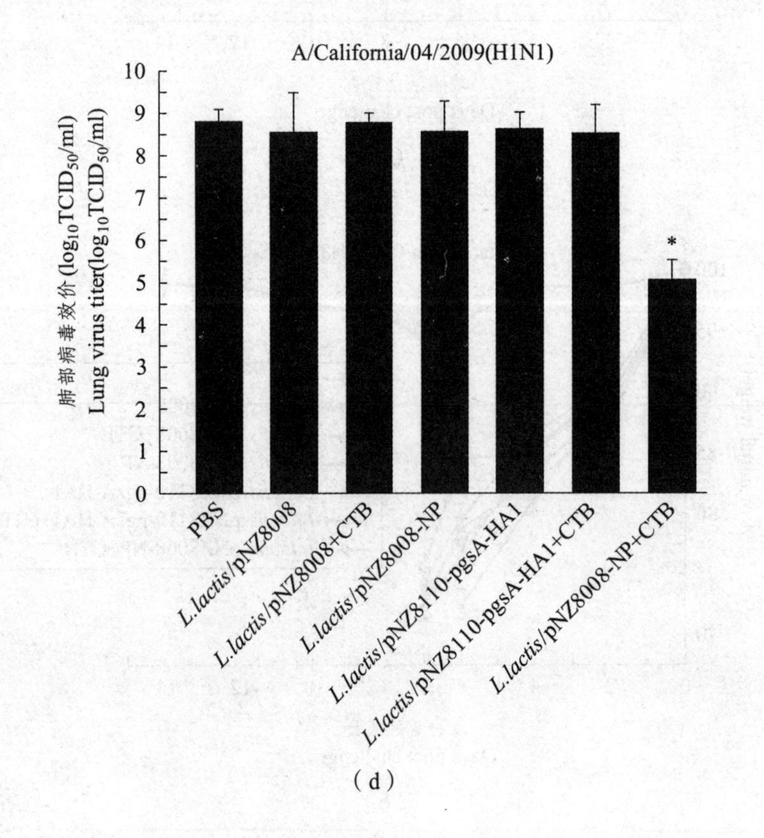
A/California/04/2009(H1N1)
肺部病毒效价 (log10TCID50/ml)
Lung virus titer(log10TCID50/ml)
10
9
8
7
6
5
4
3
2
1
0
*
PBS
L.lactis/pNZ8008
L.lactis/pNZ8008+CTB
L.lactis/pNZ8008-NP
L.lactis/pNZ8110-pgsA-HA1
L.lactis/pNZ8110-pgsA-HA1+CTB
L.lactis/pNZ8008-NP+CTB

（d）

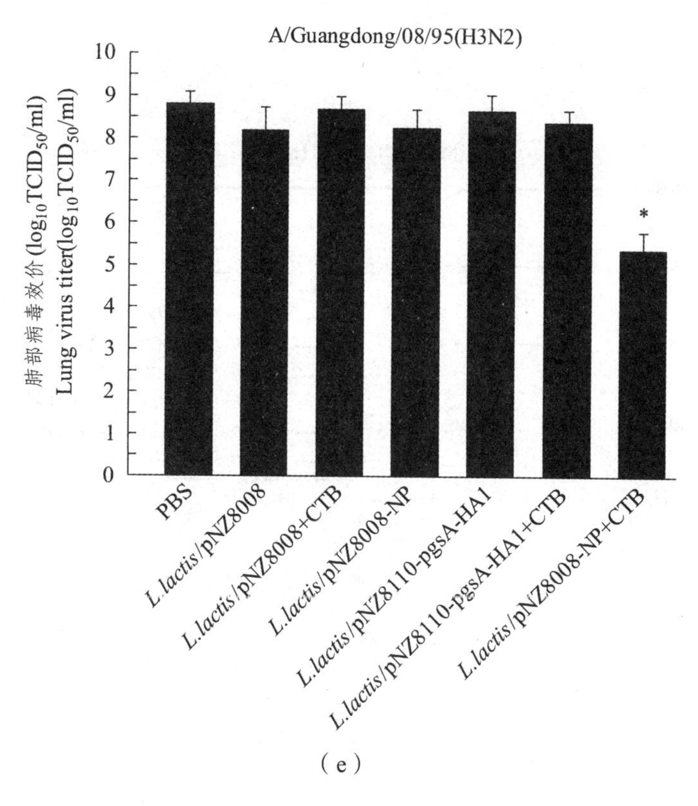
A/Guangdong/08/95(H3N2)
肺部病毒效价 (log10TCID50/ml)
Lung virus titer(log10TCID50/ml)
10
9
8
7
6
5
4
3
2
1
0
*
PBS
L.lactis/pNZ8008
L.lactis/pNZ8008+CTB
L.lactis/pNZ8008-NP
L.lactis/pNZ8110-pgsA-HA1
L.lactis/pNZ8110-pgsA-HA1+CTB
L.lactis/pNZ8008-NP+CTB

（e）

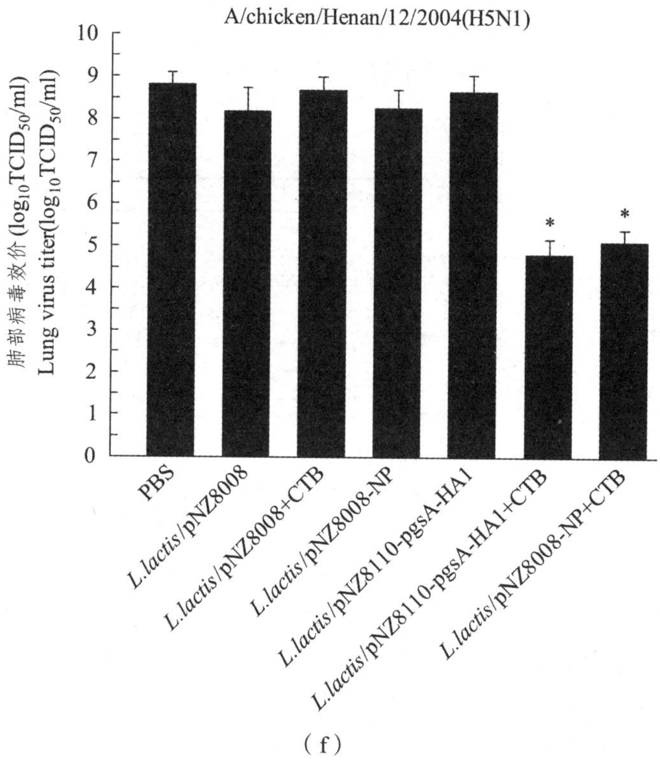
A/chicken/Henan/12/2004(H5N1)
肺部病毒效价 (log10TCID50/ml)
Lung virus titer(log10TCID50/ml)
10
9
8
7
6
5
4
3
2
1
0
*
*
PBS
L.lactis/pNZ8008
L.lactis/pNZ8008+CTB
L.lactis/pNZ8008-NP
L.lactis/pNZ8110-pgsA-HA1
L.lactis/pNZ8110-pgsA-HA1+CTB
L.lactis/pNZ8008-NP+CTB

（f）

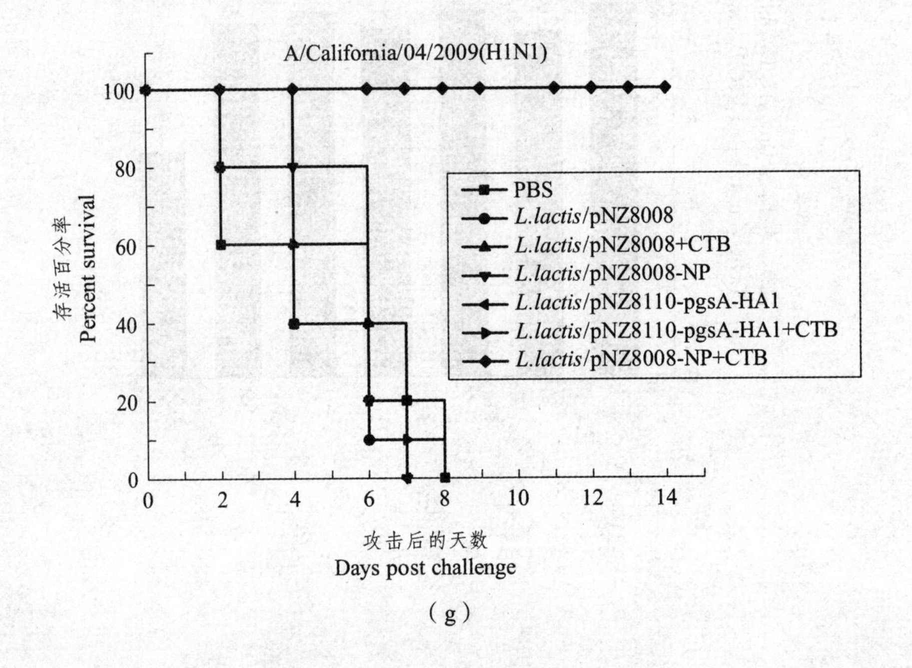
A/California/04/2009(H1N1)
100
80
60
40
20
0
存活百分率
Percent survival
0
2
4
6
8
10
12
14
攻击后的天数
Days post challenge
PBS
L.lactis/pNZ8008
L.lactis/pNZ8008+CTB
L.lactis/pNZ8008-NP
L.lactis/pNZ8110-pgsA-HA1
L.lactis/pNZ8110-pgsA-HA1+CTB
L.lactis/pNZ8008-NP+CTB

(g)

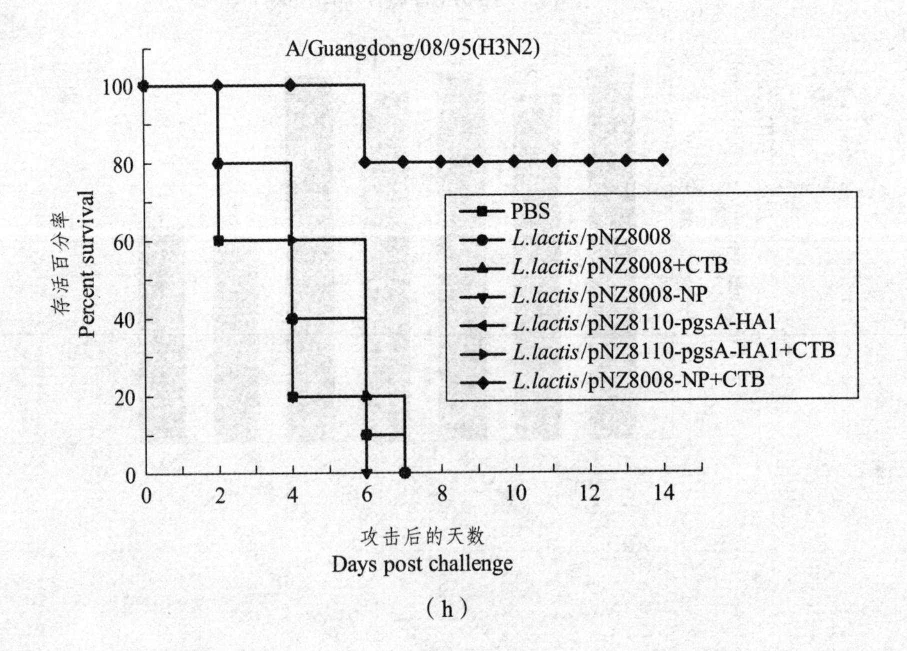
A/Guangdong/08/95(H3N2)
100
80
60
40
20
0
存活百分率
Percent survival
0
2
4
6
8
10
12
14
攻击后的天数
Days post challenge
PBS
L.lactis/pNZ8008
L.lactis/pNZ8008+CTB
L.lactis/pNZ8008-NP
L.lactis/pNZ8110-pgsA-HA1
L.lactis/pNZ8110-pgsA-HA1+CTB
L.lactis/pNZ8008-NP+CTB

(h)

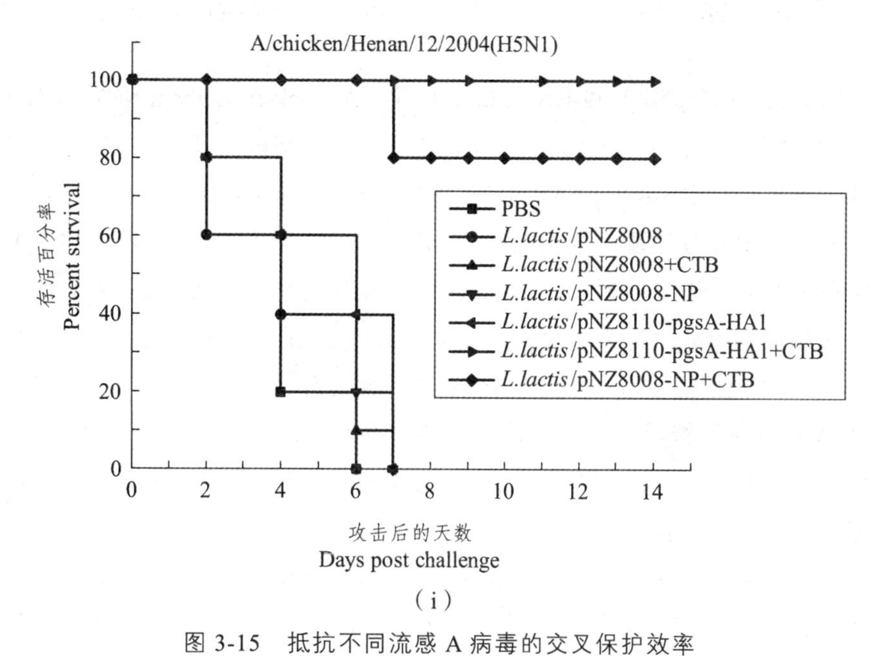

（i）

图 3-15　抵抗不同流感 A 病毒的交叉保护效率

Figure 3-15　Cross-protection against divergent influenza A viruses

如图 3-15 所示，结果表示为体重变化百分数（a、b 和 c），肺部病毒滴度（d、e 和 f）和存活率（g、h 和 i）。在最后一次免疫后的第 14 天，小鼠通过滴鼻感染 20 μL 10^4 EID_{50} A/ California/04/2009（H1N1）（a、d 和 g）、A/Guangdong/08/95（H3N2）（b、e 和 h）或 A/chicken/Henan/12/2004（H5N1）（c、f 和 i）（每组 10 只小鼠）。设计一个平行实验，*L. lactis*/pNZ8110-pgsA-HA1 加或不加 CTB 在病毒攻击实验中作为对照。肺部病毒滴度的数据用平均值 ± 标准方差（mean ± SD）表示。其中，*表示与对照组 PBS，*L. lactis*/pNZ8008、*L. lactis*/pNZ8008 + CTB、*L. lactis*/pNZ8008-NP 和 *L. lactis*/pNZ8110-pgsA-HA1 相比，具有统计学意义（$p<0.05$）。[The results are expressed in terms of percent body weight（a，b and c），lung viral titers（d，e and f）and percent survival（g，h and i）. Two weeks after the last immunization，mice were intranasally infected with 20 μL of 10^4 EID_{50} of lethal dose of A/California/04/2009（H1N1）（a，d and g），A/Guangdong/08/95（H3N2）（b，e and h）or A/chicken/Henan/12/2004（H5N1）（c，f and i）（n = 10/group）. For a parallel experiment，*L. lactis*/pNZ8110-pgsA-HA1 adjuvanted with or without CTB was used as a control for virus challenge. Data for lung viral titers(n = 3 mice / group)are represented as mean ± SD. Asterisk indicates significant difference compared with PBS，*L. lactis*/pNZ8008，*L. lactis*/pNZ8008 + CTB，*L. lactis*/pNZ8008-NP or *L. lactis*/pNZ8110-pgsA-HA1 controls（$p<0.05$）.]

3.6 重组乳酸乳球菌表达 HA1-M2 融合蛋白的免疫活性分析

非分泌型 *L. lactis*/pNZ8149-HA1-M2 的构建：A/chicken/Vietnam/NCVD-15A59/2015（H5N6）（基因库编号：AY651334，987 bp）的 HA1 基因以及 A/Vietnam/1203/2004（H5N1）M2 基因（基因库编号：AAT70528，291 bp）作为研究对象，将 HA1-GS linker-M2 克隆至乳酸乳球菌非分泌型表达质粒 pNZ149，构建重组 *L. lactis*/pNZ8149-HA1-M2。

口服免疫实验：以 7 日龄 SPF 级小鸡为动物模型，初次免疫安排在第 1、2 天，加强免疫安排在第 16、17 天。免疫剂量为：500 μL 的 10^{12}CFU *L. lactis*/pNZ8149-HA1-M2。在初次免疫后的第 14 天和第 28 天，收集血清、上呼吸道洗液和脾脏细胞，通过 ELISA 检测血清特异性 IgG 抗体和分泌型 IgA 抗体。通过 ELISpot 检测细胞因子 IFN-γ 的分泌水平。通过血凝抑制分析和微量中和分析检测 HI 效价和抗体中和效价。

病毒攻击实验：在初次免疫后的第 30 天，25 μL $5\times LD_{50}$ 的 A/chicken/Vietnam/NCVD-15A59/2015（H5N6）或 A/Vietnam/1203/04（H5N1）virus 用于免疫后小鸡的病毒攻击实验，在攻毒后的 14 天内，记录小鼠的体重变化和存活率，并在病毒攻击后的第 3 天检测肺部病毒滴度。

通过构建 *L. lactis*/pNZ8149-HA1-M2[见图 3-16（a）]、Western blot[见图 3-16（b）]以及免疫荧光分析[见图 3-16（c）]，确定了 HA1-M2 融合蛋白在乳酸乳球菌中的有效表达。

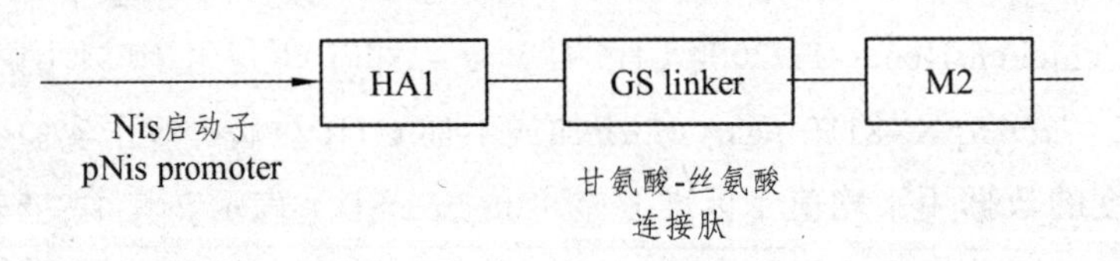

（a）*L. lactis*/pNZ8149-HA1-M2 模式图[Schematic diagram of *L. lactis*/pNZ8149-HA1-M2]

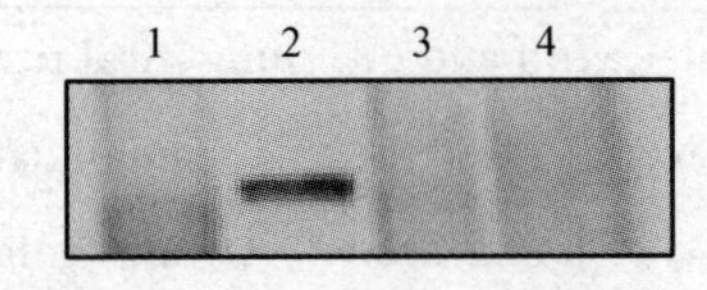

Lane 1—*L. lactis*/pNZ8149 的裂解物；Lane 2—*L. lactis*/pNZ8149-HA1-M2 的裂解物（大约 50 kDa）；Lane 3—*L. lactis*/pNZ8149 的上清；Lane 4—*L. lactis*/pNZ8149-HA1-M2 的上清。

Lane 1：cell lysates of *L. lactis*/pNZ8149；Lane 2：cell lysates of *L. lactis*/pNZ8149-HA1-M2（approximately 50 kDa）；Lane 3：cell culture supernatants of *L. lactis*/pNZ8149；Lane 4：cell culture supernatants of *L. lactis*/pNZ8149-HA1-M2.

（b）Western blot 分析[Western blot analysis]

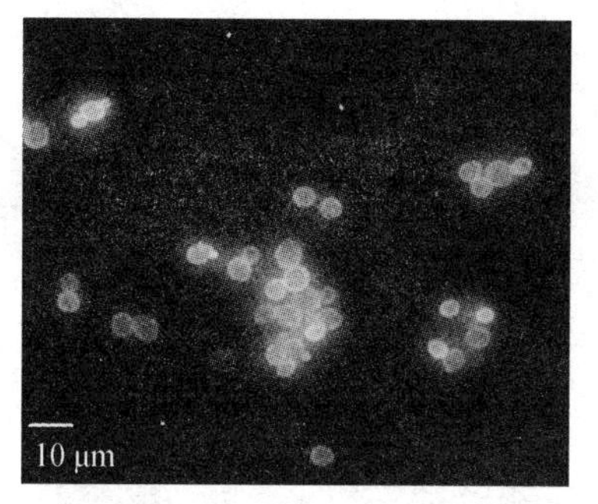

L. lactis/pNZ8149　　　*L. lactis*/pNZ8149-HA1-M2（放大倍数：1 000×）

（c）免疫荧光分析[Immunofluorescence microscopy assay]

图 3-16　HA1-M2 融合蛋白在乳酸乳球菌中的表达

Figure 3-16　Expression of the HA1-M2 fusion protein in *L. lactis*

通过 ELISA 分析口服免疫后小鸡的抗体应答水平，结果表明在初次免疫后的第 28 天，*L. lactis*/pNZ8149-HA1-M2 能够诱导产生有意义的 HA1 和 M2 特异性的血清 IgG 抗体[见图 3-17（a）、（b）]和分泌型 IgA[见图 3-17（c）、（d）]。ELISpot 分析进一步证实了 *L. lactis*/pNZ8149-HA1-M2 能够诱发产生有意义的细胞因子 IFN-γ，如图 3-18 所示。

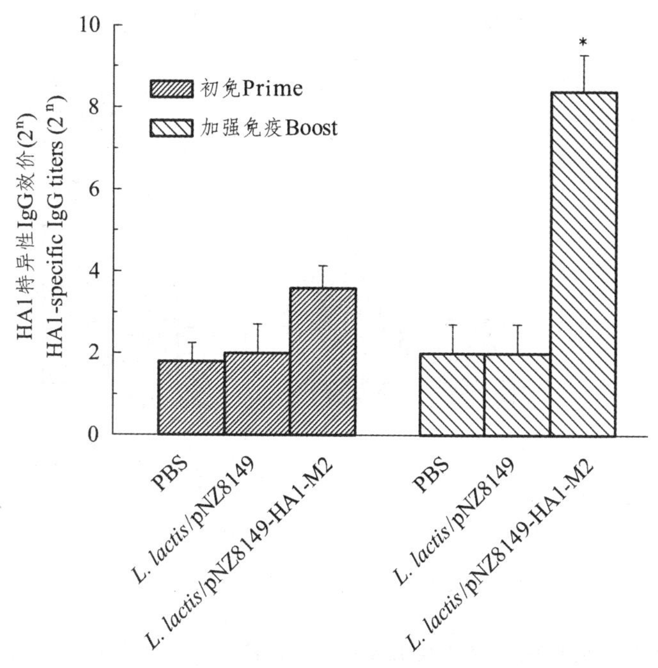

（a）HA1 特异性血清 IgG 抗体（每组 19 只小鸡）[HA1-specific IgG antibody responses in the sera（n = 19 chickens /group）]

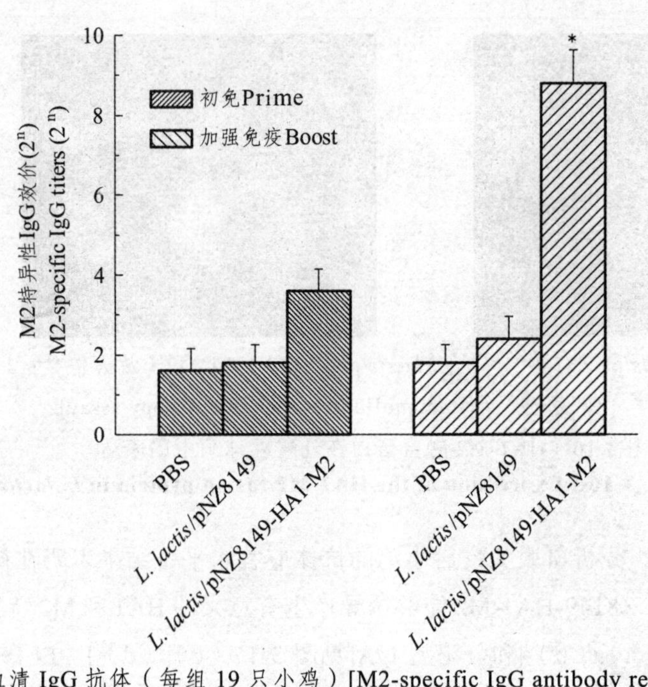

（b）M2 特异性血清 IgG 抗体（每组 19 只小鸡）[M2-specific IgG antibody responses in the sera（n = 10 chickens/group）]

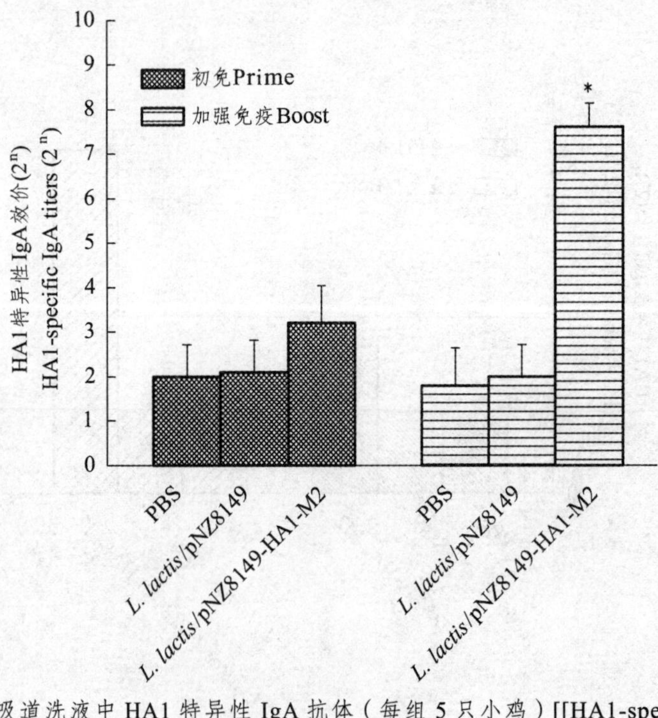

（c）在小鸡上呼吸道洗液中 HA1 特异性 IgA 抗体（每组 5 只小鸡）[[HA1-specific IgA antibody responses in the upper respiratory tract washes（n = 5 chickens/group）]

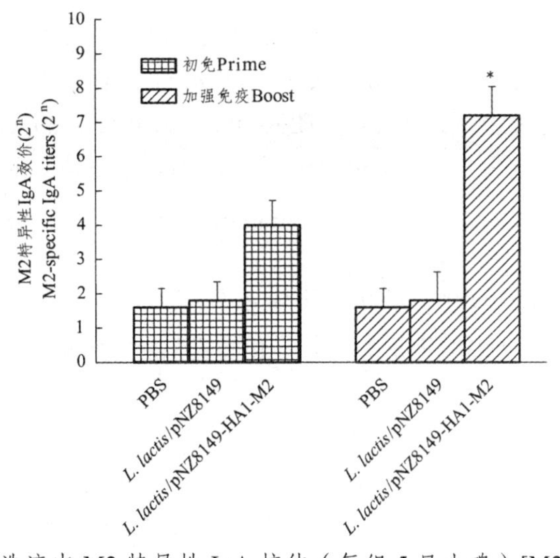

（d）在小鸡上呼吸道洗液中 M2 特异性 IgA 抗体（每组 5 只小鸡）[M2-specific IgA antibody responses in the upper respiratory tract washes（n = 3 chickens/group）]

图 3-17 *L. lactis*/pNZ8149-HA1-M2 诱导小鸡产生体液免疫应答和黏膜免疫应答

Figure 3-17 Humoral and mucosal immune responses elicited by *L. lactis*/pNZ8149-HA1-M2 in chickens

如图 3-17 所示，在初次免疫后第 14 天和第 28 天，分离小鸡的血清和上呼吸道洗液。数据用平均值 ± 标准方差（mean ± SD）表示。*表示与对照组 PBS 和 *L. lactis*/pNZ8149 对照相比，具有统计学意义（$p<0.05$）。[Sera and the upper respiratory tract washes were collected from chickens vaccinated orally with PBS，*L. lactis*/pNZ8149 or *L. lactis*/pNZ8149-HA1-M2 at day 14 and day 28 after the first immunization. Data are represented as the mean ± standard deviation（SD）. Asterisks indicate significant differences compared to the PBS and *L. lactis*/pNZ8149 controls（$p<0.05$）.]

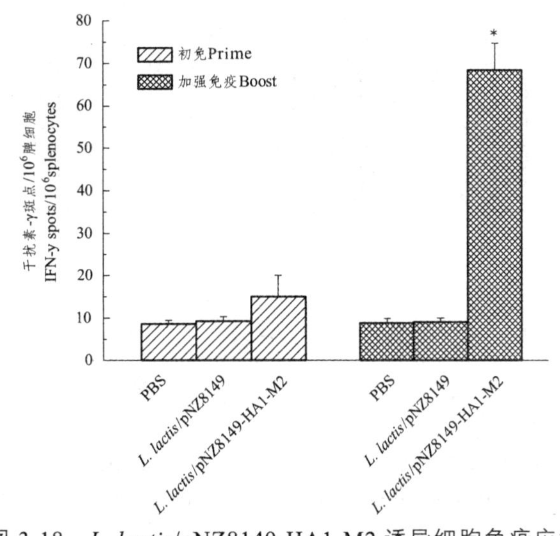

图 3-18 *L. lactis*/pNZ8149-HA1-M2 诱导细胞免疫应答

Figure 3-18 Cellular immune responses induced by *L. lactis*/pNZ8149-HA1-M2

如图 3-18 所示，IFN-γ 的斑点数少于 20，被认为没有统计学意义（每组 5 只小鸡）。数据用平均值 ± 标准方差（mean ± SD）表示。*表示与对照组 PBS 和 *L. lactis*/pNZ8149 对照相比，具有统计学意义（$p<0.05$）。[Less than 20 IFN-γ spots were considered not statistically significant（n = 5 chickens/group）. Data are represented as the mean ± SD. Asterisks indicate significant differences compared to the PBS and *L. lactis*/pNZ8149 controls（$p<0.05$）.]

进一步地，通过血凝抑制分析和微量中和分析检测了小鸡经 *L. lactis*/pNZ8149-HA1-M2 口服免疫后，在血清中诱导产生了有意义的 HI 效价[见图 3-19（a）]和中和效价[见图 3-19（b）]。

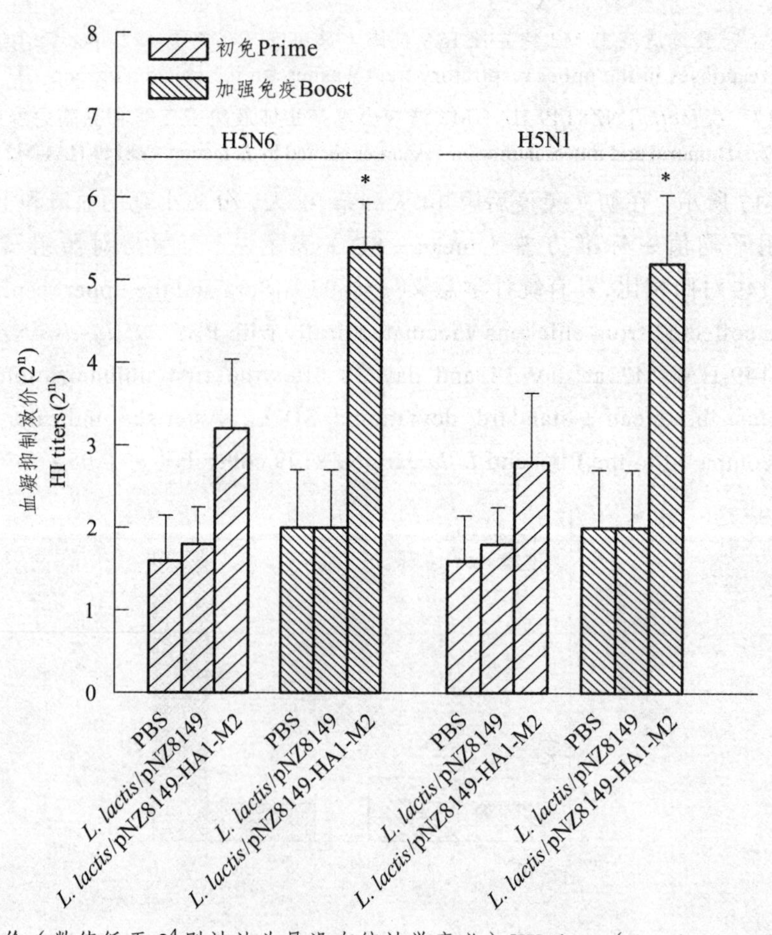

（a）HI 效价（数值低于 2^4 则被认为是没有统计学意义）[HI titers（A value less than 2^4 was considered not statistically significant）]

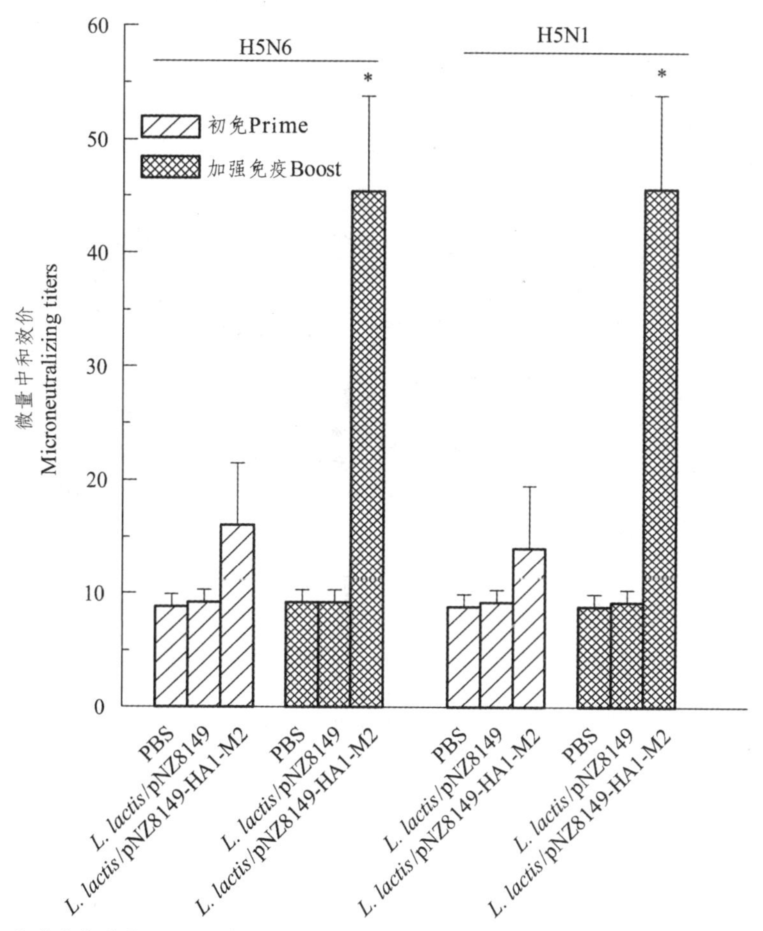

（b）微量中和效价（数值低于 40 则被认为是没有统计学意义）[Microneutralization titers. A value less than 40 was considered not statistically significant]

图 3-19　HI 检测和微量中和检测

Figure 3-19　HI assay and microneutralization assay

图 3-19 中数据用平均值 ± 标准方差（mean ± SD）表示。*表示与对照组 PBS 和 *L. lactis*/pNZ8149 对照相比，具有统计学意义（$p<0.05$）。[Data are presented as the means ± SD. Asterisks indicate significant differences compared to the PBS and *L. lactis*/pNZ8149 controls（$p<0.05$）.]

最后，通过 A/chicken/Vietnam/NCVD-15A59/2015（H5N6）或 A/Vietnam/1203/04（H5N1）攻击实验检测 *L. lactis*/pNZ8149-HA1-M2 的免疫保护效率，结果表明，与 PBS 和 *L. lactis*/pNZ8149 对照组相比，*L. lactis*/pNZ8149-HA1-M2 组的体重变化轻微[见图 3-20（a）、（b）]和肺部病毒滴度效价较低[见图 3-20（c）、（d）]，且均具有统计学意义。最重要的是，*L. lactis*/pNZ8149-HA1-M2 能提供 100%的保护[见图 3-20（e）、（f）]。这些结果表明了 *L. lactis*/pNZ8149-HA1-M2 可以作为 H5N6 和 H5N1 的候选疫苗。

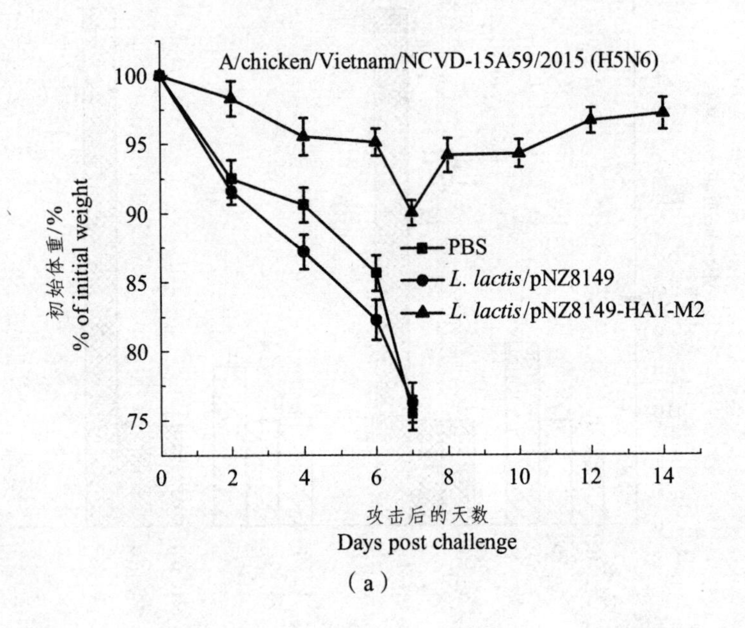
A/chicken/Vietnam/NCVD-15A59/2015 (H5N6)
100
95
90
85
80
75
初始体重/%
% of initial weight
PBS
L. lactis/pNZ8149
L. lactis/pNZ8149-HA1-M2
0
2
4
6
8
10
12
14
攻击后的天数
Days post challenge

(a)

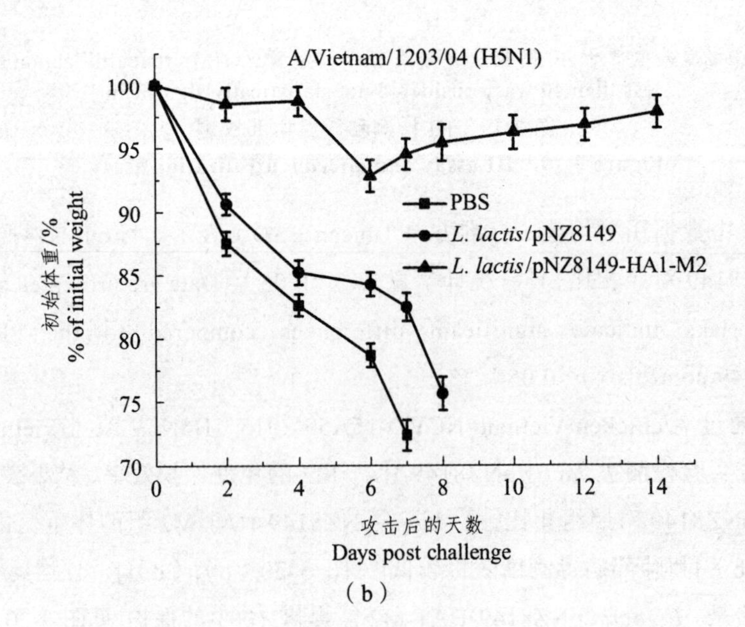
A/Vietnam/1203/04 (H5N1)
100
95
90
85
80
75
70
初始体重/%
% of initial weight
PBS
L. lactis/pNZ8149
L. lactis/pNZ8149-HA1-M2
0
2
4
6
8
10
12
14
攻击后的天数
Days post challenge

(b)

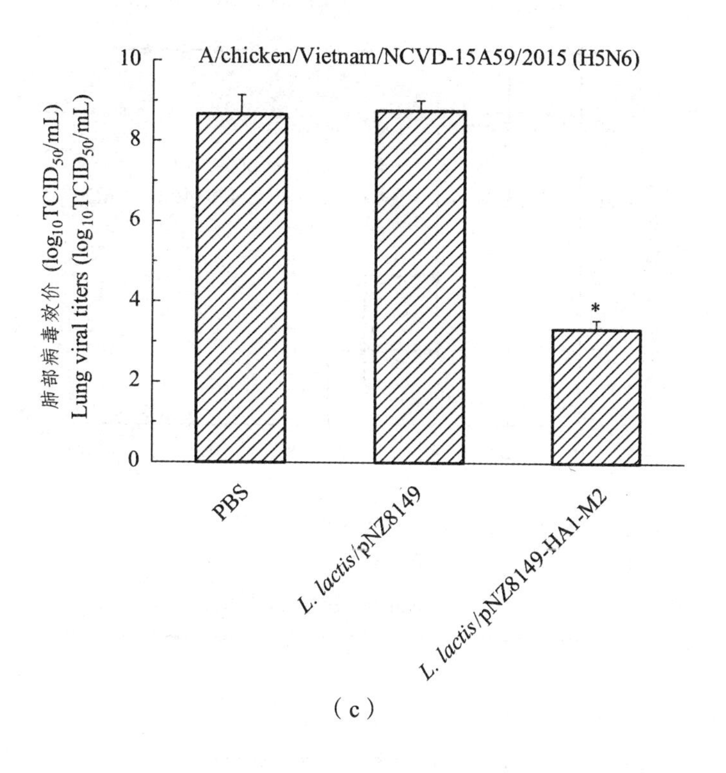
A/chicken/Vietnam/NCVD-15A59/2015 (H5N6)
肺部病毒效价 (log10TCID50/mL)
Lung viral titers (log10TCID50/mL)
10
8
6
4
2
0
*
PBS
L. lactis/pNZ8149
L. lactis/pNZ8149-HA1-M2

(c)

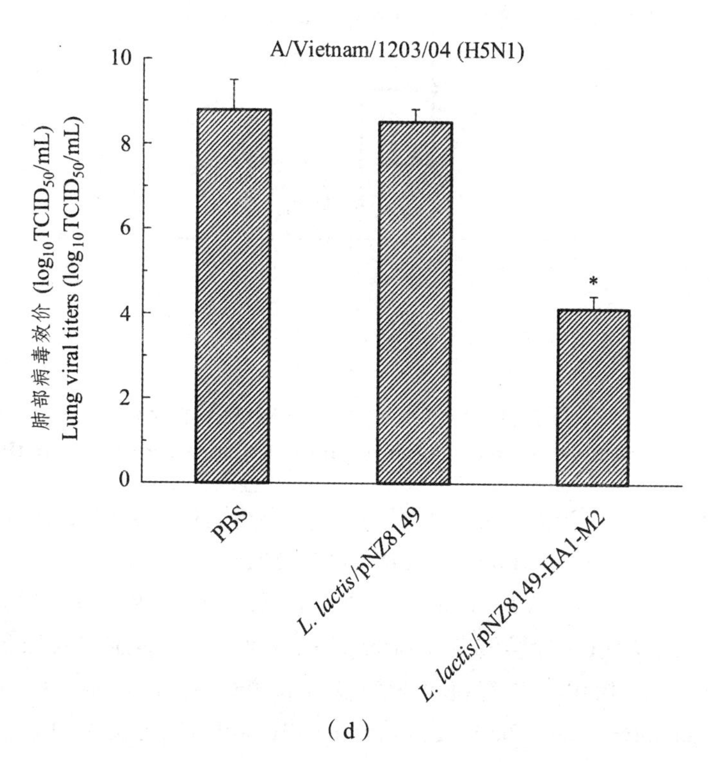
A/Vietnam/1203/04 (H5N1)
肺部病毒效价 (log10TCID50/mL)
Lung viral titers (log10TCID50/mL)
10
8
6
4
2
0
*
PBS
L. lactis/pNZ8149
L. lactis/pNZ8149-HA1-M2

(d)

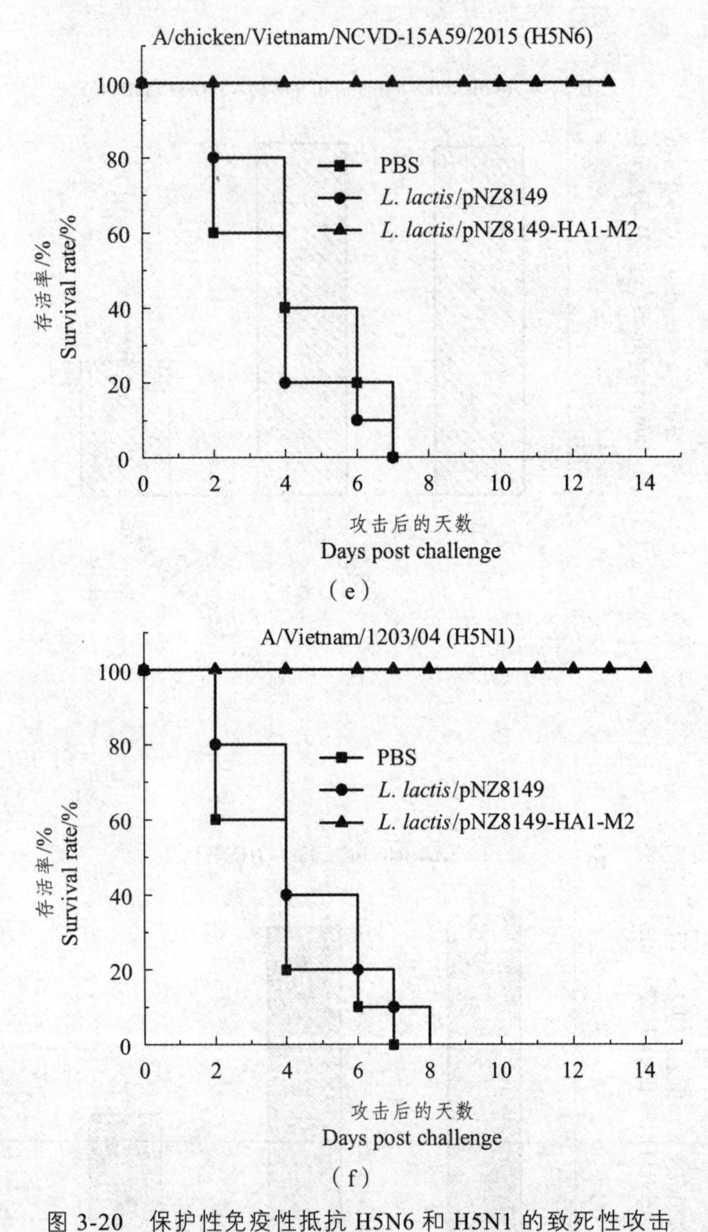

图 3-20　保护性免疫性抵抗 H5N6 和 H5N1 的致死性攻击

Figure 3-20　Protective immunity against lethal challenge with H5N6 or H5N1 virus

如图 3-20 所示，在初次免疫后的第 30 天，小鸡通过滴鼻感染 20 μL 的 $5 \times LD_{50}$（致死剂量）A/chicken/Vietnam/NCVD-15A59/2015（H5N6）（a，c 和 e）或 A/Vietnam/1203/04（H5N1）（b，d 和 f）（每组 10 只小鸡）。肺部病毒效价（每组 3 只小鸡）的数据用平均值 ± 标准方差（mean ± SD）表示。*表示与对照组 PBS 和 *L. lactis*/pNZ8149 对照相比，具有统计学意义（$p<0.05$）。[At day 30 after the first immunization，chickens were challenged intranasally with 20 μL of $5 \times LD_{50}$（lethal dose） of A/chicken/Vietnam/NCVD-15A59/2015 (H5N6) (a, c and e) or A/Vietnam/1203/04 (H5N1) (b, d and f) (n = 10 chickens/group) . The data for lung virus titer (n = 3 chickens/group) are presented as the means ± SD. Asterisks indicate significant differences compared to the PBS and *L. lactis*/pNZ8149 controls ($p<0.05$) .]

第4章

表面展示型重组乳酸乳球菌的分子构建及体外表达分析

通过对乳酸乳球菌质粒表达系统的改造，可以将外源蛋白成功地展示在细菌细胞壁的表面。细胞壁锚定系统主要由锚定蛋白和功能蛋白（被展示的蛋白）两个部分组成，锚定蛋白与功能蛋白通过 C 末端或 N 末端融合，从而将功能蛋白展示在细胞表面。目前应用最广泛的锚定蛋白主要来源于金黄色葡萄球菌（*Staphylococcus aureus*）的蛋白 A 和酿脓链球菌（*Streptococcus pyogene*）的 M6 蛋白，都具有保守的 LPXTG 基序[47-51]。但是这两种锚定蛋白潜在的致病危险限制了它们的应用。因此，急需开发一种安全而有效的锚定蛋白。

PgsA 蛋白是枯草芽孢杆菌（*B.subtilis*）PgsBCA 酶复合物的一部分，PgsA 有一个 N 末端跨膜锚定域，该锚定域位于细胞膜的外侧[238]。由于枯草芽孢杆菌（*B.subtilis*）来源于大豆，PgsA 蛋白是一个非常安全的食品级锚定蛋白。

PgsA 作为锚定蛋白在大肠杆菌表面展示了激酶[59]以及在乳酸杆菌表面展示了病毒抗原[60, 61]。Poo H 等用 PgsA 展示人乳头瘤病毒 16 型的 E7 抗原于乳酸杆菌的表面，诱导了体液免疫、细胞免疫和黏膜免疫[62]。同一课题组，利用 PgsA 对 SARS 病毒的冠状刺突蛋白进行了展示，结果刺突蛋白片段 A（113 个氨基酸残基）和刺突蛋白的片段 B（334 个氨基酸残基）均在乳酸杆菌表面获得了表达，并在小鼠模型中诱导产生了中和抗体[63]。这些研究都显示了 PgsA 蛋白是个有效的锚定蛋白。

禽流感病毒的 HA 蛋白由 HA0、HA1 和 HA2 三部分组成，成熟的 HA 蛋白主要由 HA1 和 HA2 组成，HA1 与宿主细胞上的受体结合，使病毒附着于易感细胞。HA2 则诱使病毒囊膜与宿主细胞的细胞膜融合。HA1 和 HA2 的协同作用，使病毒顺利完成入侵过程[132]。在 HA 蛋白中，HA1 部分包含 HA 蛋白的整个抗原表位[239, 240]，因而 HA1 蛋白具有与 HA 蛋白一样的抗原性[241]。

4.1 表面展示型重组乳酸乳球菌的分子构建

4.1.1 pgsA 基因的克隆

4.1.1.1 枯草芽孢杆菌（*B. subtilis*）基因组的提取

（1）取培养过夜的枯草芽孢杆菌 1.5 mL、10 000 g 离心 1 min，弃上清，保留沉淀。

（2）加入溶菌酶，终浓度为 2 mg/mL，37 °C，水浴 1 h。

（3）10 000 g 离心 5 min，弃上清，保留沉淀。

（4）将沉淀重悬于 600 μL 65 °C 预热的溶液 A 中，并加入 10 μL 10 mg/mL 的 RNaseA。

（5）加入 150 μL 65 °C 预热的溶液 B，充分混匀。

（6）65 °C 水浴 10 min。

（7）加入 200 μL 氯仿，充分混匀。

（8）15 000 g 离心 5 min，小心移取上清至一个无菌的 1.5 mL 离心管中。

（9）重复步骤（8）。
（10）在上清中加入 0.7 倍体积的异丙醇，混匀。
（11）15 000 g 离心 10 min，弃上清，保留沉淀。
（12）用 1 mL 70%乙醇悬浮沉淀，15 000g 离心 3 min。
（13）弃上清，室温干燥沉淀 5 ~ 10 min。
（14）加入 30 μL TE 缓冲液，溶解沉淀，－20 °C 保存、待用。

4.1.1.2 pgsA 基因的 PCR 扩增

以 4.1.1.1 小节提取的枯草芽孢杆菌基因组为模板，PCR 扩增反应所需引物见表 4-1。

表 4-1 PCR 反应所需引物
Table 4-1 Primers for PCR reaction

编号	序列	长度/mer	用途
P-F1	5'ggactagtaaaaaagaactgagctttcatg3'	30	扩增 pgsA 基因所需的上游引物（画横线处为 *Spe* I 酶切位点）
P-R1	5' tcctcctggggatccagatttagtttgtcactatg3'	36	扩增 pgsA 基因所需的下游引物（画横线处为 linker-1）
P-F2	5'ggatccccaggaggagatcagatttgcattggt3'	33	扩增 HA1 基因所需的上游引物（画横线处为 linker-2）
P-R2	5' cccaagctttttatctcttttttc3'	23	扩增 HA1 基因所需的下游引物（画横线处为 *Hind* Ⅲ酶切位点）

利用 P-F1 与 P-R1 作为上、下游引物扩增出 pgsA 基因。在 0.5 mL 的 PCR 反应管加入如下溶液：

枯草芽孢杆菌基因组	2.5 ng
10 × *Pyrobest* Buffer Ⅱ（Mg^{2+}Plus）	2.5 μL
dNTP Mixture（各 2.5 mM）	2 μL
引物 P-F1（10 μM）	1 μL
引物 P-R1（10 μM）	1 μL
Pyrobest DNA Polymerase（5U/uL）	0.125 μL
无菌超纯水	补足至 25 μL

PCR 反应程序如下：

① 预变性	94 °C	5 min
② 变性	94 °C	30 s
③ 退火	55 °C	30 s
④ 延伸	72 °C	1 min 30 s

⑤ 重复步骤② ~ ④，设计循环 30 次

⑥ 最后一次延伸　72 °C　10 min

4.1.1.3　pgsA 基因的电泳分析及割胶回收

电泳分析及割胶回收步骤见 2.1.2 节。

4.1.2　HA1 基因的克隆

以 pGEM-HA 为模板，P-F2 与 P-R2 作为上、下游引物扩增出 HA1 基因。在 0.5 mL 的 PCR 反应管加入如下溶液：

pGEM-HA	2.5 ng
10 × *Pyrobest* Buffer Ⅱ（ Mg^{2+}Plus ）	2.5 μL
dNTP Mixture（各 2.5 mM）	2 μL
引物 P-F2（10 μM）	1 μL
引物 P-R2（10 μM）	1 μL
Pyrobest DNA Polymerase（5U/uL）	0.125 μL
无菌超纯水	补足至 25 μL

PCR 反应程序如下：

① 预变性	94 °C	3 min
② 变性	94 °C	30 s
③ 退火	55 °C	30 s
④ 延伸	72 °C	1 min 30 s
⑤ 重复步骤② ~ ④，设计循环 30 次		
⑥ 最后一次延伸	72 °C	5 min

4.1.2.1　HA1 基因的电泳分析及割胶回收

电泳分析及割胶回收步骤见 2.1.2 节。

4.1.2.2　pgsA 基因与 HA1 基因的融合

以 4.1.1.3 小节割胶回收后的 pgsA 与 4.1.2.1 小节割胶回收后 HA1 基因为模板，进行 PCR 扩增，在 0.5 mL 的 PCR 反应管加入如下溶液：

pgsA 基因	1 μL
HA1 基因	1 μL
10 × *Pyrobest* Buffer Ⅱ（ Mg^{2+}Plus ）	2.5 μL
dNTP Mixture（各 2.5 mM）	2 μL
Pyrobest DNA Polymerase（5U/uL）	0.125 μL
无菌超纯水	补足至 25 μL

PCR 反应程序如下：

① 预变性	94 °C	4 min
② 变性	94 °C	30 s
③ 退火	42 °C	30 s
④ 延伸	72 °C	2 min 30 s
⑤ 重复步骤②～④，设计循环 7 次		
⑥ 最后一次延伸	72 °C	5 min

在以上 PCR 反应液中加入引物 P-F1 与 P-R2 各 1 μL，按以下程序继续 PCR 反应：

① 预变性	94 °C	3 min
② 变性	94 °C	30 s
③ 退火	55 °C	30 s
④ 延伸	72 °C	2 min 30 s
⑤ 重复步骤②～④，设计循环 25 次		
⑥ 最后一次延伸	72 °C	10 min

4.1.3 pgsA-HA1 基因的电泳分析及割胶回收

电泳分析及割胶回收步骤见 2.1.2 节。

4.1.4 pgsA-HA1 基因的酶切分析与割胶回收

1. 酶切分析

在 0.5 mL 的 PCR 反应管中加入如下溶液：

pgsA-HA1 基因	<1 μg
10 × M bffer	2 μL
Spe Ⅰ	1 μL
Hind Ⅲ	1 μL
无菌超纯水	补足 20 μL

混匀、37 °C 水浴反应 2 h，加入 10 × 上样缓冲液终止反应。

2. 割胶回收

将上述酶切反应液经 1%琼脂糖凝胶电泳分析，割胶回收步骤见 2.1.2 节中的割胶回收部分。

4.1.5 质粒 pNZ8110 的双酶切反应、割胶回收及去磷酸反应

1. 质粒 pNZ8110 的双酶切反应

以 2.1.3.3 小节提取的质粒 pNZ8110 作为酶切底物，在 0.5 mL 的 PCR 反应管中加

入如下溶液：

质粒 pNZ8110	<1 μg
10 × M bffer	2 μL
Spe Ⅰ	2 μL
Hind Ⅲ	1 μL
无菌超纯水	补足 20 μL

混匀、37 °C 水浴反应 2 h，加入 10 × 上样缓冲液终止反应。

2. 割胶回收及去磷酸反应

割胶回收步骤见 2.1.3.5 小节。载体的去磷酸反应步骤见 2.1.3.6 小节。

4.1.6 连接反应与电转化

将 2.1.3.6 小节中已经去磷酸的质粒 pNZ8110 与 4.1.4 节中的 pgsA-HA1 基因进行连接，连接反应步骤见 2.1.4 节，连接产物的纯化及电转至 *L. lactis* NZ9000 感受态细胞的步骤见 2.1.5 节。

4.1.7 阳性克隆的筛选及鉴定

4.1.7.1 质粒提取

在 4.1.6 节中的培养板挑取阳性克隆，进行质粒小量抽提，步骤见 2.1.3.3 小节。

4.1.7.2 PCR 及酶切鉴定

以 4.1.7.1 小节小抽获得的质粒作为模板，PCR 鉴定步骤见 2.1.6.2 小节，用 *TaKaRa Ex* Taq^{TM} 酶代替 *Pyrbest* DNA Polymerase，用 P-F1 与 P-R2 作为上、下游引物，并将鉴定为阳性的克隆命名为 *L. lactis*/pNZ8110-pgsA-HA1。

以 4.1.7.1 小节小抽获得的质粒作为酶切对象，*L. lactis*/pNZ8110-pgsA-HA1 用 *Spe* Ⅰ/*Hind* Ⅲ进行双酶切鉴定，过程如下：

10 × M Buffer	2 μL
L. lactis/pNZ8110-pgsA-HA1	<1 μg
Spe Ⅰ（4 ~ 12 U/ μL）	1 μL
Hind Ⅲ（8 ~ 20 U/ μL）	1 μL
灭菌超纯水	至 20 μL

混匀、37 °C 反应 2 h，反应结束后加入 10 × 上样缓冲液终止反应，1%琼脂糖凝胶电泳分析。

4.1.8　表面展示型重组乳酸乳球菌构建线路

表面展示型重组乳酸乳球菌的构建线路如图 4-1 所示。

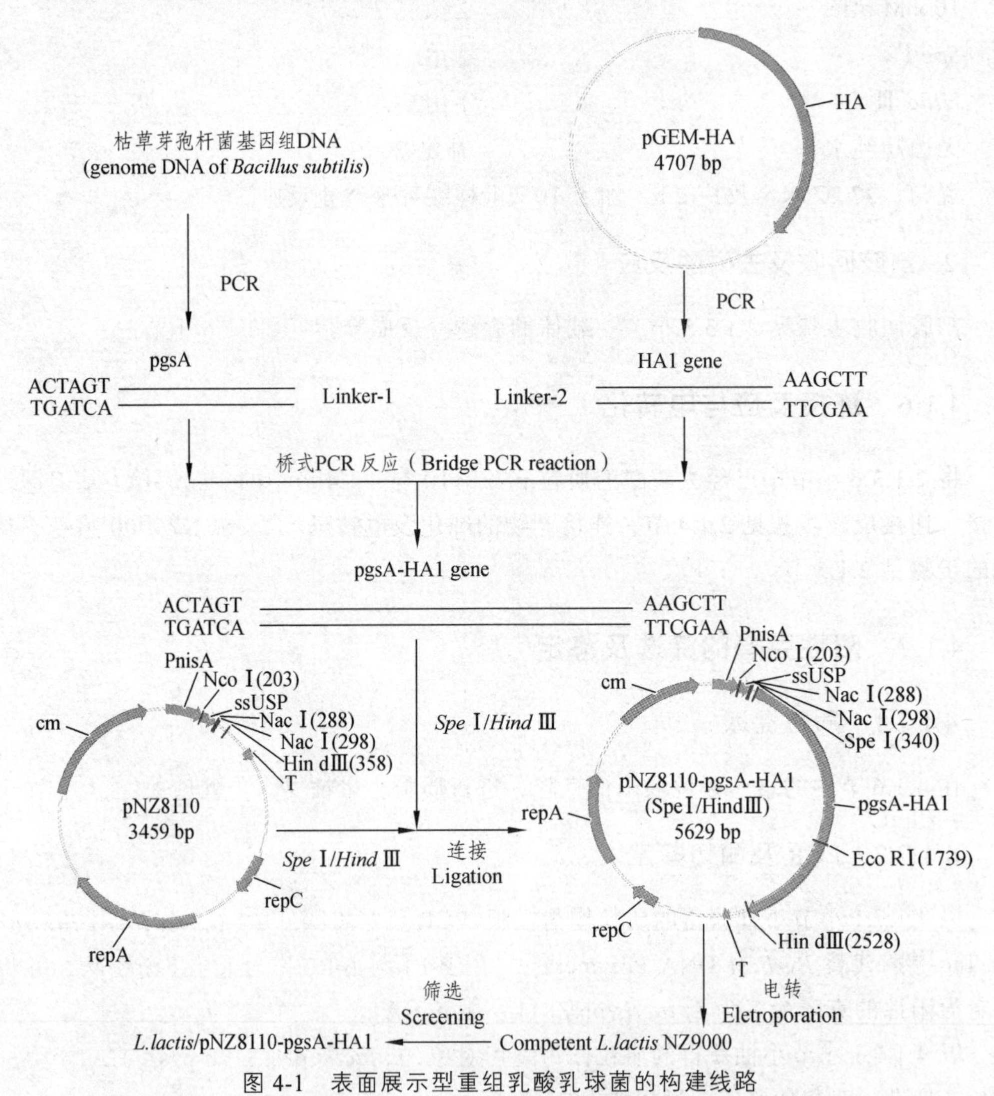

图 4-1　表面展示型重组乳酸乳球菌的构建线路

Figure 4-1　Construction map of surface displayed recombinant *L. lactis*

4.1.9　结　果

4.1.9.1　pgsA 与 HA1 基因的 PCR 扩增结果

以枯草芽孢杆菌（*B.subtilis*）基因组为模板，以 P-F1 与 P-R1 作为上、下游引物，其中在设计上游引物 P-F1 时插入 *Spe* I 酶切位点，在下游引物 P-R1 中设计 linker-1，不带酶切位点，经过 PCR 扩增，得到的 PCR 产物的长度应该是 1136 bp，在图 4-2 中的 Lane 2 中出现了单一条带，与 DNA marker 相比较，目标条带的长度在 1 000 bp 左右，与预期结果一致，该 PCR 产物即为 pgsA 基因。而以 pGEM-HA 为模板，P-F2 与 P-R2 作为上、下游引物，其中在上游引物中设计 linker-2，不带酶切位点。在下游引物 P-R2 中插入 *Hind* Ⅲ酶切位点，通过 PCR 反应，扩增得到 HA1 基因片段，预期长度为 1 053 bp，经过 1%琼脂糖凝胶电泳分析，目标条带如图 4-1 中的 Lane 4 所示。图 4-2 的电泳结果显示均出现了单一的目标条带，这说明 PCR 反应的特异性非常高。得到的 pgsA 基因片段与 HA1 片段经割胶回收后，可以用作后续的桥式 PCR 反应的模板。

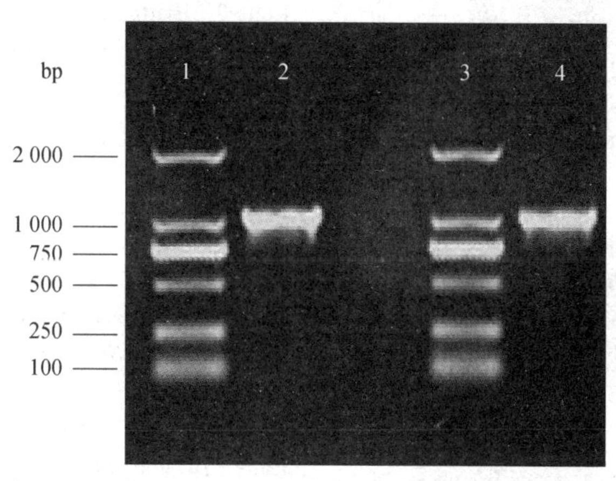

Lane 1—DNA marker（DL2 000）；Lane 2—以枯草芽孢杆菌基因组为模板，以 P-F1 与 P-R1 作为上、下游引物扩增出的 pgsA 基因的电泳图；Lane 3—DNA marker（DL2 000）；Lane 4—以 pGEM-HA 为模板，以 P-F2 与 P-R2 作为上、下游引物扩增出的 HA1 基因的电泳图。

Lane 1：DNA marker（DL2 000）；Lane 2：Electrophoresis map of pgsA gene using *Bacillus subtilis* genome and P-F1/P-R1 as PCR template and primers，respectively；Lane 3：DNA marker（DL2 000）；Lane 4：Electrophoresis map of HA1 gene using pGEM-HA and P-F2/P-R2 as PCR template and primers，respectively.

图 4-2　pgsA 与 HA1 基因的 PCR 扩增电泳图

Figure 4-2　Electrophoresis analysis of PCR products of pgsA gene and HA1 gene

4.1.9.2　桥式 PCR 结果及质粒 pNZ8110 的双酶切分析

为了得到 pgsA 基因与 HA1 融合后的 pgsA-HA1 基因片段，通过桥式 PCR 反应，可以在同一个 PCR 反应体系中实现 pgsA 基因与 HA 基因的连接。经过桥式 PCR 反应后的目标产物 pgsA-HA1 的长度应该是 2 189 bp，而经过 1%的琼脂糖凝胶电泳分析，PCR 反应的结果如图 4-3（a）中的 Lane 2 所示，在 2 000 ~ 2 500 bp 出现了一条亮带，与预期的长度相符。将此 PCR 产物进行割胶回收，通过 *Spe* Ⅰ/*Hind* Ⅲ进行双酶切反应后，经 1%琼脂糖凝胶电泳后又进行割胶回收，用于与质粒 pNZ8110 的连接。

质粒 pNZ8110 经 *Spe* Ⅰ/*Hind* Ⅲ双酶切后的电泳分析结果如图 4-3（b）所示，在 Lane 2 中的电泳条带所指示的位置是 3 000 bp 左右，而质粒 pNZ8110 双酶切后的长度应为 3 414 bp，与预期的结果一致。双酶切后的质粒 pNZ8110 经过割胶回收并去磷酸反应后可以用作连接的载体。

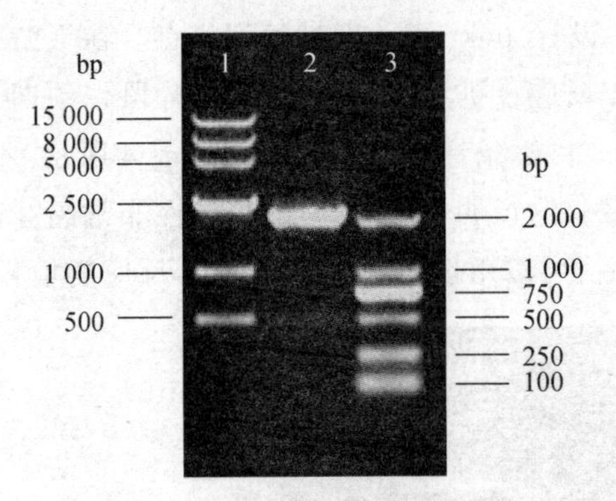

Lane 1—DNA marker（500 ~ 15 000 bp）；Lane 2—桥式 PCR 反应产物 pgsA-HA1；Lane 3—DNA marker（DL2 000）。

Lane 1：DNA marker（500 ~ 15 000 bp）；Lane 2：Bridge PCR amplification of pgsA-HA1 gene；Lane 3：DNA marker（DL 2 000）.

（a）pgsA-HA1 基因的电泳图[Electrophoresis map of pgsA-HA1 gene]

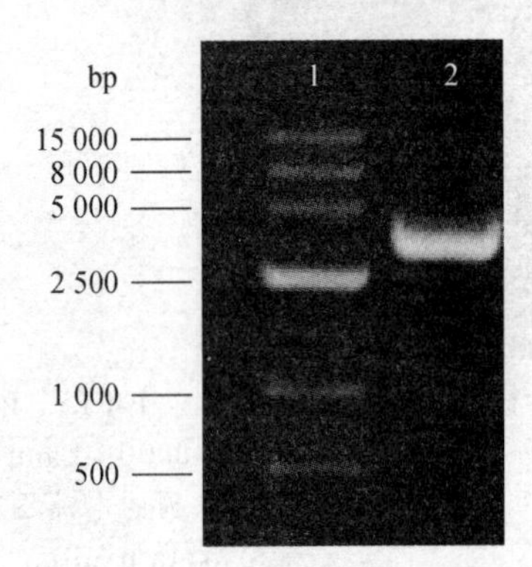

Lane 1—DNA marker（500 ~ 15 000 bp）；Lane 2—经 *Spe* Ⅰ/*Hind* Ⅲ 双酶切后质粒 pNZ8110 电泳图。

Lane 1：DNA marker（500 ~ 15 000 bp）；Lane 2：Electrophoresis map of plamid pNZ8110 after *Spe* Ⅰ/*Hind* Ⅲ digestion.

（b）质粒 pNZ8110 双酶切后的电泳图[Electrophoresis map of plamid pNZ8110 after double enzyme digestion]

图 4-3　pgsA-HA1 基因的克隆及质粒 pNZ8110 的酶切电泳图

Figure 4-3　Electrophoresis analysis of pgsA-HA1 gene and plasmid pNZ8110 after enzyme digestion

上述结果表明，通过桥式 PCR 反应获得了 pgsA-HA1 基因，而质粒 pNZ8110 也获得了正确酶切，这为载体与目标基因的成功连接提供了基础，质粒 pNZ8110 与 pgsA-HA1 连接后，经过 DNA 精制后可以电转化至 *L. lactis* NZ9000 感受态细胞中，进而筛选到阳性克隆，命名为 *L. lactis*/pNZ8110-pgsA-HA1。

4.1.9.3　重组表达质粒的鉴定

通过对阳性克隆 *L. lactis*/pNZ8100-pgsA-HA1 进行质粒抽提，对提取产物进行 PCR 和酶切鉴定，如图 4-4 所示。以小抽获得的重组质粒为模板，以 P-F1/P-R2 作为上、下游引物进行 PCR 反应，并将 PCR 产物进行电泳分析，结果如图 4-4（a）所示，Lane 2 中电泳条带的长度介于 2 000 ~ 2 500 bp，而预期得到的 pgsA-HA1 基因片段的长度应为 2 189 bp，通过桥式 PCR 反应得到的产物即为 pgsA-HA1 基因，经电泳分析得到了单一的条带，说明该 PCR 反应具有很高的特异性。

通过酶切鉴定可以判断插入的基因片段长度是否正确。以重组质粒作为反应底物，利用 *Spe* I/*Hind*Ⅲ进行双酶切分析，酶切得到的产物经电泳分析，应该有两条电泳条带：一个表达载体条带，其长度为 3 414 bp；另一个是插入表达载体中的外源基因条带，其长度为 2 189 bp。双酶切分析后的电泳结果如图 4-4（b）所示，Lane 2 中出现了两条预期长度的电泳条带，说明 pgsA-HA1 基因片段能从重组质粒中被成功地酶切出来，换言之，pgsA-HA1 基因已经成功地克隆到表达质粒 pNZ8110 中了。

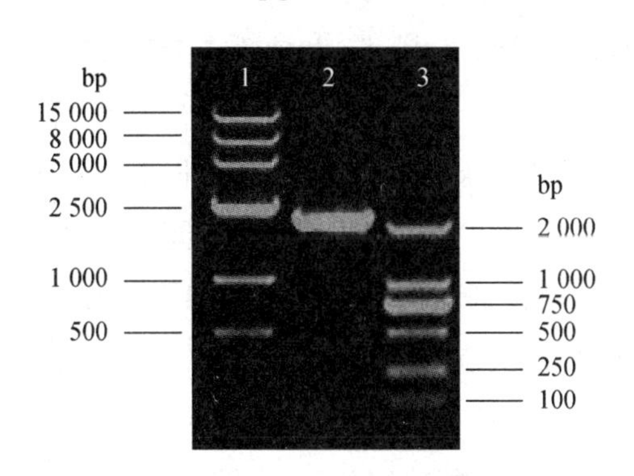

Lane 1—DNA marker（500 ~ 15 000 bp）；Lane 2—以重组质粒为模板，以 P-F1 与 P-R2 作为上、下游引物进行 PCR 扩增得到的 pgsA-HA1 基因片段；Lane 3—DNA marker（DL 2 000）。

Lane 1：DNA marker（500 ~ 15 000 bp）；Lane 2：Resulted in pgsA-HA1 gene fragment using recombinant plasmid and P-F1/P-R2 as template and primers, respectively；Lane 3：DNA marker（DL 2 000）.

（a）重组质粒的 PCR 鉴定电泳图[Electrophoresis map of PCR detection of recombinant plasmid]

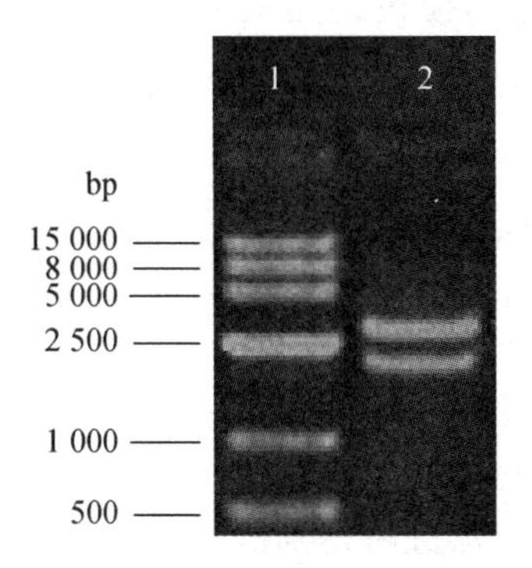

Lane 1—DNA marker（500 ~ 15 000 bp）；Lane 2—重组质粒经 *Spe* I/*Hind* Ⅲ 双酶切分析后的电泳图。

Lane 1：DNA marker（500 ~ 15 000 bp）；Lane 2：Electrophoresis map of recombinant plasmid after *Spe* I/*Hind* Ⅲ digestion.

（b）重组质粒的酶切鉴定电泳图[Electrophoresis map of enzyme digestion of recombinant plasmid]

图 4-4 重组表达质粒的 PCR 鉴定及酶切鉴定电泳分析图

Figure 4-4 Electrophoresis analysis map of detection of recombinant expression plamid using PCR and enzyme digestion

上述 PCR 和酶切鉴定的结果显示，携带有 pgsA-HA1 外源基因片段的重组质粒已经稳定地存在于宿主菌 *L. lactis* NZ9000 中，可以用于后续的诱导表达实验。在构建 pgsA-HA1 基因时需要进行三个 PCR 反应，第一个 PCR 反应是以枯草芽孢杆菌（*B.subtilis*）基因组为模板，在上游引物 P-F1 中设计 *Spe* I 位点，该位点存在也于表达质粒 pNZ8110 多克隆位点中，在下游引物 P-R1 设计 linker-1（5'tcctcctggggatcc3'），PCR 扩增得到 pgsA 基因。第二个 PCR 反应是以 pGEM-HA 为模板，在上游引物中 P-F2 设计 linker-2（5'ggatccccaggagga3'），下游引物 P-R2 中设计 *Hind* Ⅲ位点，通过 PCR 反应得到 HA1 基因。第三个 PCR 反应，即桥式 PCR 反应是基于 linker-1 与 linker-2 可以碱基互补配对，首先在不加引物 P-F1/P-R2 的条件下，退火温度为 42 °C，设计 7 个循环，然后加入 P-F1/P-R2 引物各 1 μL，PCR 反应程序为：① 预变性 94 °C，3 min；② 变性 94 °C，30 s；③ 退火 55 °C，30 s；④ 延伸 72 °C，2 min30 s；⑤ 重复步骤②～④，设计循环 25 次；⑥ 最后一次延伸 72 °C，10 min。这样在一个 PCR 反应体系中不需要经过酶切连接反应就可以将两个基因融合在一起，这也是桥式 PCR 最大的优点。

桥式 PCR 反应的关键主要有两点：一个是设计 linker 时除了碱基互补的要求外，还要引入一些编码疏水的氨基酸的碱基，目的是提供一个桥梁，这样锚定蛋白与功能蛋白在翻译时形成的高级构象不会相互影响，进而保证各自的生物学功能不被破坏；另一个要点是以锚定基因和功能基因作为桥式 PCR 反应的模板时，首先在不加入引物的条件下，在较低的退火温度（42 °C）下设计 7 个循环，目的是锚定基因下游引物中的 linker 与功能基因上游引物中的 linker 在 DNA 聚合酶的催化下，通过碱基互补将两个基因连接在一起，而后以连接在一起的基因作为模板，加入锚定基因的上游引物与功能基因的下游引物，通过 PCR 反应就可得到锚定基因与功能基因融合在一起的产物。

通过桥式 PCR 反应得到的融合基因 pgsA-HA1 与表达质粒 pNZ8110 分别经 *Spe* I/*Hind* Ⅲ在通用酶切缓冲液中进行酶切，将酶切后的产物割胶回收后进行连接、电转、平板培养并筛选阳性克隆。

因为 *Spe* I/*Hind* Ⅲ具有共同的通用酶切缓冲液，所以通过 *Spe* I/*Hind* Ⅲ对筛选到的阳性克隆可以在同一缓冲液中进行酶切鉴定，经电泳分析得到的片段长度理论上应该有两条电泳条带：一条长度为 3 441bp，另一条长度为 2 189bp。与图 3-4（b）结果一致，说明我们已经将 pgsA-HA1 基因克隆到分泌型表达质粒 pNZ8110 中，PCR 鉴定和测序的结果也证实了这一结论。

为什么只选择展示 HA1 基因呢？主要有两个原因：一个是 HA1 蛋白含有整个 HA 蛋白的抗原表位，即 HA1 蛋白的抗原性与全长的 HA 蛋白的抗原性是一致的[239-241]；另外一个原因是，利用 PgsA 蛋白展示的外源蛋白分子量为 10～80kDa[62]，但是最有效的展示范围为 10～50 kDa，HA 蛋白的分子量约为 64kDa，并不适合用于展示，而 HA1 蛋白的分子量约为 38kDa，比较适合展示。

4.2 表面展示型重组乳酸乳球菌的体外表达分析

4.2.1 表面展示型重组乳酸乳球菌的体外表达分析

Western blot 分析、免疫荧光分析以及流式细胞仪分析分别参见第 2 章的 2.2.2.3 小节、2.2.4 节和 2.2.5 节。

4.2.2 结　果

4.2.2.1 Western blot 结果

以鼠源抗-HA 抗体作为一抗，对 *L. lactis*/pNZ8100-pgsA-HA1 的裂解物进行 Western blot 分析，以 *L. lactis*/pNZ8100-pgsA 作为对照，结果如图 4-5 所示，Lane 2 出现一条特异性的条带（82 kDa），与预期条带相符，HA1 蛋白约为 38 kDa，锚定蛋白 PgsA 的分子量约为 42 kDa，所以融合蛋白 pgsA-IIA1 的分了量约为 82 kDa。

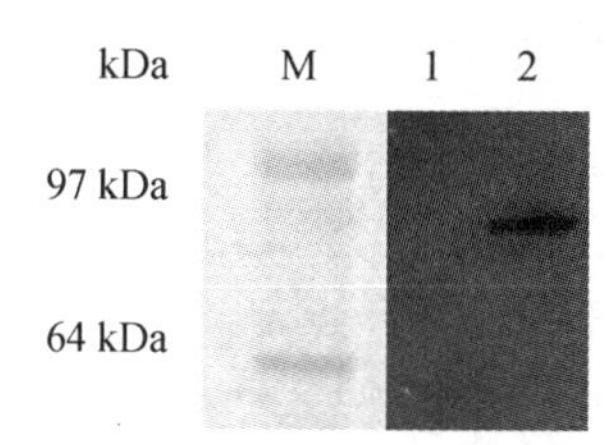

M—预染准备蛋白 Prestaining protein marker；Lane 1—*L. lactis*/pNZ8100-pgsA；Lane 2—*L. lactis*/pNZ8100-pgsA-HA1。

M：Prestaining protein marker；Lane 1：*L. lactis*/pNZ8100-pgsA；Lane 2：*L. lactis*/pNZ8100-pgsA-HA1.

图 4-5　*L. lactis*/pNZ8100-pgsA-HA1 裂解物的 Western blot 分析

Figure 4-5　Western blot analysis of *L. lactis*/pNZ8100-pgsA-HA1 lysates

4.2.2.2 免疫荧光分析

以 *L. lactis*/pNZ8100-pgsA 作为对照，利用鼠源抗-HA 抗体对 *L. lactis*/pNZ8100-pgsA-HA1 进行直接标记，以 FITC 标记的兔抗鼠 IgG 作为二抗，通过荧光显微镜进行观察，结果如图 4-6 所示，*L. lactis*/pNZ8100-pgsA-HA1 出现了较强的绿色荧光。

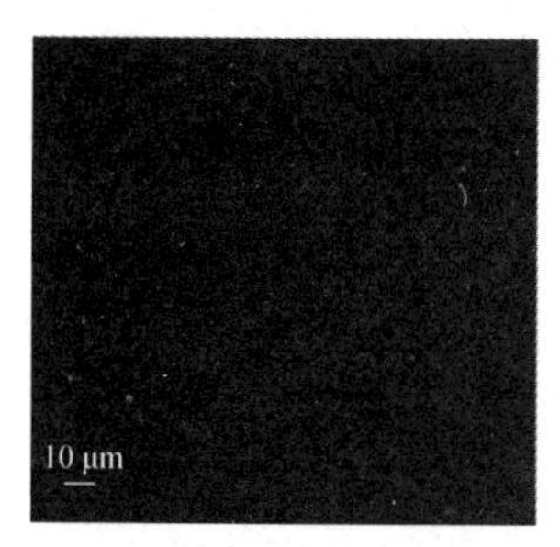

L. lactis/pNZ8100-pgsA

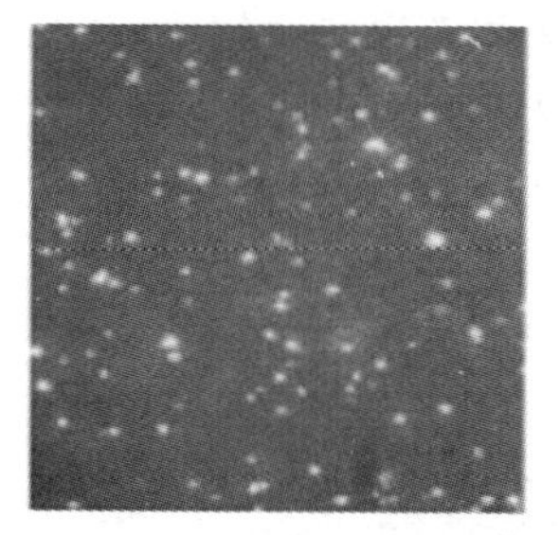

L. lactis/pNZ8100-pgsA-HA1

图 4-6　*L. lactis*/pNZ8100-pgsA-HA1 的免疫荧光分析（放大倍数 200）

Figure 4-6　Immunofluorescence assay of *L. lactis*/pNZ8100-pgsA-HA1（Magnification：200×）

4.2.2.3　流式细胞仪分析

通过对 Nisin A 诱导后的三种不同表达类型重组乳酸乳球菌的表面用多克隆鼠抗-HA 抗体进行处理，而后应用生物素-链亲和素结合系统标记上稳定的藻红蛋白。经过流式细胞仪分析，结果如图 4-3 所示。阴性对照 *L. lactis*/pNZ8110 的相对荧光强度在 10^1 以内，其平均荧光强度为 2.31。而 *L. lactis*/pNZ8110-pgsA-HA1 的相对荧光强度在 $10^1 \sim 10^2$，其平均荧光强度为 5.86，说明 *L. lactis*/pNZ8110-pgsA-HA1 表面有特异性的 HA1 蛋白，如图 4-7 所示。

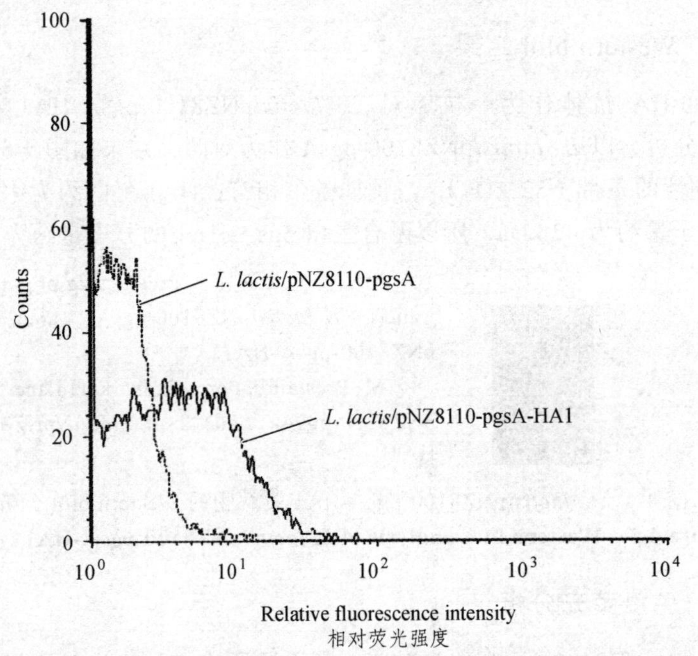

图 4-7　表面展示型重组乳酸乳球菌的流式细胞仪分析（每个实验分析了 10 000 个细胞）

Figure 4-7　Flow cytometric analysis of surface displayed recombinant *L. lactis*.
（For each experiment，10 000 cells were analyzed）

通过免疫荧光显微镜和流式细胞仪对诱导后的重组乳酸乳球菌表面蛋白进行分析，表明 HA1 蛋白成功地展示在乳酸乳球菌表面了，换言之，*L. lactis*、pNZ8110-pgsA-HA1 可以将 HA1 蛋白展示在细菌的表面。

第5章

表面展示型重组乳酸乳球菌的免疫活性分析

乳酸乳球菌作为一个理想的黏膜输送载体，与常用的菌种乳酸杆菌相比，具有抗原性弱，且不会在胃肠道内定植的独特优势。黏膜是机体抵抗病毒和细菌感染的第一道防线，也是机体容易被感染的主要部位之一[10, 11]。黏膜免疫系统（mucosal immune system，MIS）是指广泛分布于呼吸道、胃肠道、泌尿生殖道黏膜下以及一些外分泌腺体处的淋巴组织，主要包括肠相关淋巴组织（GALT）、支气管相关淋巴组织（BALT）及鼻相关淋巴组织（NALT），这些都是执行局部特异性免疫功能的主要场所。肠道黏膜主要由淋巴组织和淋巴细胞组成。黏膜输送途径主要有口服和滴鼻。以肠相关淋巴组织（GALT）为例，它主要由派氏集合淋巴结（Peyer's patches，PP）和肠系膜淋巴结（MLN）组成。在肠黏膜上皮的淋巴滤泡区富集区，有呈哑铃状的膜细胞或微皱褶细胞（membrance/microfold cell），简称 M 细胞，在黏膜上皮这个特殊区域下面富有树突状细胞和巨噬细胞，它们组成肠黏膜诱导部位的免疫细胞，主要负责抗原的摄取与提呈。肠黏膜上皮内的淋巴细胞和固有层的淋巴细胞组成了效应部位的免疫细胞，负责将诱导部位转运过来的抗原激活，产生特异性的抗体和各种免疫因子。

乳酸乳球菌作为黏膜输送载体，可以将一些治疗性的蛋白递送至黏膜组织，进而诱导机体产生免疫应答[81]。利用破伤风毒素片段 C（TTFC）作为模式抗原，构建不同表达类型的重组乳酸乳球菌，重点探讨重组乳酸乳球菌作为黏膜免疫输送载体的免疫效果，通过口服免疫或滴鼻免疫均能诱导体液免疫与黏膜免疫[82-86]。利用重组乳酸乳球菌表达 HIV Env 基因，联合黏膜佐剂霍乱毒素口服免疫小鼠，不仅诱导了系统免疫应答，而且还引起了黏膜免疫应答[52]。这说明重组乳酸乳球菌作为黏膜输送载体在表达病毒抗原基因方面具有很大的潜力。

佐剂可以提高机体的免疫应答水平，目前认为最强的黏膜免疫原是霍乱毒素（CT）和 *E.coli* 热不稳定肠毒素（LT），它们均由 1 个 A 亚基和 5 个 B 亚基组成的 AB5 亚单位结构，其中 A 亚单位具有酶活性，是毒性的主要来源，B 亚单位是一个五具体，与真核表面的半乳糖受体和神经节苷脂 GM1 结合。但是将 A 亚单位去除后，保留 B 亚单位的 CT 和 LT，即 CTB 和 LTB 均表现出很强的黏膜免疫佐剂活性[226, 227]。

5.1 表面展示型 *L. lactis*/pNZ8110-pgsA-HA1 的免疫活性分析

不同的免疫剂量、免疫时间和免疫次数等因素直接影响免疫效果。在最优化的免疫时间和免疫次数条件下，以 PBS 和 *L. Lactis*/pNZ8110 作为对照，重点考察三种不同表达类型的重组乳酸乳球菌（非分泌型 *L. lactis*/pNZ8150-HA、分泌型 *L. lactis*/pNZ8110-HA 以及表面展示型 *L. lactis*/pNZ8110-pgsA-HA1）在四个不同免疫剂量（50 μL、100 μL、150 μL、200 μL），以及联合佐剂 CTB 后的免疫效果，通过 ELISA 比较不同免疫组合诱导的血清 IgG 抗体和粪便 IgA 抗体水平，从而摸索出最佳的免疫剂量组合。进一步地，以最佳的免疫剂量组合对小鼠进行免疫，检测 IFN-γ 分泌水平、血凝抑制（HI）效价，最后通过 H5N1 病毒的致死性攻击实验评价三种不同表达类型的重组乳酸乳球菌的免疫保护效果。

5.1.1 不同免疫剂量对血清 IgG 的影响

为了摸索出最佳的免疫剂量组合，分别用 50 μL、100 μL、150 μL、200 μL（浓度为 10^{11} CFU/mL）四个不同的剂量对 SPF 级的 BALB/c 小鼠进行灌胃免疫，同时还考察了联合佐剂 CTB 使用的免疫效果。给药时间和次数根据文献[62]已经获得了优化。

在距离最后一次免疫后的第 10 天，随机选取 5 只小鼠进行眼眶取血，应用亲和素（Avidin）-生物素（Biotin）系统（System）即 ABS-ELISA 对血清 HA 特异性的 IgG 抗体的效价进行检测，结果如图 5-1 所示。当灌胃剂量为 50 μL 时，PBS 组、*L. lactis*/pNZ8110 组、*L. lactis*/pNZ8110-HA 组、*L. lactis*/pNZ8150-HA 组和 *L. lactis*/pNZ8110-pgsA-HA1 组经 ELISA 检测得到的 IgG 效价（$\log_2$）分别为：3 ± 0.707、3.2 ± 0447、4.2 ± 0.447、5.4 ± 0.548、6 ± 0.707，当联合免疫佐剂 CTB 进行灌胃后，检测血清 HA 特异性的 IgG 抗体效价，PBS + CTB 组和 *L. lactis*/pNZ8110 + CTB 组没有变化，而 *L. lactis*/pNZ8110-HA + CTB 组、*L. lactis*/pNZ8150-HA + CTB 组和 *L. lactis*/pNZ8110-pgsA-HA1 + CTB 组有微弱的升高，分别为 5.6 ± 0.548、6.2 ± 0.837、8 ± 0.707，如图 5-1（a）所示。这些结果初步表明，在灌胃免疫相同剂量的重组乳酸乳球菌时，加入一定量的免疫佐剂后能提高血清中 HA 特异性抗体的效价，鉴于此，在设计实验时，将免疫佐剂量（1 mg/次）固定不变，而考察加大 PBS、*L. lactis*/pNZ8110 以及各重组乳酸乳球菌的剂量对血清 IgG 的影响。

当灌胃剂量分别为 100 μL、150 μL、200 μL，联合佐剂 CTB 后检测到的血清 HA 特异性的 IgG 抗体效价，如图 5-1（b）、（c）、（d）所示。普遍的趋势是当免疫剂量加大并联合佐剂 CTB 使用后，IgG 的效价得到有效提升，当灌胃剂量 150 μL 并联合佐剂 CTB 免疫小鼠后，分泌型 *L. lactis*/pNZ8110-HA + CTB、表面展示型 *L. lactis*/pNZ8110-pgsA-HA1 + CTB 组检测到的 IgG 抗体效价明显比其他剂量组（50 μL、100 μL、200 μL）要高，分别达到 9.4 ± 0.548、11 ± 0.707，如图 5-1（c）所示。其中表面展示型 *L. lactis*/pNZ8110-pgsA-HA1 + CTB 诱发的血清特异性 IgG 效价最高。

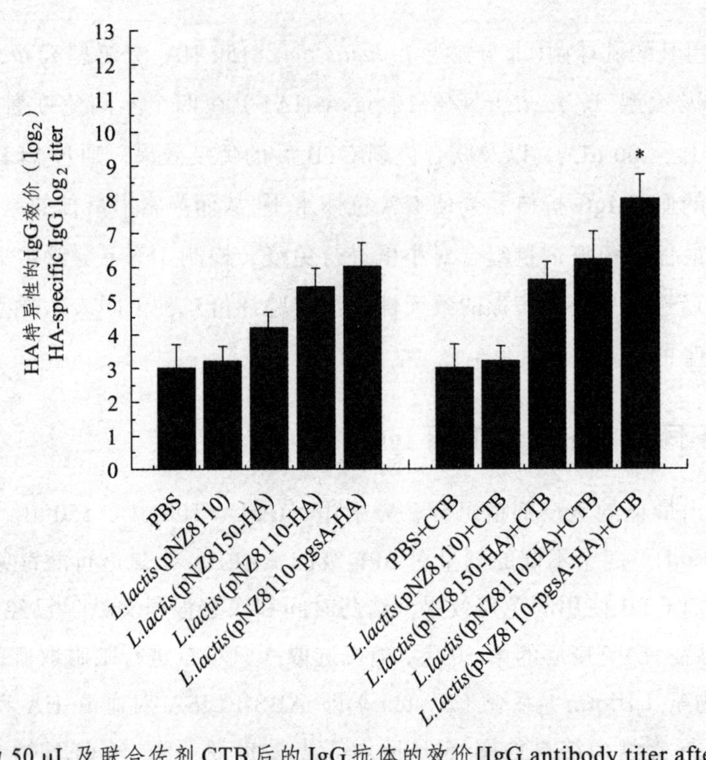

（a）免疫剂量为 50 μL 及联合佐剂 CTB 后的 IgG 抗体的效价[IgG antibody titer after immunization with 50 μL and combined with adjuvant CTB]

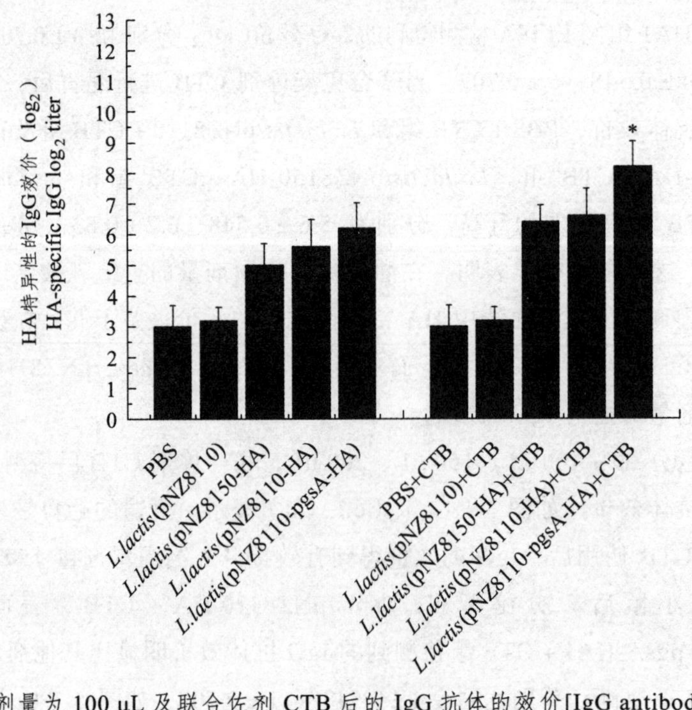

（b）免疫剂量为 100 μL 及联合佐剂 CTB 后的 IgG 抗体的效价[IgG antibody titer after immunization with 100 μL and combined with adjuvant CTB]

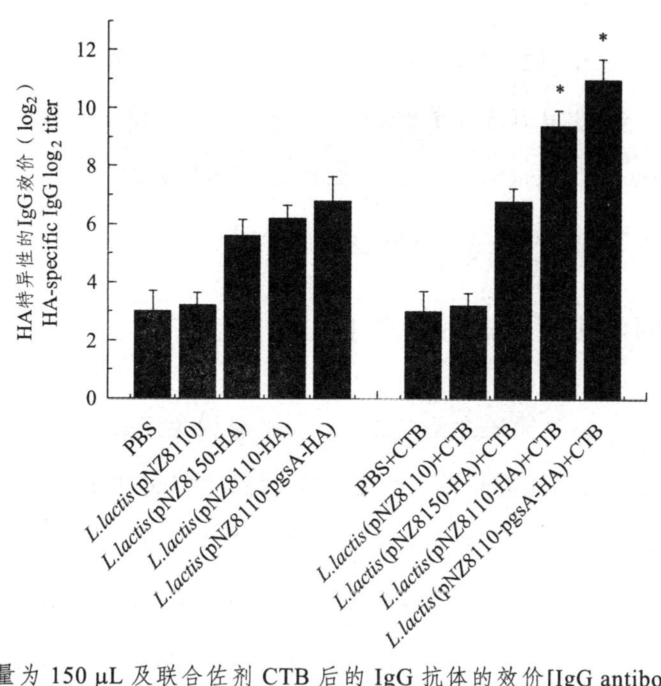

（c）免疫剂量为 150 μL 及联合佐剂 CTB 后的 IgG 抗体的效价[IgG antibody titer after immunization with 150 μL and combined with adjuvant CTB]

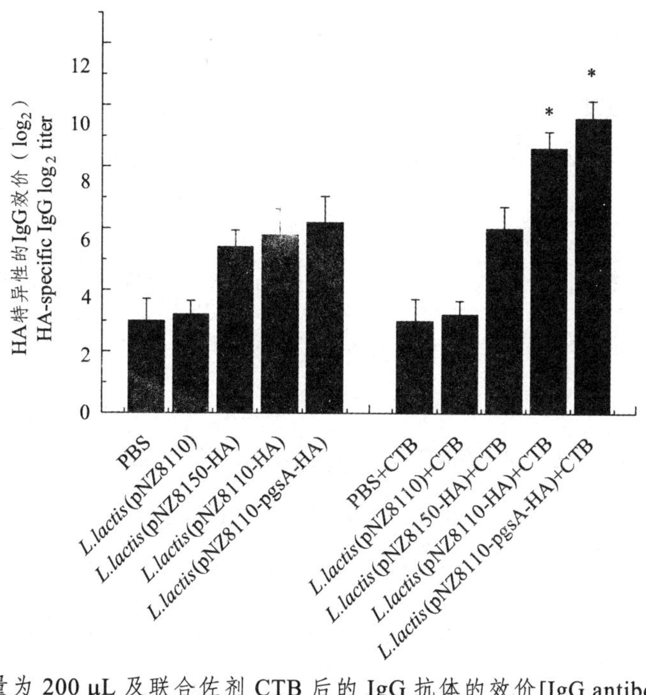

（d）免疫剂量为 200 μL 及联合佐剂 CTB 后的 IgG 抗体的效价[IgG antibody titer after immunization with 50 μL and combined with adjuvant CTB]

图 5-1　不同免疫剂量诱发血清 HA 特异性 IgG 抗体的检测

Figure 5-1　Detection of serum HA-specific IgG antibody induced by different immunization dose

图 5-1 中*表示相对于 PBS 组、*L. lactis*/pNZ8110 组、PBS + CTB 组和 *L. lactis*/pNZ8110 + CTB 组具有统计学意义（$p<0.05$）。每个免疫组 5 只小鼠。[* represents statistically significant differences relative to the PBS，*L. lactis*/pNZ8110，PBS + CTB and *L. lactis*/pNZ8110 + CTB controls. n = 5 mice per group.]

5.1.2 不同免疫剂量对分泌型 IgA 的影响

口服灌胃是属于黏膜输送途径中的一种，而黏膜免疫的一个重要特征是分泌型 IgA 水平上升。在探讨不同免疫剂量对血清 HA 特异性 IgG 抗体的基础上，通过收集免疫小鼠后的粪便（50 mg）应用间接 ELISA 的方法进行 IgA 抗体的检测。当免疫剂量为 50 μL 时，结果如图 5-2（a）所示，PBS 组、*L. lactis*/pNZ8110 组、*L. lactis*/pNZ8150-HA 组、*L. lactis*/pNZ8110-HA 组、*L. lactis*/pNZ8110-pgsA-HA1 组的 IgA 在 OD_{450nm} 的吸收值分别为 0.223 2 ± 0.010 08、0.232 4 ± 0.111 9、0.350 4 ± 0.018 69、0.395 4 ± 0.013 26、0.412 8 ± 0.008 04。当联合免疫佐剂 CTB 后检测到的 IgA 吸收值分别为 0.209 2 ± 0.011 39、0.219 2 ± 0.011 48、0.412 6 ± 0.011 08、0.463 8 ± 0.023 94、0.531 6 ± 0.024 14。这些数据表明，联合黏膜免疫佐剂 CTB 后检测到的分泌型 IgA 水平有了一定的提高。

当免疫的剂量提高至 100 μL、150 μL、200 μL 并联合佐剂 CTB 进行灌胃免疫后，检测到的 IgA 的吸收值如图 5-2（b）、（c）、（d）所示，其中当免疫剂量为 150 μL 时，通过间接 ELISA 检测到的 *L. lactis*/pNZ8110 组、*L. lactis*/pNZ8150-HA 组、*L. lactis*/pNZ8110-HA 组、*L. lactis*/pNZ8110-pgsA-HA1 组的 IgA 在 OD_{450nm} 的吸收值分别为 0.221 4 ± 0.006 5、0.231 8 ± 0.011 65、0.403 8 ± 0.009 39、0.421 6 ± 0.019 35、0.442 2 ± 0.023 73。当联合免疫佐剂 CTB 后检测到的 IgA 吸收值分别为 0.234 4 ± 0.016 35、0.221 4 ± 0.020 06、0.522 2 ± 0.008 35、0.756 8 ± 0.043 73、1.038 4 ± 0.096 38。这些数据进一步表明，表面展示型 *L. lactis*/pNZ8110-pgsA-HA1 + CTB 诱发的分泌型 IgA 效价最高，如图 5-2（c）所示。

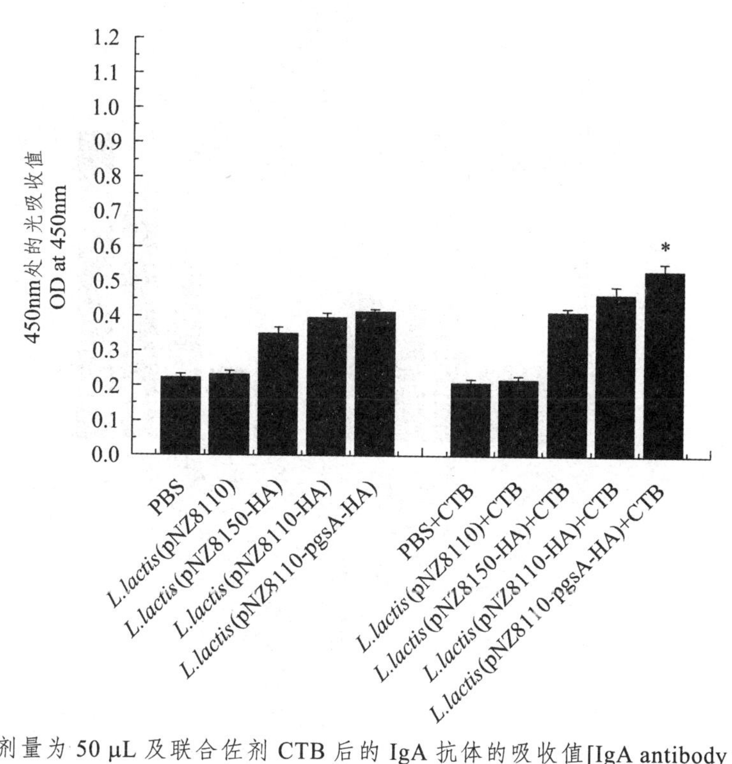

（a）免疫剂量为 50 μL 及联合佐剂 CTB 后的 IgA 抗体的吸收值[IgA antibody titer after immunization with 50 μL and combined with adjuvant CTB]

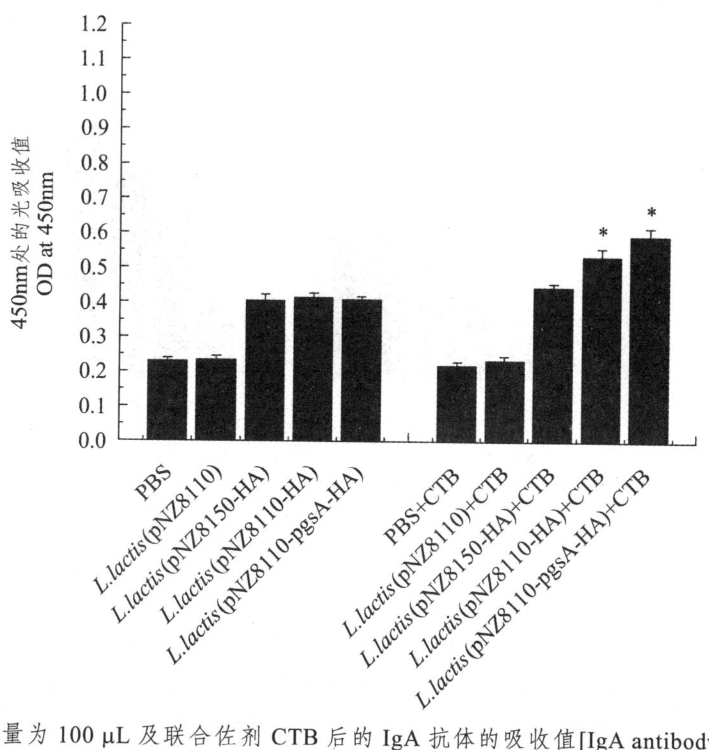

（b）免疫剂量为 100 μL 及联合佐剂 CTB 后的 IgA 抗体的吸收值[IgA antibody titer after immunization with 100 μL and combined with adjuvant CTB]

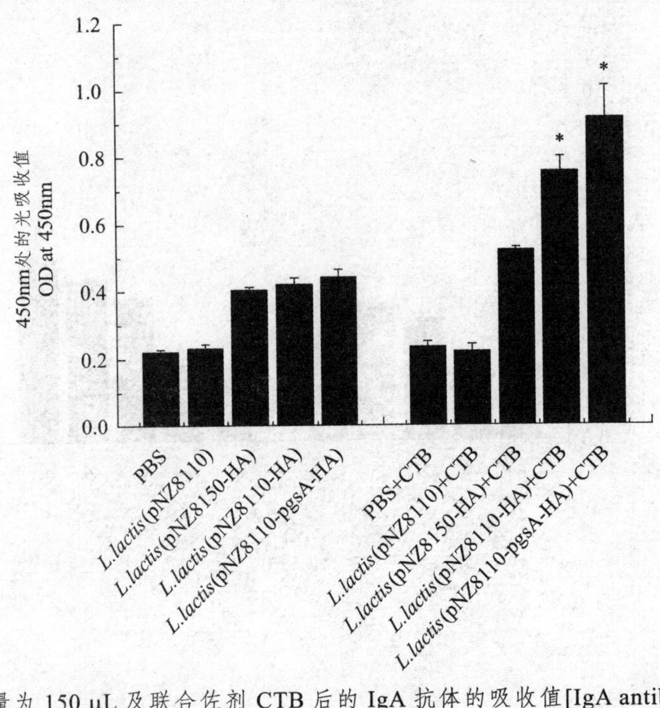

（c）免疫剂量为 150 μL 及联合佐剂 CTB 后的 IgA 抗体的吸收值[IgA antibody titer after immunization with 150 μL and combined with adjuvant CTB]

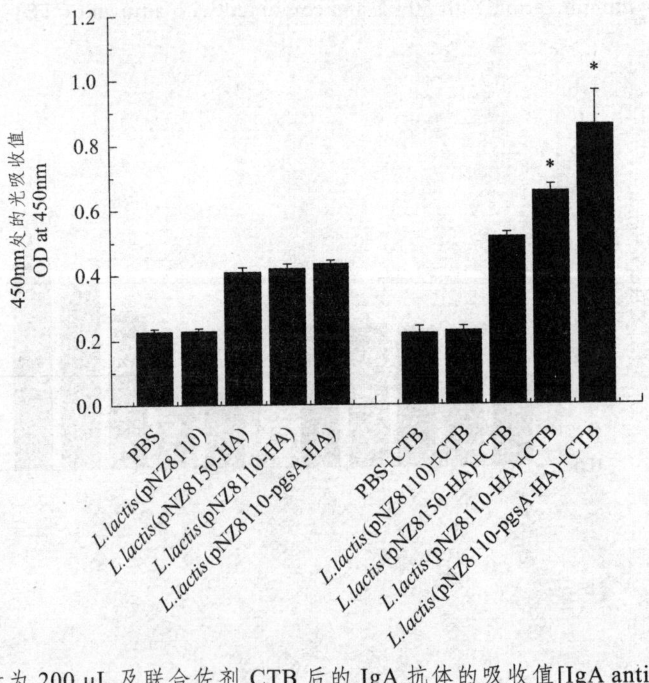

（d）免疫剂量为 200 μL 及联合佐剂 CTB 后的 IgA 抗体的吸收值[IgA antibody titer after immunization with 200 μL and combined with adjuvant CTB]

图 5-2 不同的免疫剂量诱发分泌型 IgA 抗体的检测

Figure 5-2 Detection of secretory IgA antibody induced by different immunization dose

图 5-2 中*表示相对于 PBS 组、*L. lactis*/pNZ8110 组、PBS + CTB 组和 *L. lactis*/pNZ8110 + CTB 组具有统计学意义（$p<0.05$）。每个免疫组 5 只小鼠。[* represents statistically significant differences relative to the PBS, *L. lactis*/ pNZ8110, PBS + CTB and *L. lactis*/pNZ8110 + CTB controls. n = 5 mice per group.]

通过 ELISA 检测经不同免疫剂量及联合黏膜免疫佐剂 CTB 后的血清 HA 特异性的 IgG 抗体和粪便 IgA 抗体水平，确定了重组乳酸乳球菌的最佳免疫剂量（次/）为 150 μL + 1 mg CTB，*L. lactis*/pNZ8110-pgsA-HA1 + CTB 实验组在所有分组中的免疫效果最好，*L. lactis* /pNZ8110-HA + CTB 实验组次之，*L. lactis*/pNZ8150-HA + CTB 组的免疫效果最差。鉴于此，在确定重组乳酸乳球菌的最佳免疫剂量后，在后续的 ELISpot 分析、HI 滴度测定及病毒攻击实验中重点评估免疫剂量为 150 μL 并联合黏膜免疫佐剂 CTB 使用后的三种不同表达类型的重组乳酸乳球菌的免疫效果。

5.1.3 IFN-γ 的检测

为了检测重组乳酸乳球菌联合黏膜佐剂 CTB 后的细胞免疫效果，通过 ELISpot 试剂盒检测鼠 IFN-γ 的分泌水平，小鼠的脾细胞经特异性多肽刺激后，结果用 HA 特异性 IFN-γ 斑点数/10^6 个脾细胞表示，如图 5-3 所示。PBS 组、*L. lactis*/pNZ8110 组、*L. lactis*/pNZ8150-HA 组、*L. lactis*/pNZ8110-HA 组、*L. lactis*/pNZ8110-pgsA-HA1 组的斑点数分别为 15 ± 5、22 ± 3、51 ± 11、73 ± 6、95 ± 12。当联合佐剂 CTB 免疫后，PBS + CTB 组、*L. lactis*/pNZ8110 + CTB 组、*L. lactis*/pNZ8150-HA + CTB 组、*L. lactis*/pNZ8110-HA + CTB 组、*L. lactis*/pNZ8110-pgsA-HA1 + CTB 组的斑点数分别为 15 ± 3、24 ± 4、78 ± 7、351 ± 34、519 ± 21。很明显地，小鼠经 *L. lactis*/pNZ8110-pgsA-HA1 + CTB 免疫后，能够诱导最高水平的细胞免疫应答。

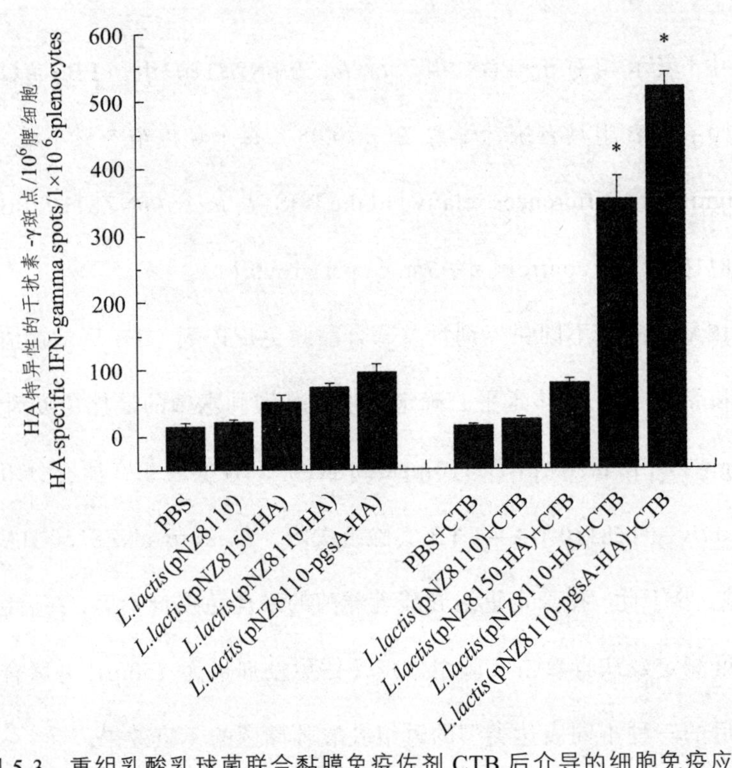

图 5-3 重组乳酸乳球菌联合黏膜免疫佐剂 CTB 后介导的细胞免疫应答

Figure 5-3 Cell-mediated immune responses induced by recombinant *L. lactis* combined with mucosal adjuvant CTB

图 5-3 中*表示与 PBS 组、*L. lactis*/pNZ8110、PBS + CTB 组、*L. lactis*/pNZ8110 + CTB 组相比，具有统计学意义。数据用平均值 ± 标准方差表示。[* represents statistically significant differences relative to the PBS，L1 and capsule-L1 controls. * represents statistically significant differences relative to the PBS, *L. lactis*/ pNZ8110, PBS + CTB and *L. lactis*/pNZ8110 + CTB controls. Data are represented as mean ± SD.]

5.1.4 血凝抑制分析

为了检测经最佳免疫剂量免疫小鼠后的血清血凝抑制（HI）效价，通过与 4 个血凝单位的 H5 亚型标准抗原（HAU）反应，观察红细胞的沉降状态来确定 HI 滴度，以完全抑制 4 个 HAU 抗原的血清最高稀释倍数作为 HI 滴度。各实验组测定的 HI 结果见表 5-1。*L. lactis* /pNZ8110-pgsA-HA1 + CTB 组与 *L. lactis* /pNZ8110-HA + CTB 组获得了最大的 HI 滴度 32（2^5），而对照组：PBS 组、*L. lactis* /pNZ8110 组、PBS + CTB 组及 *L. Lactis*/pNZ8110 + CTB 组的 HI 滴度均为 4。当 HI 滴度大于等于 32 时为阳性，大于等于 16 时为弱阳性，小于等于 4 时为阴性。因此 *L. lactis* /pNZ8110-pgsA-HA1 + CTB 组与 *L. lactis* /pNZ8110-HA + CTB 组的小鼠血清 HI 检测为阳性。

表 5-1 免疫剂量 150 μL 并联合黏膜免疫佐剂 CTB 使用后的小鼠血清 HI 滴度

Table 5-1 Serum HI titer after immunization with dose 150 μL and combined with mucosal adjuvant CTB

实验分组	HI 滴度
PBS 组	4
L. lactis/pNZ8110 组	4
L. lactis/pNZ8150-HA 组	8
L. lactis/pNZ8110-HA 组	16
L. lactis/pNZ8110-pgsA-HA1）组	16
PBS + CTB 组	4
L. lactis/pNZ8110 + CTB 组	4
L. lactis/pNZ8150-HA + CTB 组	16
L. lactis/pNZ8110-HA + CTB 组	32
L. lactis/pNZ8110-pgsA-HA1 + CTB 组	32

5.1.5 H5N1 病毒攻击分析

最后，通过 H5N1 病毒的致死性攻击，可以直观而有效地检测各免疫组的免疫保护效果。每个免疫组 5 只小鼠经过腹腔注射麻醉药后，用 20 μL $5 \times LD_{50}$ 进行滴鼻攻击，观察 0 ~ 14 天，计算各组小鼠的存活率，结果如图 5-4 所示。PBS 组、*L. lactis*/pNZ8110 组、PBS + CTB 组及 *L. lactis*/pNZ8110 + CTB 组的小鼠在攻毒后 8 天内全部死亡，而 *L. lactis*/pNZ8150-HA 组、*L. lactis*/pNZ8110-HA 组、*L. lactis*/pNZ8110-pgsA-HA1 组的最终存活率分别为 10%、20%、40%。当联合佐剂 CTB 后，*L. lactis*/pNZ8150-HA + CTB 组、*L. lactis*/pNZ8110-HA + CTB 组、*L. lactis*/pNZ8110-pgsA-HA1 + CTB 组的最终存活率分别为 40%、80%、100%。这些结果表明当小鼠用 *L. lactis*/pNZ8110-HA + CTB 或 *L. lactis*/pNZ8110-pgsA-HA1 + CTB 免疫后能够抵抗 H5N1 病毒的致死性攻击，其中，*L. lactis*/pNZ8110-pgsA-HA1 + CTB 的免疫效果最好。

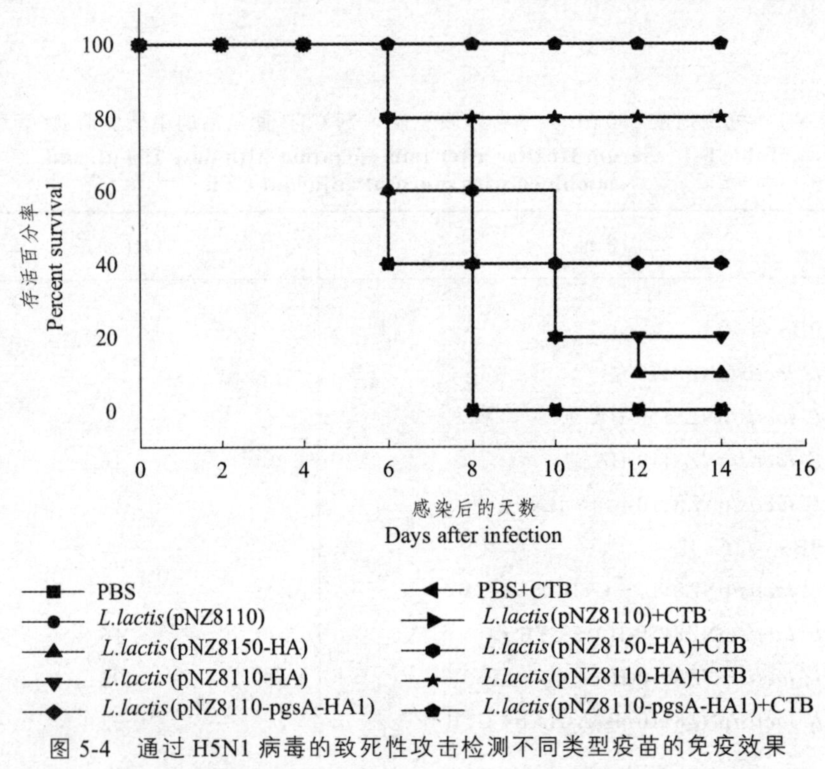

图 5-4 通过 H5N1 病毒的致死性攻击检测不同类型疫苗的免疫效果

Figure 5-4 Immune protection detected by H5N1 virus lethal challenges after oral deliveries of different vaccine preparations

图 5-4 中小鼠在最后一次免疫后的第 10 天用 H5N1 病毒进行滴鼻攻击。在攻毒后的 0 ~ 14 天计算小鼠的存活百分数。5 只小鼠/组。[Mice were infected intranasally with H5N1 virus 10 days after the last immunization. Percent survival of mice observed within 0-14 days after infection. n = 5 mice per group.]

黏膜输送比系统给药（针注）更具优势[242]，而且黏膜输送的蛋白除了能够诱导机体产生黏膜免疫应答之外，还可以诱导系统免疫（体液免疫和细胞免疫）[52, 98, 243]。重组乳酸乳球菌作为活疫苗输送载体，可以表达病毒抗原基因和细菌抗原基因，并将功能蛋白输送至黏膜表面，诱发保护性的免疫应答[17, 30, 244]。随着质粒表达系统的完善，乳酸乳球菌在免疫学方面的应用更加深入。由于乳酸乳球菌不在胃肠道内定植，所以不会长期表达某一抗原蛋白，这种瞬时的表达方式有利于刺激机体做出对应的免疫应答，并且容易引起免疫耐受[245-247]。

表达的外源抗原最终可以定位在细胞质区域（非分泌型）、细胞外（分泌型）和细胞壁表面展示（锚定型），选择不同的定位也会影响抗原的免疫原性。Le Page 等构建了重组乳酸乳球菌在细胞质区域表达 TTFC 和细胞壁表面展示 TTFC 两种表达模式，并对这两种表达模式的免疫效果进行了比较，结果是抗原定位表达在细胞壁上比表达在细胞质内更具免疫原性[93]。另外一个研究是用重组乳酸乳球菌表达人乳头瘤病毒

（HPV）16 的 E7 抗原，分别将 E7 抗原表达在细胞质内、以分泌形式表达在细胞外以及表达在细胞表面，滴鼻免疫小鼠后通过检测细胞免疫应答来评价抗原的免疫原性[94]，结果小鼠用细胞壁锚定的 E7 抗原免疫后产生了更高的细胞免疫应答水平，表达在细胞内的 E7 抗原免疫后的抗体应答水平次之，而分泌型 E7 抗原免疫小鼠后获得了最低的细胞免疫应答水平。Xin K.Q. 等利用乳酸乳球菌表面展示系统，将 HIV Env 蛋白成功地展示在乳酸乳球菌表面，并以 HIV Env 蛋白表达在胞内作为对照，小鼠经这两种载体口服免疫后，表面展示型重组乳酸乳球菌诱导产生了高水平的 HIV 特异性的血清 IgG 抗体与粪便 IgA 抗体，并能诱发高水平的细胞免疫应答，最终能抵抗表达 HIV Env 蛋白的牛痘病毒的攻击，而表达在乳酸乳球菌胞内 HIV Env 蛋白并没有诱导产生有意义的免疫应答[52]。这可能与抗原在细胞的不同定位从而导致产生抗原数量不同有关。但是，共同之处是表面展示型重组乳酸乳球菌在输送抗原蛋白时诱导的免疫效果是最好的。我们获得的实验数据也验证了这一论断。这也充分说明乳酸乳球菌作为黏膜输送载体是安全和有效的。

尽管其他活疫苗载体（如减毒的沙门氏菌、大肠杆菌、利斯特氏菌、杆状病毒以及牛痘病毒等）都可以达到黏膜输送的目的，但是它们的安全性却受到质疑。相比之下，乳酸乳球菌的优势较为明显，所以完善乳酸乳球菌质粒表达系统对于开发更多、更有效的疫苗是必需的，而 NICE 系统的成功开发为乳酸乳球菌作为黏膜输送载体的研究提供了坚实的基础。

我们使用的锚定蛋白 PgsA 来源于食品级的枯草芽孢杆菌，已经被证实具有较好的展示功能[60，238]。我们之所以构建三种不同表达类型的重组乳酸乳球菌，目的是比较它们在作为黏膜输送载体时表现的免疫效果的差异，从而开发出更好的黏膜疫苗。

鉴于口服免疫需要的剂量较高[17]，我们在给药时间与给药次数一定的条件下，摸索了四个不同剂量对免疫效果的影响。实验证明，当每次的免疫剂量为 150 μL 重组乳酸乳球菌并联合 1 mg 佐剂 CTB 免疫时，检测到血清 IgG 抗体和粪便 IgA 抗体效价最高，所以较佳的免疫策略是：免疫时间为 1 ~ 3 天、14 ~ 16 天、28 ~ 30 天，1 次/天，共免疫 9 次，每次免疫的剂量组合为 150 μL 重组乳酸乳球菌 + 1 mg CTB。值得注意的是，每次给小鼠灌胃免疫之前，需要禁食 6 h。在得到最优免疫剂量组合后，不同表达类型的重组乳酸乳球菌表现出不同的免疫效果，其中 *L. lactis*/pNZ8110-pgsA-HA1 + CTB 的免疫效果最好、*L. lactis*/pNZ8110- HA + CTB 其次，而 *L. lactis*/pNZ81150-HA + CTB 的免疫效果最差，如图 5-1（c）和图 5-2（c）所示。

CTB 作为黏膜佐剂，能够提高抗原的提呈效率，提高抗原的免疫效率。Prabakaran 等通过杆状病毒表面展示 H5N1 的 HA 蛋白，并用霍乱毒素的 B 亚单位作为佐剂，经滴鼻途径免疫小鼠，诱发了有效的黏膜免疫和体液免疫，经同源 H5N1 病毒攻击后，小鼠获得了 100%的保护[224]。已经证实通过肌内注射或皮下注射的途径接种流感疫苗，不能在黏膜表面产生保护性的免疫应答[225]。除了 CTB 外，LTB、微球、纳米粒子、脂质体和免疫刺激复合等都可以作为佐剂使用[227, 248]。但是最有效的黏膜佐剂还是CTB与LTB[226, 227]。

我们在获得最优免疫剂量组合后，通过口服灌胃途径免疫小鼠，不同表达类型的重组乳酸乳球菌诱导的细胞免疫应答水平的不同。实验证明，*L. lactis*/pNZ8110-pgsA-HA1 + CTB 诱导的细胞免疫应答水平最高。因此，*L. lactis*/pNZ8110-pgsA-HA1 + CTB 不仅能诱导有意义的体液免疫应答和黏膜免疫应答，而且也能诱导高水平的细胞免疫应答，这为保护小鼠免受 H5N1 病毒的攻击奠定了基础。

进一步地，通过血凝抑制实验，测定免疫小鼠的血清与标准抗原反应效价，进而确定免疫血清的 HI 滴度，*L. lactis*/pNZ8110-pgsA-HA1 + CTB 组和 *L. lactis*、pNZ8110-HA + CTB 组的 HI 滴度均为 32（见表 5-1）。由于用于 HI 实验的标准抗原与我们后续攻毒使用的 H5N1 病毒不是一个亚型，所以从这层意义上说，*L. lactis*/pNZ8110-pgsA-HA1 + CTB 或 *L. lactis*/pNZ8110-HA + CTB 具有部分交叉保护的功能。需要指出的是，血清必须经过受体破坏酶（霍乱滤液）的处理，目的是去除非特异性血凝抑制素。因为人和动物血清中存在非特异性血凝抑制素，它们是游离在血清中类似病毒受体的唾液酸残基，能与病毒血凝素分子上的受体结合，会竞争抑制病毒与红细胞的结合，因而造成假阳性。因此，HI 试验必须用受体破坏酶处理血清。另外，4 个血凝单位须每次用前新鲜配制。

H5N1 病毒对最优剂量组合的小鼠进行致死性的攻击，攻毒用的 H5N1 病毒是 BALB/c 小鼠适应的同型毒株[A/Chicken/Henan/12/2004（H5N1）]。结果表明，*L. lactis*/pNZ8110-HA + CTB、*L. lactis*/pNZ8110-pgsA-HA1 + CTB 能提供 80%的免疫保护，而 *L. lactis*/pNZ8110-pgsA-HA1 + CTB 能提供 100%的免疫保护。这足以说明，我们开发出来这三种不同表达类型的重组乳酸乳球菌疫苗在联合 CTB 后，表面展示型的重组乳酸乳球菌的免疫效果最好，分泌型其次，非分泌型重组乳酸乳球菌最差。

5.2 考察 *L. lactis*/pNZ8110-pgsA-HA1 在雪貂动物模型中的免疫原性

利用前期构建的 *L. lactis*-pgsA-HA1（Lei et al. Clin. Vaccine Immunol. 2011 18（7), 1046-1051）通过滴鼻方式免疫 4 ~ 6 月大的雪貂（ferret），免疫时间为第 1 ~ 3 天、第 14 ~ 16 天和第 28 ~ 30 天，免疫剂量为 2×10^{12} CFU。相同剂量的 PBS 和 *L. lactis*-pgsA 作为对照。在第 44 天，收集血清用于检测 HA1 特异性 IgG 效价和血凝抑制效价，收集鼻洗液用于检测分泌型 IgA 效价。最后，通过 1 mL 10^6 EID_{50} 同型 A/chicken/Henan/12/2004（H5N1）进行病毒攻击实验。

以 SPF 级雪貂作为动物模型，经滴鼻免疫 *L. lactis*-pgsA-HA1 后产生的 HA1 特异性的血清 IgG 效价为 9.8 ± 0.84，如图 5-5（a）所示，分泌型 IgA 的效价为 9.2 ± 0.84，而对照组均为本底水平（$<2^3$），如图 5-5（b）所示。

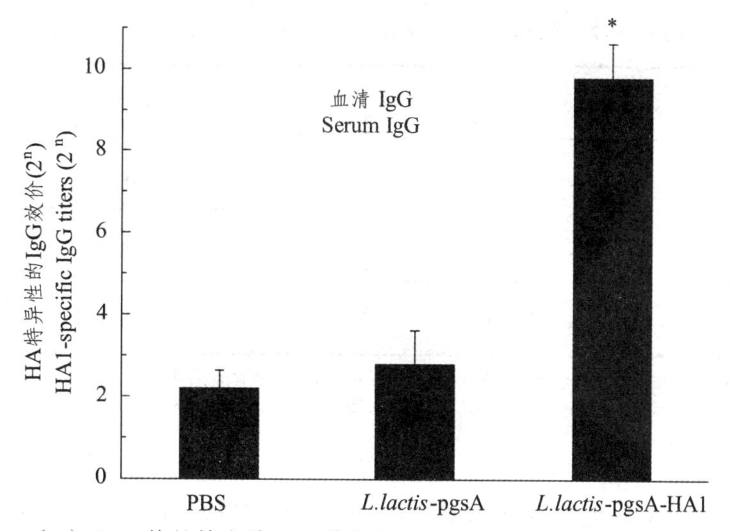

（a）HA1 特异性血清 IgG 效价[HA1-specific serum IgG titer]

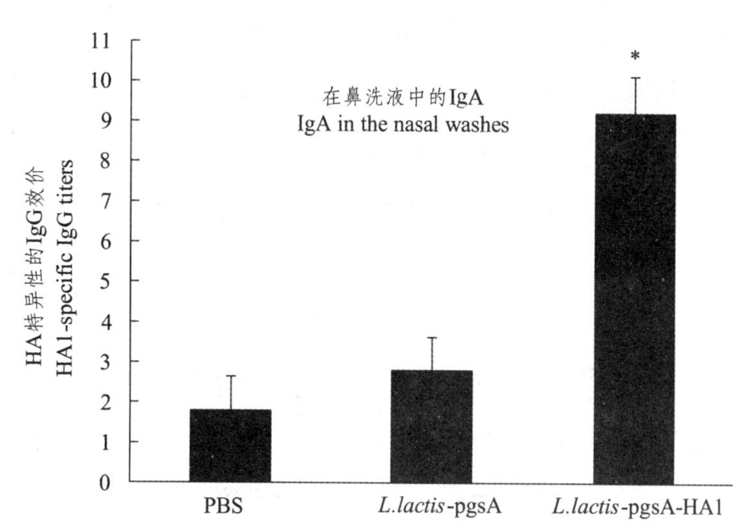

（b）鼻洗液的分泌型 IgA 抗体。数据用平均值± 标准方差（SD）表示[Secretion IgA antibody in the nasal washes. Data are presented as mean ± SD]

图 5-5 雪貂经滴鼻免疫 *L. lactis*-pgsA-HA1 后诱发的体液免疫应答和黏膜免疫应答

Figure 5-5 Humoral and mucosal immune responses elicited by intranasal immunization of *L. lactis*-pgsA-HA1 in ferrets

图 5-5 中* $p<0.05$ 表示与 PBS 和 *L. lactis*-pgsA 相比较，具有统计学意义。[* $p<0.05$ indicates statistical difference compared with PBS and *L. lactis*-pgsA groups.]

血凝抑制效价 40 被认为是研发人用流感疫苗的一个最小的阈值。*L. lactis*-pgsA-HA1 组的血凝抑制效价为 40.32，见表 5-2，这表明 *L. lactis*-pgsA-HA1 具有很强的临床应用潜能。

表 5-2　雪貂中的血凝抑制效价

Table 5-2　Hemagglutinination inhibition（HI）in ferrets.

Groups	HI titers
PBS	6.35
L. lactis-pgsA	5.04
L. lactis-pgsA-HA1	40.32*

注：数据表示为几何平均数。*表示与 PBS 和 *L. lactis*-pgsA 相比，具有统计学意义（$p<0.05$）。

Data are shown as geometric means. * Statistically significant（$p<0.05$）compared with PBS and *L. lactis*-pgsA groups（n = 6 per group）.

为了检测 *L. lactis*-pgsA-HA1 是否具有免疫保护功能，我们通过同型 H5N1 病毒攻击实验，分析 *L. lactis*-pgsA-HA1 对雪貂的免疫保护作用。在攻毒后的第 6～8 天，对照组（PBS 和 *L. lactis*-pgsA）体重丢失超过 25%[见图 5-6（a）]，体温骤升[见图 5-6（b）]且全部死亡[见图 5-6（c）]。然而，实验组 *L. lactis*-pgsA-HA1 的体重丢失在攻毒后的第 4 天约为 6%，之后慢慢恢复正常[见图 5-6（a）]，体温在 ± 0.2 °C 轻微波动[见图 5-6（b）]，存活率为 100%[见图 5-6（c）]。

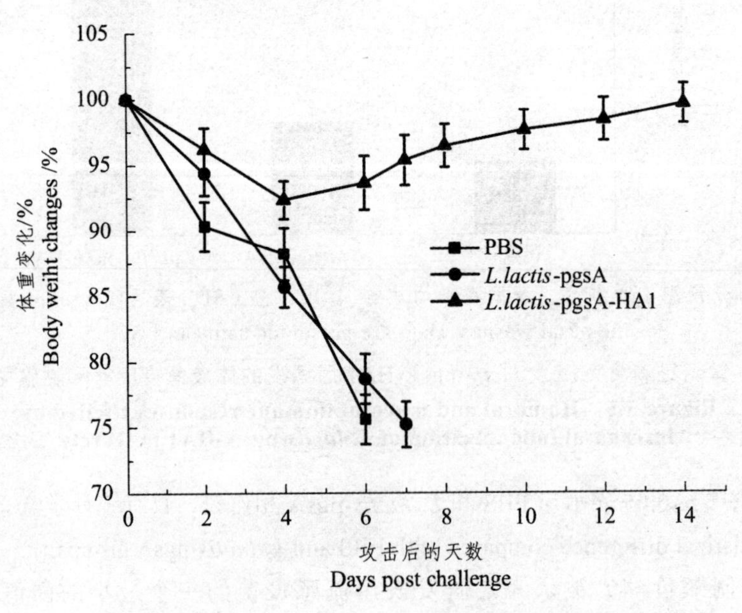

（a）体重变化（%）[Body weight changes（%）]

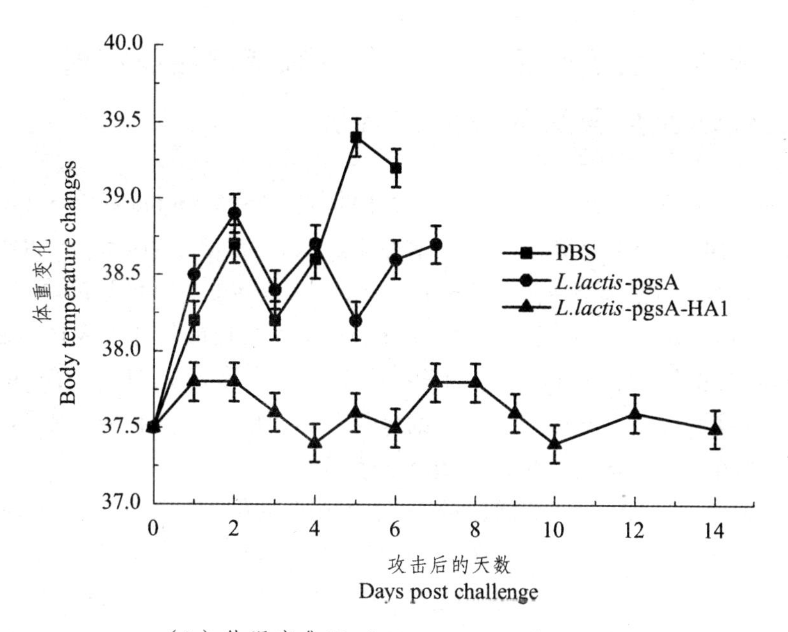

（b）体温变化[Body temperature changes]

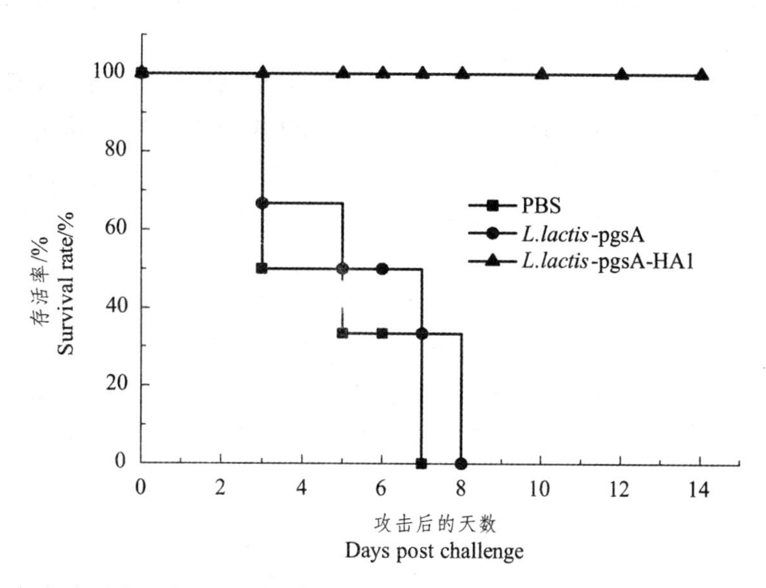

（c）存活率。每组 6 只雪貂。[Survival rate.（n = 6 ferrets / group）]

图 5-6　*L. lactis*-pgsA-HA1 对抗 H5N1 攻击后的免疫保护效率

Figure 5-6　Protective efficacy of *L. lactis*-pgsA-HA1 against H5N1 challenge

目前公认雪貂是检测流感疫苗能否进入临床试验的最理想的动物模型。该实验的成功实施为进一步考察其他类型的重组乳酸乳球菌的免疫原性以及临床应用奠定了十分可靠的科学基础。

5.3 重组乳酸乳球菌表面展示禽流感神经氨酸酶（NA）蛋白及其交叉免疫活性分析

表面展示型 *L. lactis*/pNZ8110-pgsA-NA 的构建：将 A/Vietnam/1203/2004（H5N1）的 NA gene（1459 bp）克隆至表面展示型表达质粒 pNZ8110-pgsA，再将重组质粒 pNZ8110-pgsA-NA 电转至感受态 *L. lactis* NZ9000，筛选出阳性克隆 *L. lactis*/pNZ8110-pgsA-NA。通过 Western blot 检测 NA 蛋白的特异性表达。通过特异性一抗（鼠抗-NA 抗体）和 FITC 标记的羊抗鼠 IgG 对 *L. lactis*/pNZ8110-pgsA-NA 进行直接标记，最终通过荧光显微镜和流式细胞仪对标记后的 *L. lactis*/pNZ8110-pgsA-NA 进行分析。以 *L. lactis*/pNZ8110-pgsA 作为对照。

口服免疫实验：SPF 级 6 周龄的 BALB/c 小鼠作为动物模型，生理盐水和 *L. lactis*/pNZ8110-pgsA 作为对照，*L. lactis*/pNZ8110-pgsA-NA 作为实验组。初次免疫安排在第 0、1、2、3 天，加强免疫安排在第 20、21、22、23 天。免疫剂量为 10^{12} CFU。血样、小肠洗液和上呼吸道洗液采集安排在初次免疫后的第 17 天和第 37 天，通过 ELISA 对 NA 特异性血清 IgG 进行免疫学分析。通过 NA 抑制分析检测 NA 特异性抗体效价。

病毒攻击实验：在最后一次免疫后的第 14 天，对免疫后的小鼠进行病毒攻击实验。攻毒剂量为：20 μL 的 10^4 EID_{50} A/Vietnam/1203/2004（H5N1），A/Hong Kong/1/1968（H3N2）或 A/California/04/2009（H1N1），在攻毒的第 5 天检测肺部病毒滴度。在攻毒后的 14 天内，记录体重变化和存活率。

NA 基因的表面展示模式如图 5-7（a）所示。通过 Western blot 分析，*L. lactis*/pNZ8110-pgsA-NA 可以特异性地表达 NA 蛋白，如图 5-7（b）所示。通过免疫荧光分析[见图 5-7（c）]和流式细胞仪分析[见图 5-7（d）]，可以明确 NA 蛋白可以展示在 *L. lactis* 表面，而且 NA 蛋白的阳性展示效率为 60.3%，如图 5-7（d）右图所示。因此，通过表面展示质粒 pNZ8110-pgsA 可以有效地将目标蛋白展示在 *L. lactis* 表面。

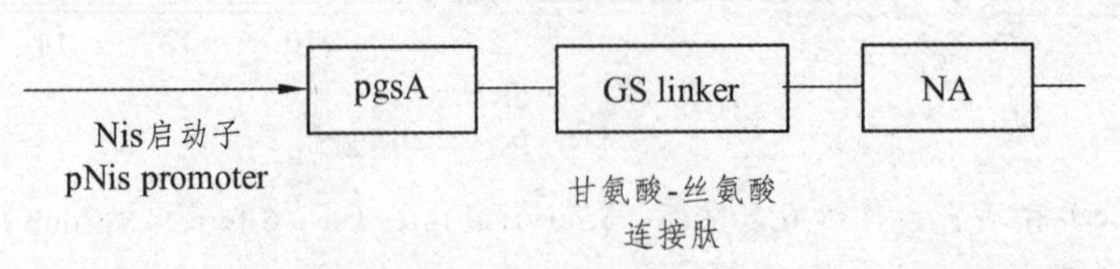

（a）*L. lactis*/pNZ8110-pgsA-NA 的模式图[Schematic diagram of *L. lactis*/pNZ8110-pgsA-NA. A GS linker inserted between pgsA and NA to stabilize the NA protein expression]

Lane 1：*L. lactis*/pNZ8110-pgsA；Lane 2：*L. lactis*/pNZ8110-pgsA-NA.

（b）Western blot 分析[Western blot analysis]

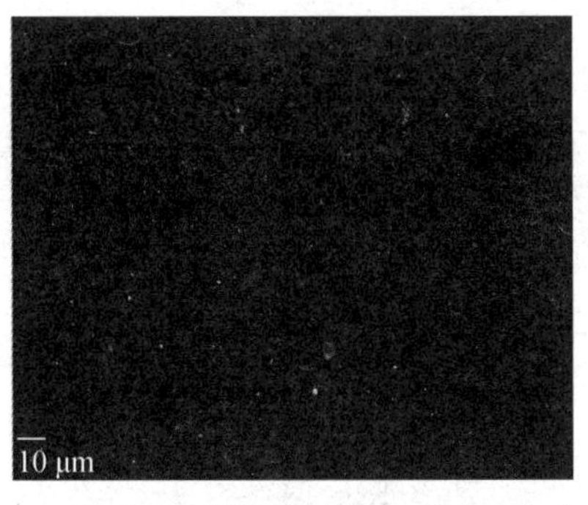

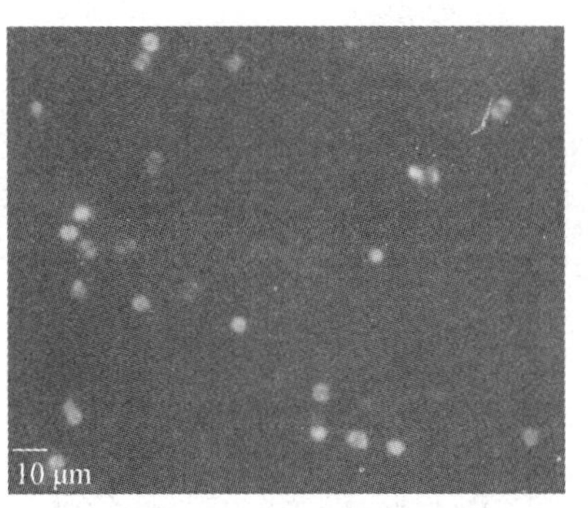

L. lactis/pNZ8110-pgsA　　*L. lactis*/pNZ8110-pgsA-NA（放大倍数：1 000×）

（c）免疫荧光分析[Immunofluorescence microscopy assay of NA protein]

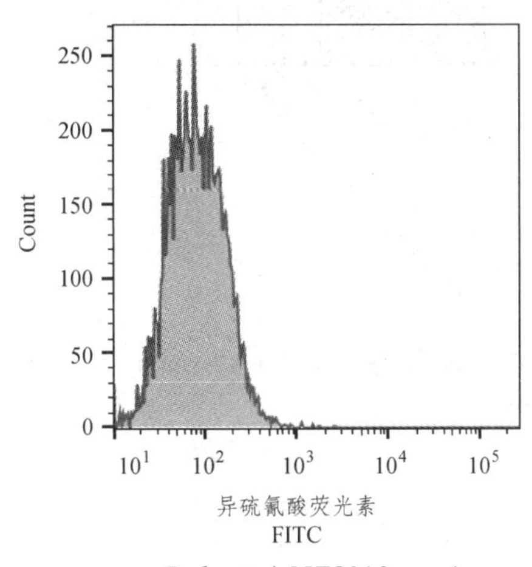

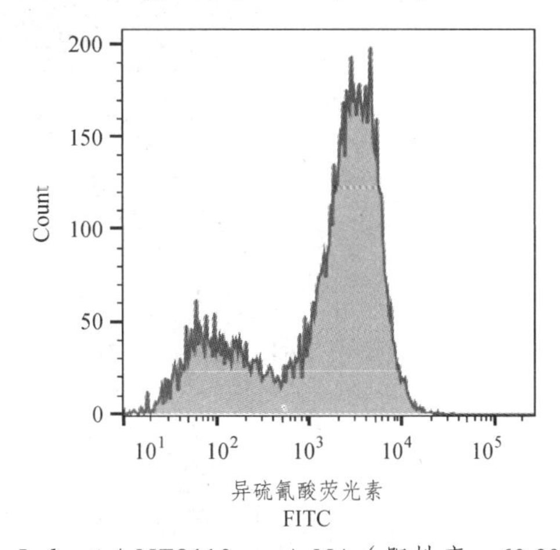

L. lactis/pNZ8110-pgsA　　*L. lactis*/pNZ8110-pgsA-NA（阳性率：60.3%）

（d）流式细胞仪分析[Flow cytometric analysis of NA display on]

图 5-7　NA 蛋白展示在乳酸乳球菌表面

Figure 5-7　Expression of NA protein displayed on *L. lactis* surface

通过 ELISA 检测免疫后小鼠的体液免疫应答水平和黏膜免疫应答水平，ELISA 结果表明，在初次免疫后，小鼠的体液免疫应答水平和黏膜免疫应答水平比较低，血清 IgG 效价和分泌型 IgA 效价基本都在 2^4 以下，如图 5-8（a）、（b）、（c）所示，而在加强免疫后，*L. lactis*/pNZ8110-pgsA-NA 组的血清 IgG 的效价上升至 2^9，分泌型 IgA 效价升高至 2^7，而对照组（生理盐水和 *L. lactis*/pNZ8110-pgsA）仍然是本底水平，如图 5-8（a）、（b）、（c）所示。

NA 抑制分析结果显示，初次免疫后，在对照组和实验组的动物中并没有检测到有意义的 NI 效价，然而，经过加强免疫后，实验组 *L. lactis*/pNZ8110-pgsA-NA 的 NI 效价达到了 2^6，而对照组（生理盐水和 *L. lactis*/pNZ8110-pgsA）仍然在本底水平，如图 5-8（d）所示。NI 效价的结果走势与 ELISA 分析的一致。

通过上述实验说明，重组 *L. lactis*/pNZ8110-pgsA-NA 需要经过初次免疫和加强免疫后（Prime-Boost），才能诱发机体产生有意义的 NA 特异性抗体。

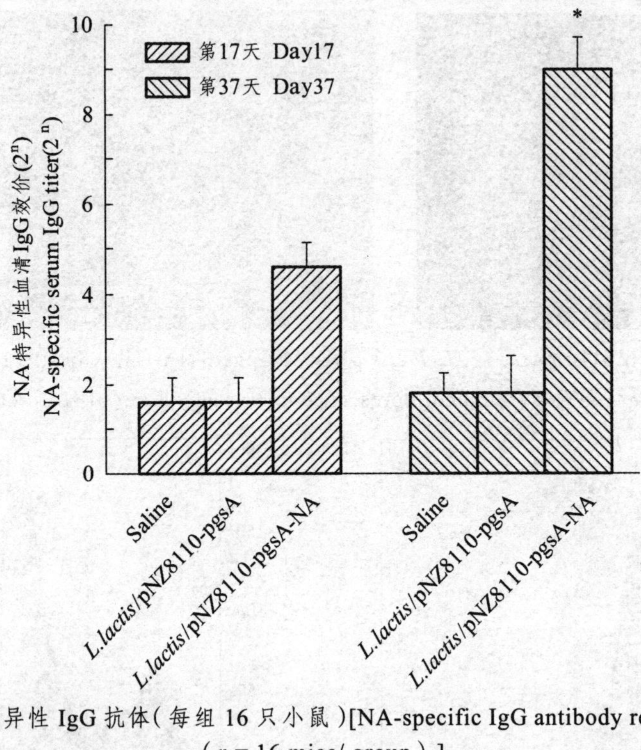

（a）血清中 NA 特异性 IgG 抗体（每组 16 只小鼠）[NA-specific IgG antibody responses in the sera（n = 16 mice/ group）]

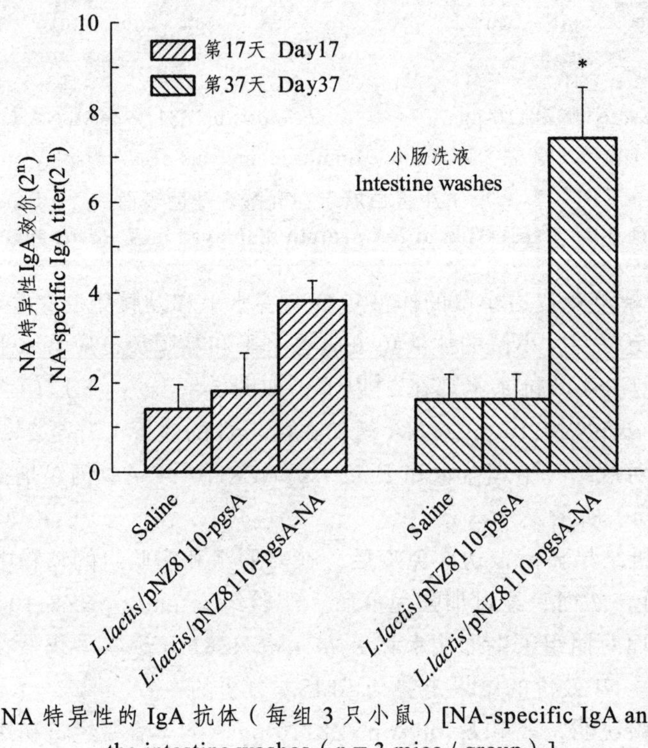

（b）小肠洗液中 NA 特异性的 IgA 抗体（每组 3 只小鼠）[NA-specific IgA antibody responses in the intestine washes（n = 3 mice / group）]

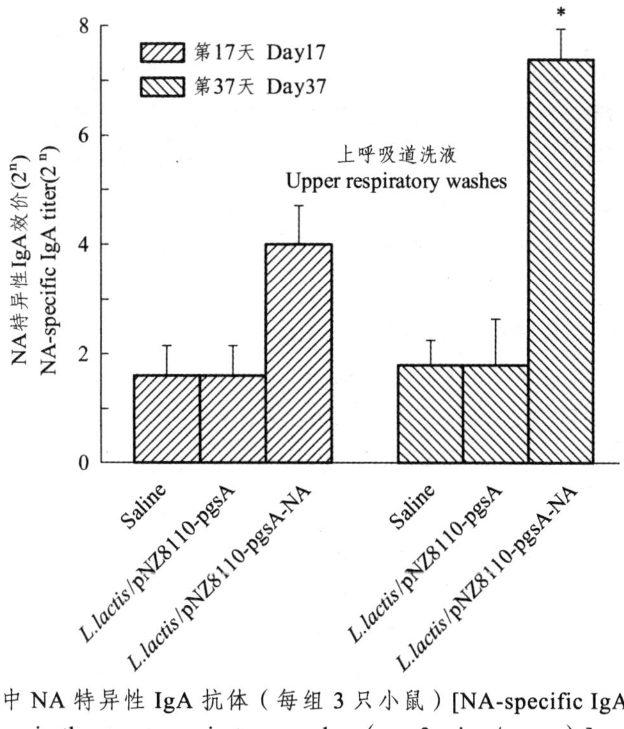

（c）上呼吸道洗液中 NA 特异性 IgA 抗体（每组 3 只小鼠）[NA-specific IgA antibody responses in the upper respiratory washes（n = 3 mice /group）]

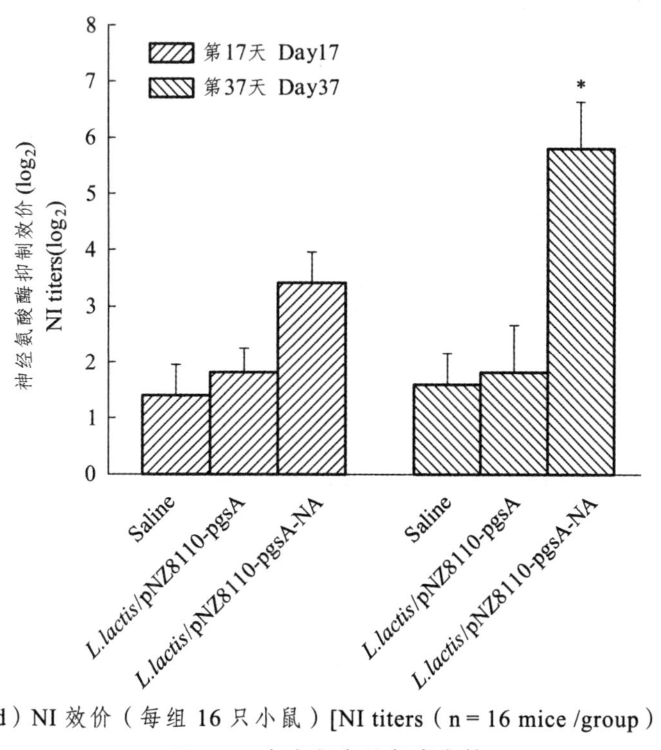

（d）NI 效价（每组 16 只小鼠）[NI titers（n = 16 mice /group）]

图 5-8　在小鼠中的免疫应答

Figure 5-8　Immune responses in mice

图 5-8 中在初次免疫后的第 17 天和第 37 天，小鼠口服免疫生理盐水、*L. lactis*/pNZ8110- pgsA 或 *L. lactis*/pNZ8110-pgsA-NA 后，收集血清、小肠和上呼吸道洗液。数值小于 2^4 被认为是没有意义的。数据用平均值 ± 标准方差（mean ± SD）表示。*表示与对照组生理盐水和 *L. lactis*/pNZ8110-pgsA 相比，具有统计学意义（$p<0.05$）。[Sera，intestine and upper respiratory washes were collected from mice vaccinated orally with saline，*L. lactis*/pNZ8110-pgsA or *L. lactis*/pNZ8110-pgsA-NA at day 17 and day 37 after the first immunization. The value less than 2^4 is considered no significance. Data are represented as mean ± SD. Asterisk indicates significant difference，as compared to saline and *L. lactis*/pNZ8110-pgsA controls（$p<0.05$）.]

最后，为了检测重组 *L. lactis*/pNZ8110-pgsA-NA 的交叉保护性，在初次免疫后的第 37 天，用不同亚型 A 型流感病毒进行攻击实验。小鼠用 CO_2 进行轻度麻醉后，分别用 20 μL 的 A/Vietnam/1203/2004（H5N1）、A/HongKong/1/1968（H3N2）或 A/California/04/2009（H1N1）对免疫后的小鼠进行滴鼻。攻毒后的 14 天内，每天监测小鼠的身体状况、体重变化和存活情况。在攻毒后的第 5 天，分离小鼠的肺，进行病毒滴度测定。病毒攻击的结果显示，对照组（生理盐水组和 *L. lactis*/pNZ8110-pgsA）的小鼠在攻毒后的第 3 天，肺部病毒滴度高[见图 5-9（d）、（e）、（f）]，在攻毒后的第 6 ~ 7 天，体重丢失达 25%[见图 5-9（a）、（b）、（c）]，且全部死亡[见图 5-9（g）、（h）、（i）]。然而，*L. lactis*/pNZ8110-pgsA-NA 组小鼠在病毒攻击后的体重变化不大[见图 5-9（a）、（b）、（c）]，肺部病毒滴度较低[见图 5-9（d）、（e）、（f）]，且存活率分别为 80%、60%和 60%[见图 5-9（g）、（h）、（i）]。尽管实验组小鼠的存活率没有达到 100%，但是一般而言，存活率在≥60%，说明该通用疫苗是有效的，这也为开发以 NA 为基础的禽流感通用疫苗提供了新的研究思路。

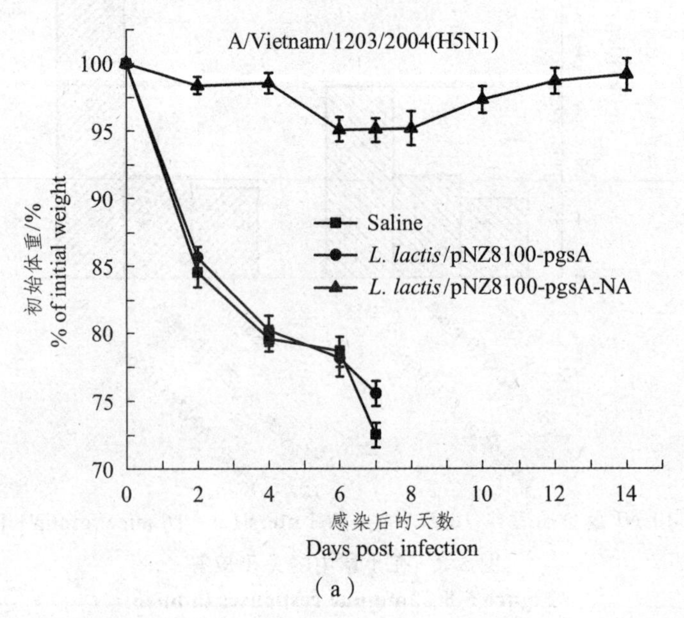

（a）

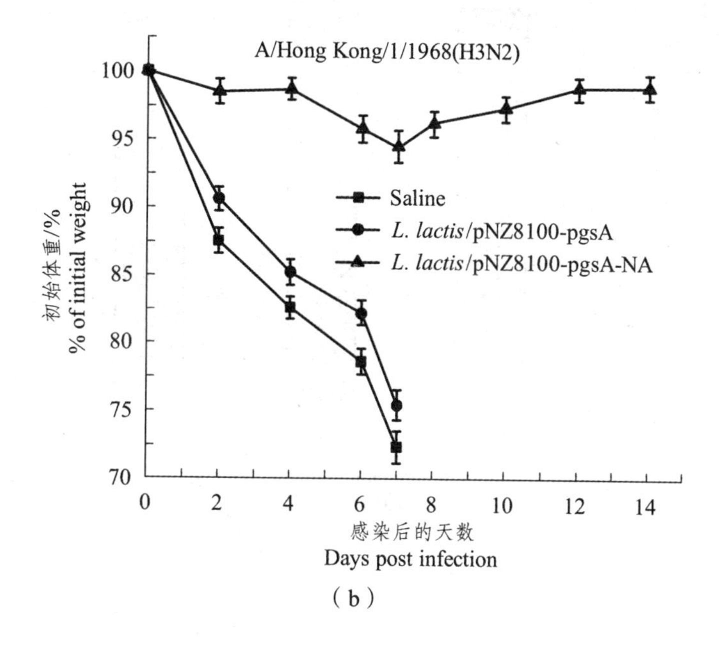
A/Hong Kong/1/1968(H3N2)
100
95
90
85
80
75
70
初始体重/%
% of initial weight
Saline
L. lactis/pNZ8100-pgsA
L. lactis/pNZ8100-pgsA-NA
0
2
4
6
8
10
12
14
感染后的天数
Days post infection

（b）

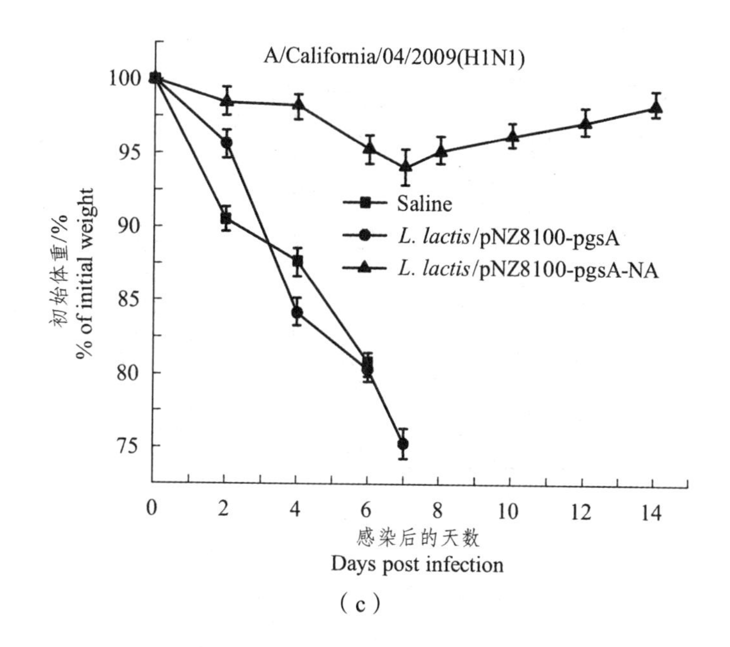
A/California/04/2009(H1N1)
100
95
90
85
80
75
初始体重/%
% of initial weight
Saline
L. lactis/pNZ8100-pgsA
L. lactis/pNZ8100-pgsA-NA
0
2
4
6
8
10
12
14
感染后的天数
Days post infection

（c）

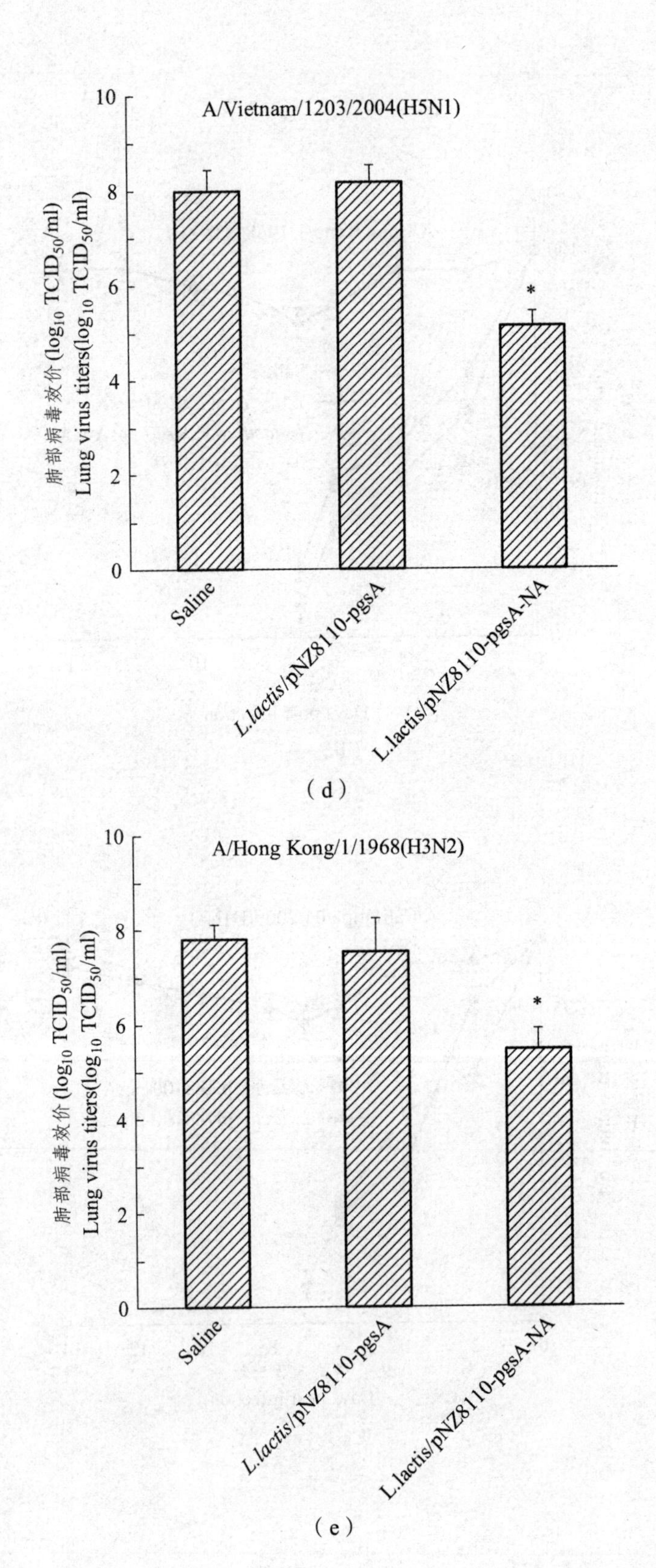
A/Vietnam/1203/2004(H5N1)
肺部病毒效价 (log10 TCID50/ml)
Lung virus titers(log10 TCID50/ml)
10
8
6
4
2
0
*
Saline
L.lactis/pNZ8110-pgsA
L.lactis/pNZ8110-pgsA-NA

（d）

A/Hong Kong/1/1968(H3N2)
肺部病毒效价 (log10 TCID50/ml)
Lung virus titers(log10 TCID50/ml)
10
8
6
4
2
0
*
Saline
L.lactis/pNZ8110-pgsA
L.lactis/pNZ8110-pgsA-NA

（e）

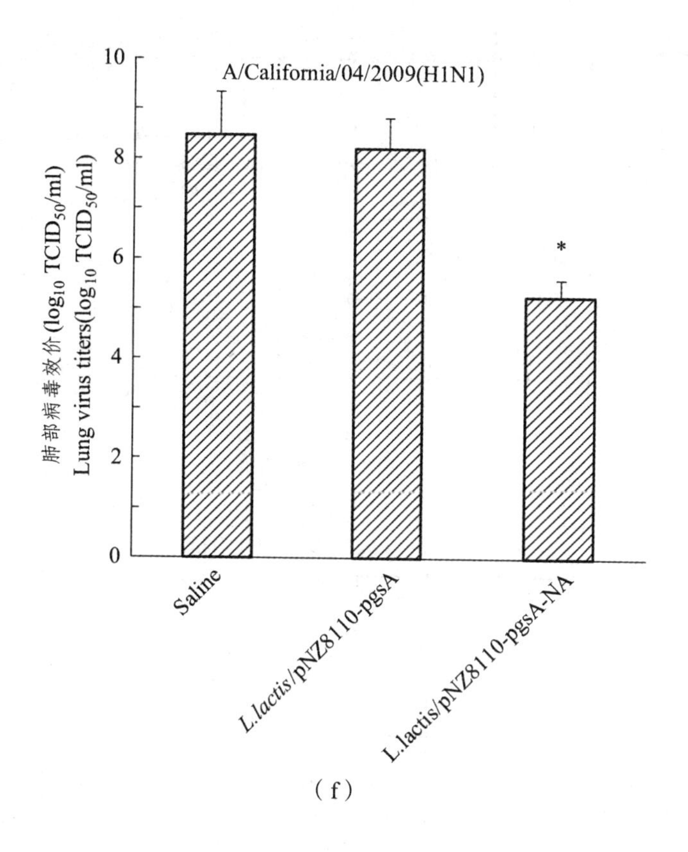
A/California/04/2009(H1N1)
肺部病毒效价 (log10 TCID50/ml)
Lung virus titers(log10 TCID50/ml)
10
8
6
4
2
0
*
Saline
L.lactis/pNZ8110-pgsA
L.lactis/pNZ8110-pgsA-NA

（f）

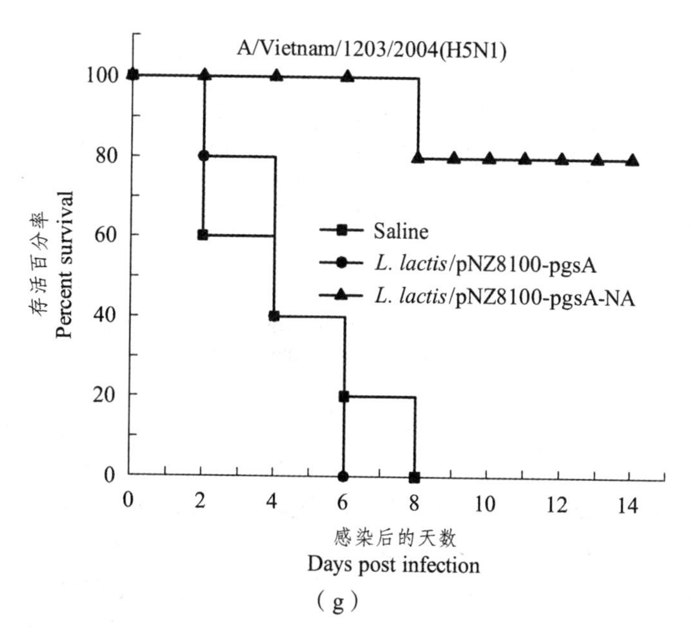
A/Vietnam/1203/2004(H5N1)
存活百分率
Percent survival
100
80
60
40
20
0
Saline
L. lactis/pNZ8100-pgsA
L. lactis/pNZ8100-pgsA-NA
0
2
4
6
8
10
12
14
感染后的天数
Days post infection

（g）

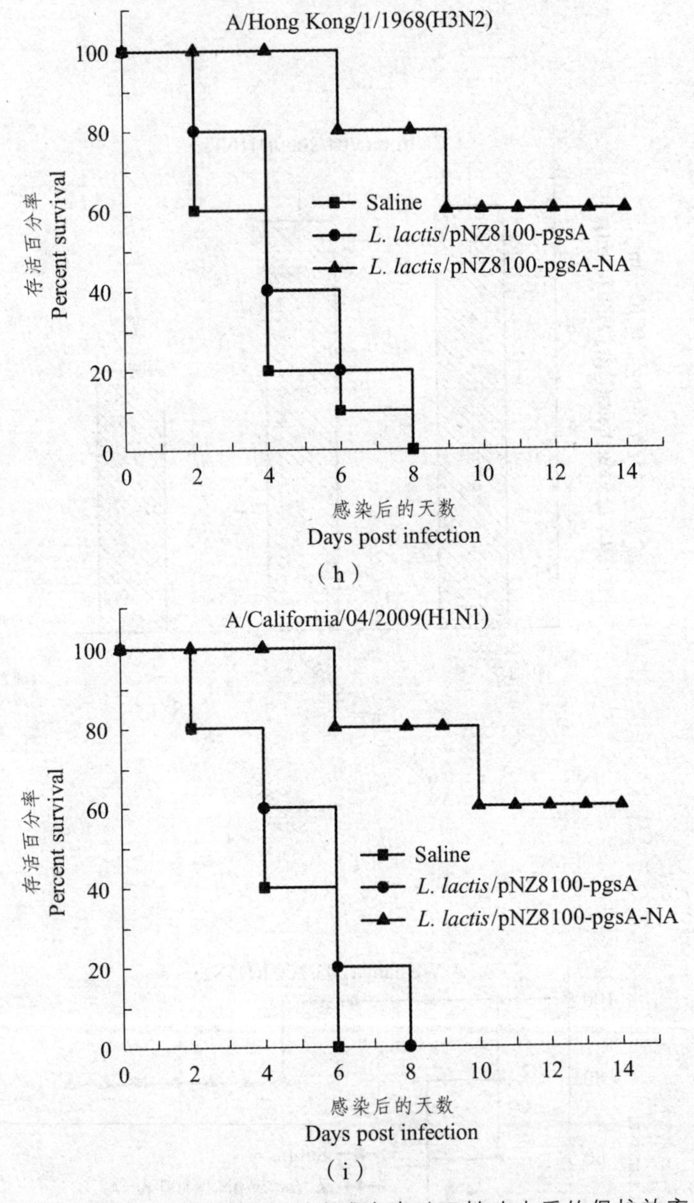

图 5-9　小鼠对抗不同 A 型流感病毒致死性攻击后的保护效率

Figure 5-9　Protection efficacy against lethal challenge with different influenza A viruses in mice

如图 5-9 所示，结果表示为体重变化百分数（a、b 和 c）（每组 10 只小鼠），攻毒后第 5 天的肺部病毒滴度（d、e 和 f）（每组 3 只小鼠）和存活率（g、h 和 i）（每组 10 只小鼠）。在最后一次免疫后的第 14 天，小鼠通过滴鼻分别感染 20 μL 10^4 $TCID_{50}$ 的 A/Vietnam/1203/2004（H5N1）（a，d 和 g），A/Hong Kong/1/1968（H3N2）（b，e 和 h）或 A/California/04/2009（H1N1）（c，f 和 i）。体重变化和肺部病毒滴度的数据

用平均值 ± 标准方差（mean ± SD）表示。*表示与对照组生理盐水和 *L. lactis*/pNZ8110-pgsA 相比，具有统计学意义（$p<0.05$）。[The results are expressed in terms of percent body weight（a，b and c）（n = 10 mice / group），lung virus titer（d，e and f）（n = 3 mice / group）at day 5 post-infection and percent survival（g，h and i）（n = 10 mice / group）. Two weeks after the last immunization，mice were intranasally infected with 20 μl of 10^4 $TCID_{50}$ of lethal dose of A/Vietnam/1203/2004（H5N1）（a，d and g），A/Hong Kong/1/1968（H3N2）（b，e and h）or A/California/04/2009（H1N1）（c，f and i）. Data of weight changes and lung virus titers are represented as mean ± SD. Asterisk indicates significant difference，as compared to saline and *L. lactis*/pNZ8110-pgsA controls（$p<0.05$）.]

5.4 重组乳酸乳球菌表面展示禽流感 HAsd 蛋白及其交叉免疫活性分析

表面展示型 *L. lactis*/pNZ8150-pgsA-HAsd 的构建：将 A/Vietnam/1203/2004（H5N1）的部分 HA1 基因（831 bp - 1041 bp）和 HA2 基因（1041 bp - 1707 bp）克隆至表面展示型表达质粒 pNZ8150-pgsA，再将重组质粒 pNZ8150-pgsA-NA 电转至感受态 *L. lactis* NZ9000，筛选出阳性克隆 *L. lactis*/pNZ8150-pgsA-HAsd。通过 Western blot 检测 HAsd 蛋白的特异性表达。通过特异性一抗（鼠抗-HA 抗体）和 FITC 标记的羊抗鼠 IgG 对 *L. lactis*/pNZ8150-pgsA-NA 进行直接标记，最终通过荧光显微镜和流式细胞仪对标记后的 *L. lactis*/pNZ8150-pgsA-HAsd 进行分析。以 *L. lactis*/pNZ8150-pgsA 作为对照。

口服免疫实验：SPF 级 6 周龄的 BALB/c 小鼠作为动物模型（$n = 39$ 只/组），PBS 和 *L. lactis* /pNZ8150-pgsA 作为对照，*L. lactis*/pNZ8150-pgsA-HAsd 作为实验组。初次免疫安排在第 0、1、2、3 天，加强免疫安排在第 17、18、19、20 天。免疫剂量为：10^{12} CFU。血样、小肠洗液和上呼吸道洗液采集安排在初次免疫后的第 15 天和第 34 天，通过 ELISA 对 NA 特异性血清 IgG 进行免疫学分析。

病毒攻击实验：在最后一次免疫后的第 14 天，对免疫后的小鼠（$n = 24$ 只/组）进行病毒攻击实验。攻毒剂量为：20 μL 的 10^4 EID_{50} A/Vietnam/1203/2004（H5N1）、A/Beijing/47/1992（H3N2）或 A/California/04/2009（H1N1），在攻毒的第 3 天检测肺部病毒滴度。在攻毒后的 14 天内，记录体重变化和存活率。

HAsd 基因的表面展示模式如图 5-10（a）、（b）所示。通过 Western blot 分析，*L. lactis*/pNZ8150-pgsA-HAsd 可以特异性地表达 HAsd 蛋白，如图 5-10（c）所示。通过免疫荧光分析[见图 5-10（d）]和流式细胞仪分析[见图 5-10（e）]，可以明确 HAsd 蛋白可以展示在 *L. lactis* 表面，而且 HAsd 蛋白的阳性展示效率为 45.9%，如图 5-10（f）右图所示。因此，通过表面展示质粒 pNZ8150-pgsA 可以有效地将 HAsd 蛋白展示在 *L. lactis* 表面。

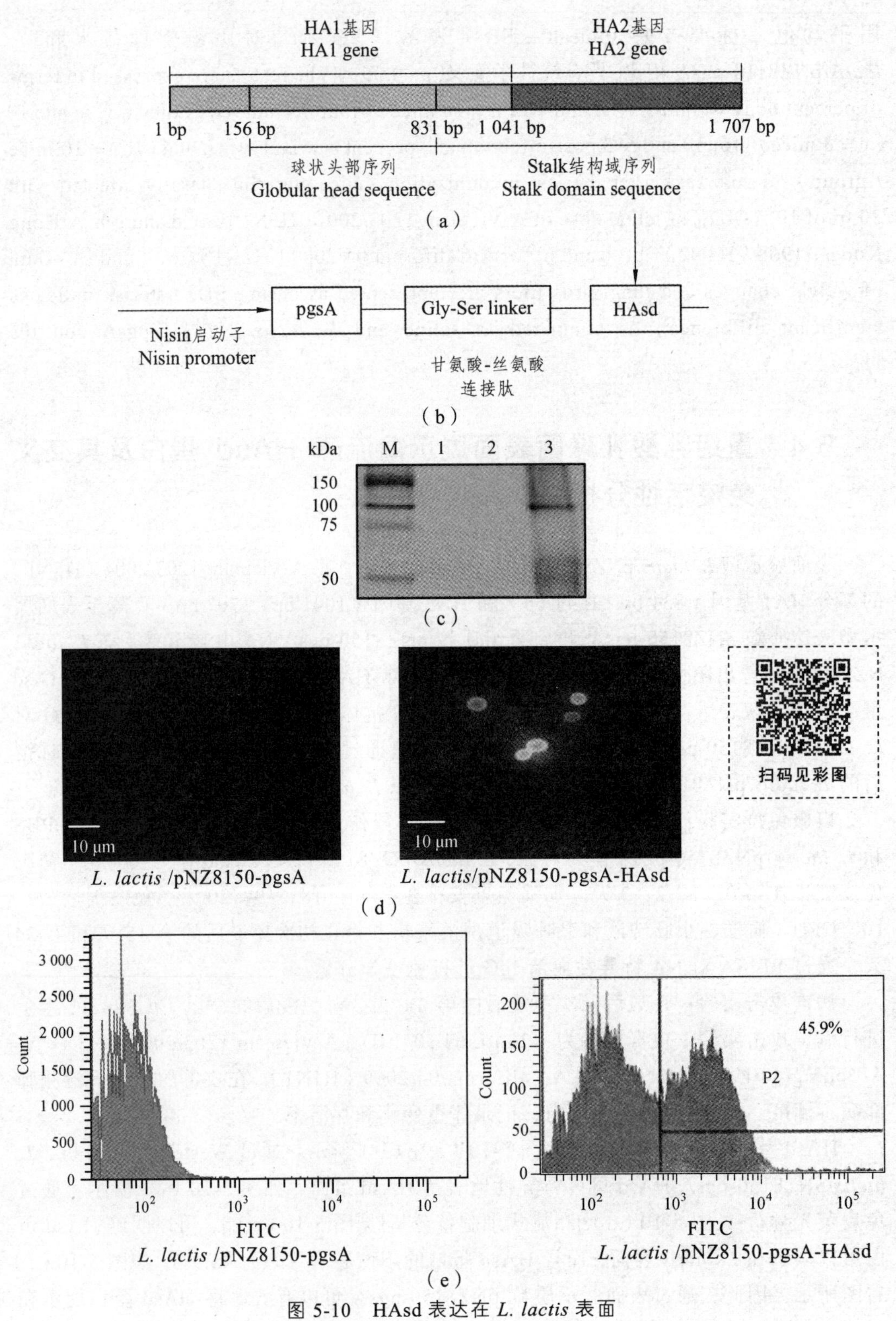

图 5-10 HAsd 表达在 *L. lactis* 表面

Figure 5-10 Expression of HAsd presented on the *L. lactis* surface

如图 5-10 所示，（a）H5N1 HA 基因包括球形序列和 stalk 结构域。在 nisin 控制的表达系统中，Nisin 启动子表明 nisin 作为诱导子。pgsA 作为锚定蛋白，在 pgsA 与 HAsd 之间插入甘氨酸-丝氨酸用于稳定目标蛋白的表达。[Schematic description of the full length of HA gene from the H5N1 strain，containing a globular head sequence and a stalk domain sequence. Nisin promoter indicated that nisin was used as an inducer in nisin-controlled expression system. pgsA was served as an anchor protein，Gly-Ser linker was inserted between pgsA and HAsd to stabilize the fusion protein expression.]

（b）pNZ8150-pgsA-HAsd 的模式图。在 pgsA 与 HAsd 之间插入甘氨酸-丝氨酸用于稳定 HAsd 蛋白的表达。[Schematic diagram of pNZ8150-pgsA-HAsd. A GS linker was inserted between pgsA and HAsd to stabilize HAsd protein expression.]

（c）Western blot 分析。M—Western blot 蛋白 marker；Lane 1 和 Lane 2—*L. lactis*/pNZ8150-pgsA；Lane 3—*L. lactis*/pNZ8150-pgsA-HAsd。[Western blot analysis. Lane 1 and Lane 2：*L. lactis*/pNZ8150-pgsA；Lane 3：*L. lactis*/pNZ8150-pgsA-HAsd.]

（d）免疫荧光分析。左边—*L. lactis*/pNZ8150-pgsA；右边—*L. lactis*/pNZ8150-pgsA-HAsd（放大倍数：1，000×）。[Immunofluorescence microscopy assay. *L. lactis*/pNZ8150-pgsA（left）and *L. lactis*/pNZ8150-pgsA- HAsd（around 0.5 μm，right）（magnification：1，000×）.]

（e）流式细胞仪分析。左边—*L. lactis*/pNZ8150-pgsA；右边—*L. lactis*/pNZ8150-pgsA-HAsd（阳性率：45.9%）。[Flow cytometric analysis（positive rate：45.9%）.]

通过 ELISA 检测免疫后小鼠的体液免疫应答水平和黏膜免疫应答水平，ELISA 结果表明在初次免疫后，小鼠的体液免疫应答水平和黏膜免疫应答水平比较低，血清 IgG 效价和分泌型 IgA 效价基本都在 2^4 以下[见图 5-11（a）、（b）、（c）]，而在加强免疫后，*L. lactis*/pNZ8150-pgsA-HAsd 组的血清 IgG 的效价上升至 2^9，分泌型 IgA 效价升高至 2^7，而对照组（PBS 和 *L. lactis*/pNZ8150-pgsA）仍然是本底水平[见图 5-11（a）、（b）、（c）]。

通过上述实验说明，重组 *L. lactis*/pNZ8150-pgsA-HAsd 需要经过初次免疫和加强免疫后（Prime-Boost），才能诱发机体产生有意义的 HAsd 特异性抗体。

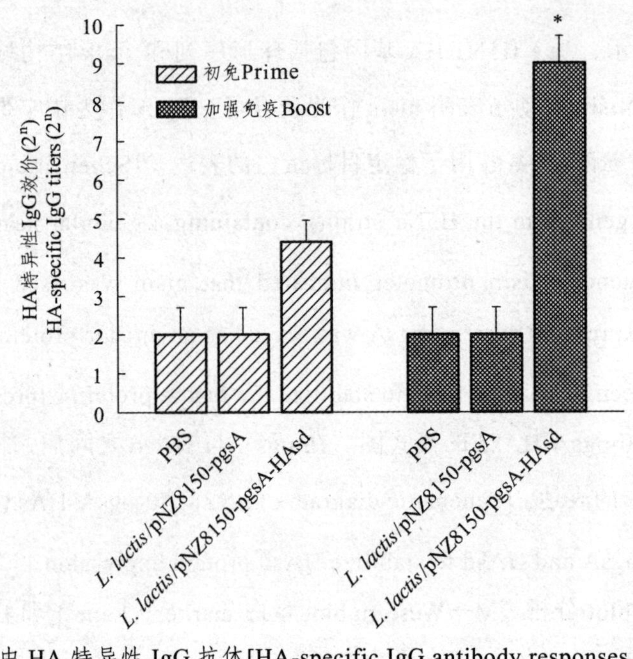

（a）血清中 HA 特异性 IgG 抗体[HA-specific IgG antibody responses in the sera]

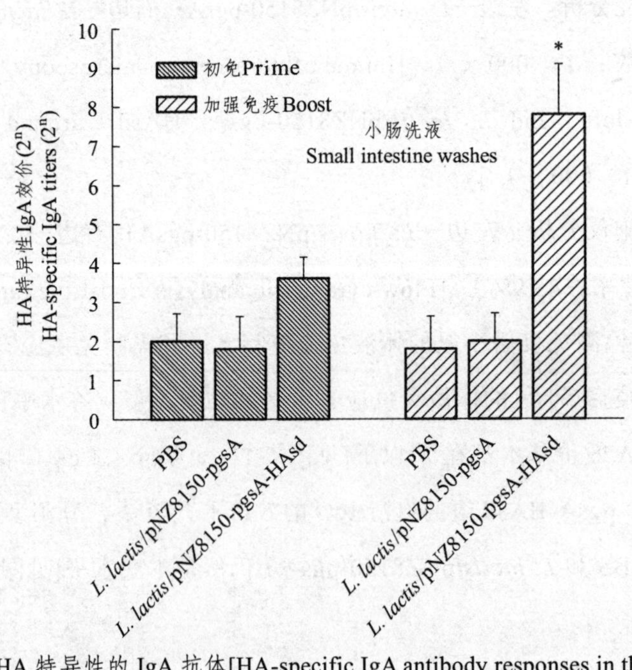

（b）小肠洗液中 HA 特异性的 IgA 抗体[HA-specific IgA antibody responses in the intestine washes]

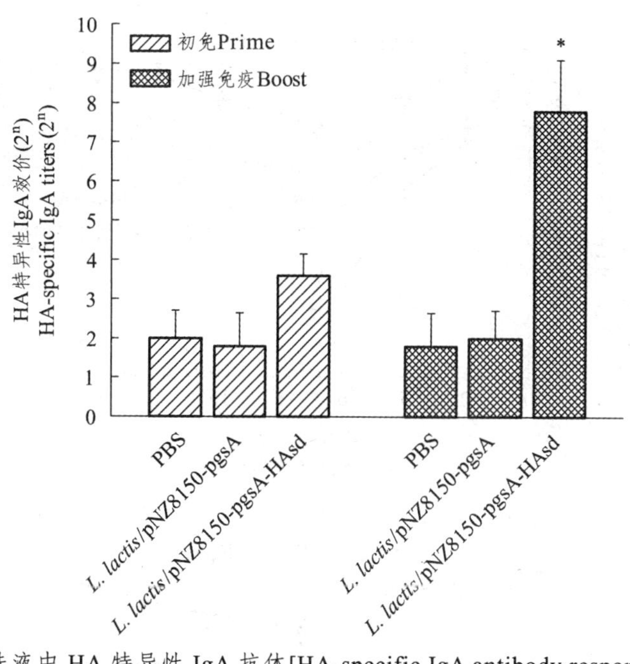

（c）上呼吸道洗液中 HA 特异性 IgA 抗体[HA-specific IgA antibody responses in the upper respiratory washes]

图 5-11　ELISA 检测抗体应答

Figure 5-11　Antibody responses detected by ELISA

图 5-11 为在初次免疫后的第 15 天和第 34 天，收集血清、小肠和上呼吸道洗液。数据用平均值 ± 标准方差（mean ± SD）表示。*表示与 PBS 和 *L. lactis*/pNZ8150-pgsA 相比，具有统计学意义（$p<0.05$）。[Sera and intestine and upper respiratory washes were collected from the vaccinated mice at days 15 and 34 after the initial immunization. The data are represented as the mean ± SD. Asterisks indicate significant differences compared with the PBS and *L. lactis*/pNZ8150-pgsA controls（$p<0.05$）.]

最后，为了检测重组 *L. lactis*/pNZ8150-pgsA-HAsd 的交叉保护性，在最后免疫后的第 14 天，用不同亚型 A 型流感病毒进行攻击实验。小鼠用 CO_2 进行轻度麻醉后，分别用 20 μL 的 A/Vietnam/1203/2004（H5N1）、A/Beijing/47/1992（H3N2）或 A/California/04/2009（H1N1）对免疫后的小鼠进行滴鼻。攻毒后的 14 天内，每天监测小鼠的身体状况、体重变化和存活情况。在攻毒后的第 3 天，分离小鼠的肺，进行病毒滴度测定。病毒攻击的结果显示，对照组（PBS 组和 *L. lactis*/pNZ8150-pgsA）的小鼠在攻毒后的第 3 天，肺部病毒滴度高[见图 5-12（d）、（e）、（f）]，在攻毒后的第 6 ~ 7 天，体重丢失达 25%[见图 5-12（a）、（b）、（c）]，且全部死亡[见图 5-12（g）、（h）、（i）]。然而，*L. lactis*/pNZ8150-pgsA-HAsd 组小鼠在病毒攻击后的体重变化不大[见图 5-12（a）、（b）、（c）]，肺部病毒滴度较低[图 5-12（d）、（e）、（f）]，且存活率分别为 100%、80%和 80%[图 5-9（g）、（h）、（i）]。这为开发以 HAsd 为基础的禽流感通用疫苗提供了新的研究思路。

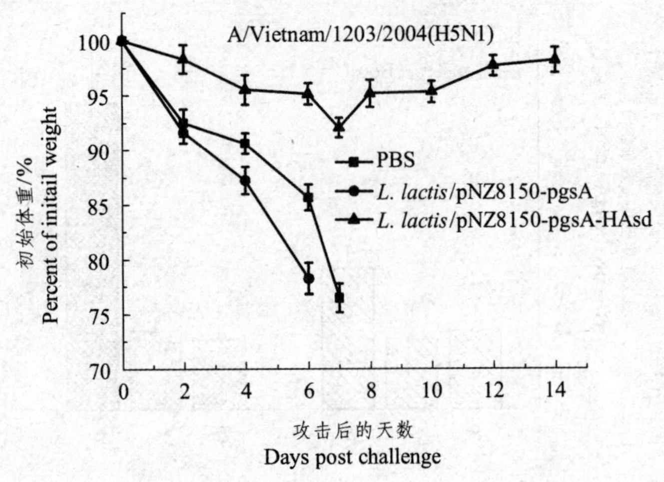
A/Vietnam/1203/2004(H5N1)
初始体重/%
Percent of initail weight
100
95
90
85
80
75
70
0
2
4
6
8
10
12
14
PBS
L. lactis/pNZ8150-pgsA
L. lactis/pNZ8150-pgsA-HAsd
攻击后的天数
Days post challenge

(a)

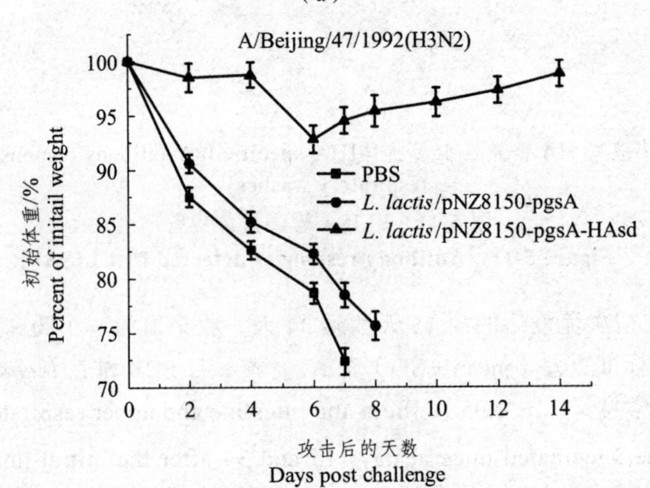
A/Beijing/47/1992(H3N2)
初始体重/%
Percent of initail weight
100
95
90
85
80
75
70
0
2
4
6
8
10
12
14
PBS
L. lactis/pNZ8150-pgsA
L. lactis/pNZ8150-pgsA-HAsd
攻击后的天数
Days post challenge

(b)

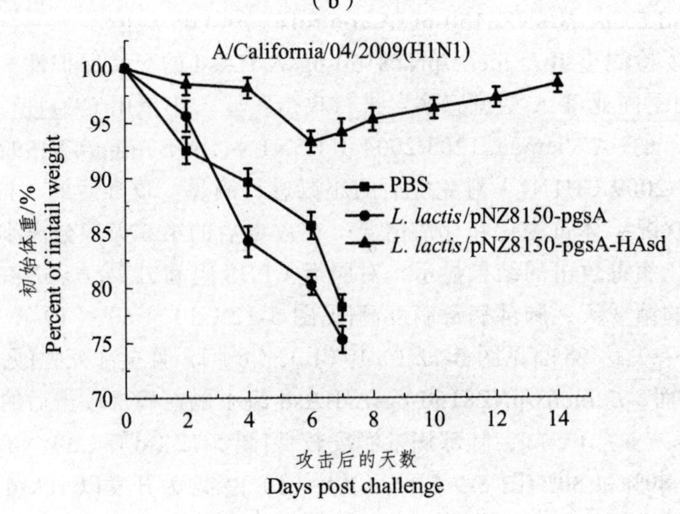
A/California/04/2009(H1N1)
初始体重/%
Percent of initail weight
100
95
90
85
80
75
70
0
2
4
6
8
10
12
14
PBS
L. lactis/pNZ8150-pgsA
L. lactis/pNZ8150-pgsA-HAsd
攻击后的天数
Days post challenge

(c)

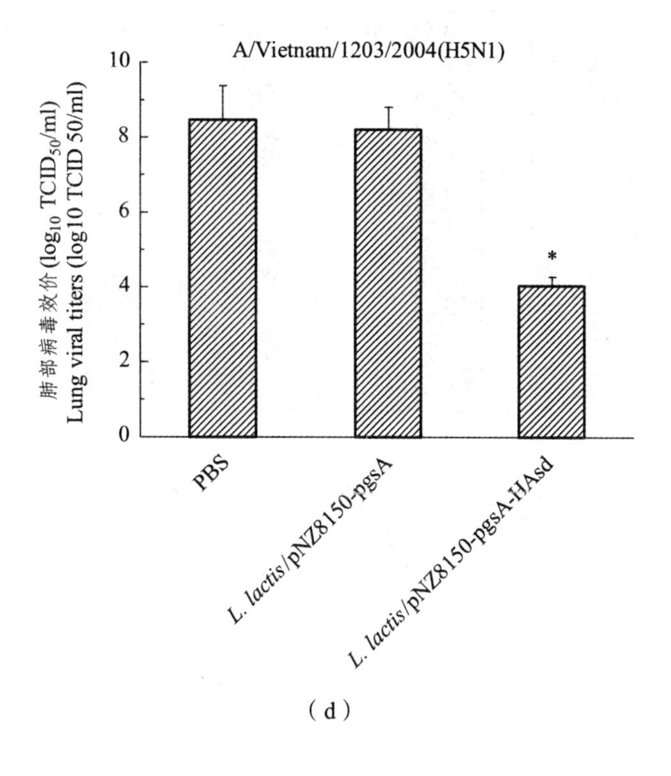
A/Vietnam/1203/2004(H5N1)
肺部病毒效价 (log_{10} $TCID_{50}$/ml)
Lung viral titers (log10 TCID 50/ml)
10
8
6
4
2
0
*
PBS
L. lactis/pNZ8150-pgsA
L. lactis/pNZ8150-pgsA-HAsd

（d）

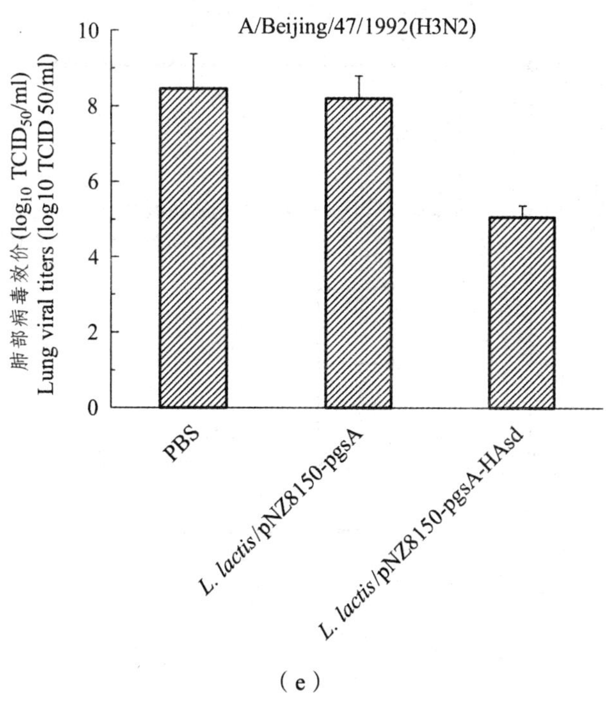
A/Beijing/47/1992(H3N2)
肺部病毒效价 (log_{10} $TCID_{50}$/ml)
Lung viral titers (log10 TCID 50/ml)
10
8
6
4
2
0
PBS
L. lactis/pNZ8150-pgsA
L. lactis/pNZ8150-pgsA-HAsd

（e）

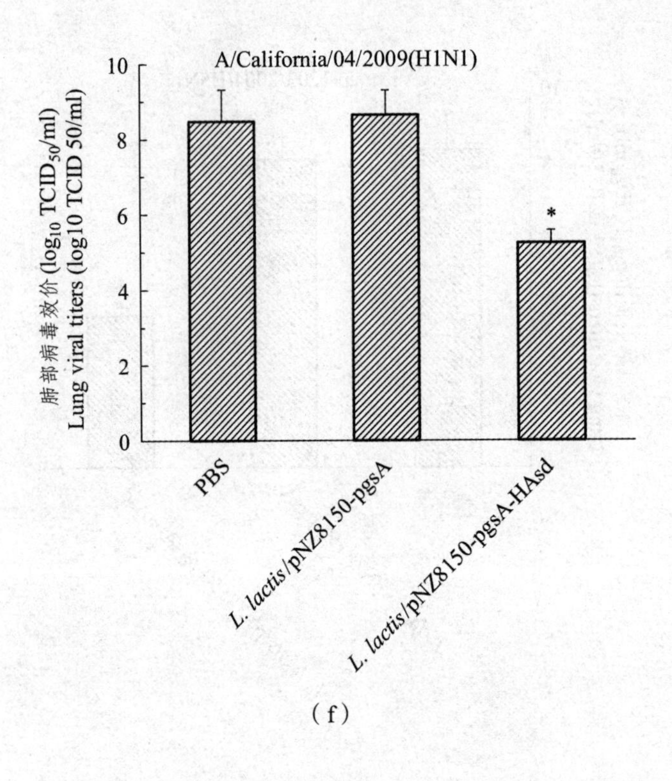
A/California/04/2009(H1N1)
肺部病毒效价 (log10 TCID50/ml)
Lung viral titers (log10 TCID 50/ml)
10
8
6
4
2
0
*
PBS
L. lactis/pNZ8150-pgsA
L. lactis/pNZ8150-pgsA-HAsd

（f）

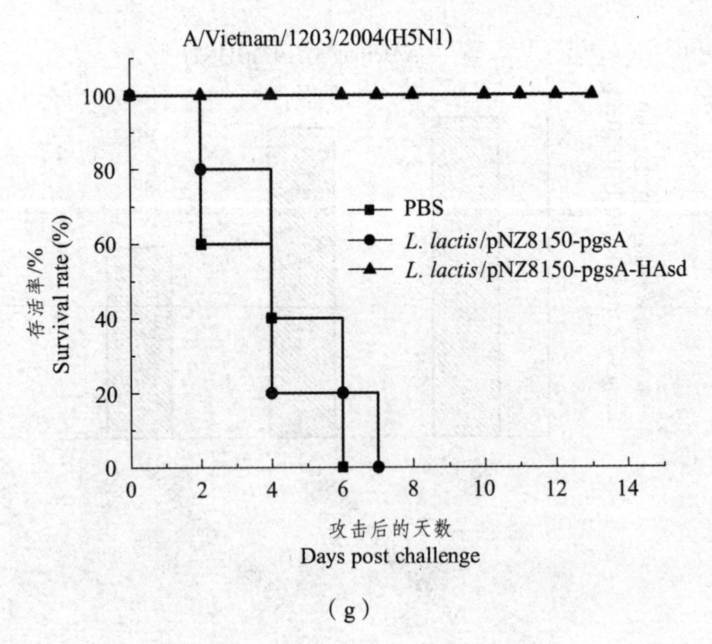
A/Vietnam/1203/2004(H5N1)
存活率/%
Survival rate (%)
100
80
60
40
20
0
PBS
L. lactis/pNZ8150-pgsA
L. lactis/pNZ8150-pgsA-HAsd
0
2
4
6
8
10
12
14
攻击后的天数
Days post challenge

（g）

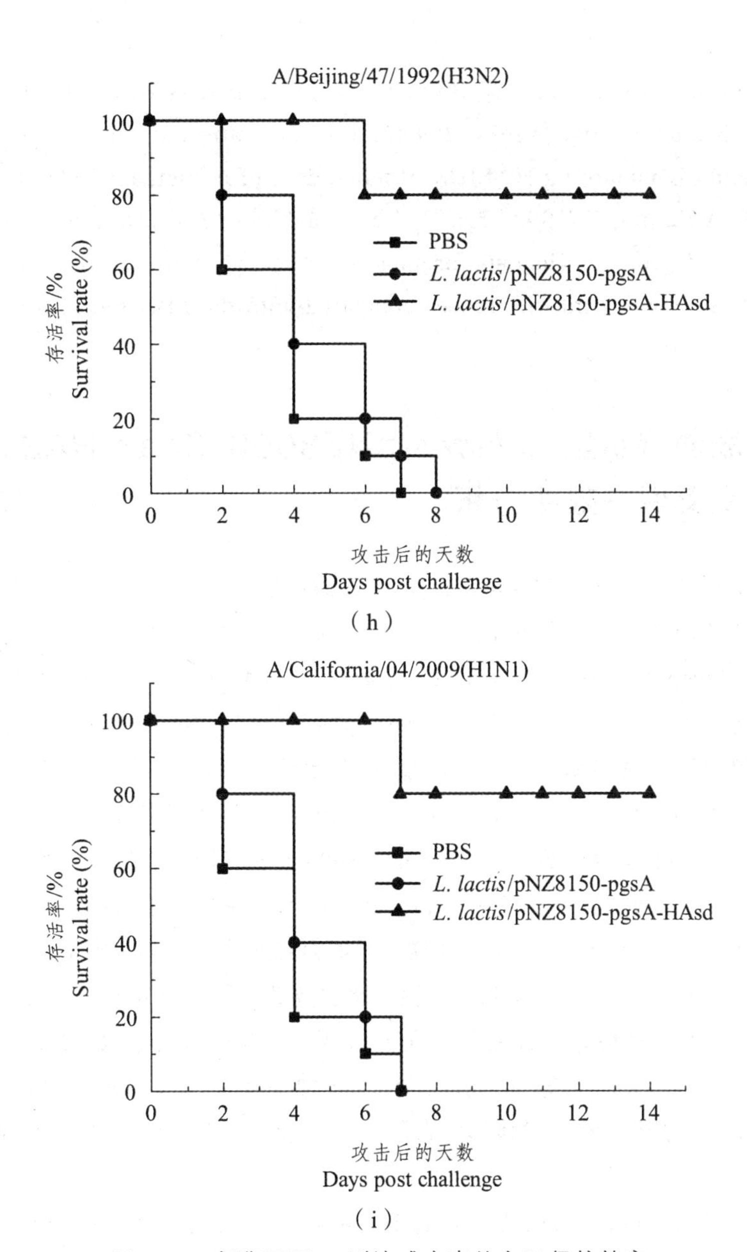

（h）

（i）

图 5-12　抵御不同 A 型流感病毒的交叉保护效率

Figure 5-12　Cross-protective efficacy against divergent influenza A viruses

如图 5-12 所示，结果表示为体重变化百分数（a、b 和 c），肺部病毒滴度（d、e 和 f）和存活率（g、h 和 i）。在最后一次免疫后的第 14 天，小鼠通过滴鼻分别感染 20 μL 10^4 $TCID_{50}$ 的 A/Vietnam/1203/2004（H5N1）（a，d 和 g），A/Beijing/47/1992（H3N2）（b，e 和 h）或 A/California/04/2009（H1N1）（c，f 和 i）（每组 5 只小鼠）。体重变化和肺部病毒滴度的数据用平均值 ± 标准方差（mean ± SD）表示。*表示与对照组 PBS 和 *L. lactis*/pNZ8150-pgsA 相比，具有统计学意义（$p<0.05$）。[The results are expressed in terms of percent body weight (a, b and c), lung virus titers (d, e and f) and percent survival (g, h and i) . Two weeks after the last immunization, mice were intranasally infected with 20 μL containing 10^4 EID_{50} of lethal dose of A/Vietnam/1203/2004 (H5N1) (a, d and g), A/Beijing/47/1992 (H3N2) (b, e and h) or A/California/04/2009 (H1N1) (c, f and i) (n = 5/group) . The data for lung virus titers are represented as the mean ± SD. Asterisks indicate significant differences compared with the PBS and *L. lactis*/pNZ8150-pgsA controls ($p<0.05$) .]

5.5 表面展示型 *L. lactis*/pNZ8008-Spax-HA2 的构建及交叉保护效率分析

表面展示型 *L. lactis*/pNZ8008-Spax-HA2 的构建：以金黄色葡萄球菌的基因组作为模板，PCR 扩增出具有细胞壁锚定功能的 Spax 基因（411 bp）。通过常规的分子生物学方法，将 Spax 基因与来自 A/chicken/Henan/12/2004（H5N1）的 HA2 基因（744 bp）进行融合，构建重组 *L. lactis*/pNZ8008-Spax-HA2。通过 Western blot、免疫荧光分析和流式细胞仪分析，对 HA2 抗原蛋白的表达及定位进行检测。

口服免疫实验：SPF 级 6 周龄的 BALB/c 小鼠作为动物模型，生理盐水和 *L. lactis*/pNZ8008-Spax 作为对照，*L. lactis*/pNZ8008-Spax-HA2 作为实验组。初次免疫安排在第 1、2、3 天，加强免疫安排在第 17、18、19 天。免疫剂量为：5×10^{11} CFU。在初次免疫后的第 16 天和第 33 天，采取血样，分离得到血清，收集小肠洗液，通过 ELISA 检测 HA2 特异性血清 IgG 效价和 IgA 效价。通过微量中和实验分析血清的中和效价。

病毒攻击实验：在最后一次免疫后的第 14 天，对免疫后的小鼠进行病毒攻击实验。攻毒剂量为：20 μL $5 \times LD_{50}$ 的 A/chicken/Henan/12/2004（H5N1）或 A/Puerto Rico/1/34（H1N1），在攻毒的第 3 天检测肺部病毒滴度。在攻毒后的 14 天内，记录体重变化和存活率。

利用金黄色葡萄球菌 Spax 蛋白具有锚定的功能，我们巧妙地将 Spax 基因克隆至表达质粒 pNZ8008，构建了一种新型的表面展示型重组乳酸乳球菌，即 *L. lactis*/pNZ8008-Spax-HA2[见图 5-13（a）]，通过 Western blot[见图 5-13（b）]、免疫荧光分析[见图 5-13（c）]和流式细胞仪分析[见图 5-13（d）]，证实了 HA2 抗原蛋白可以稳定地表达在 *L. lactis* 中，并定位在 *L. lactis* 表面。

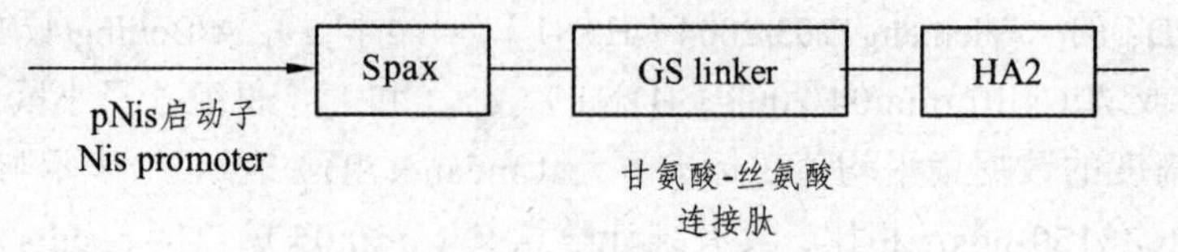

（a）*L. lactis*/pNZ8008-Spax-HA2 的示意图[Schematic diagram of *L. lactis*/pNZ8008-Spax-HA2]

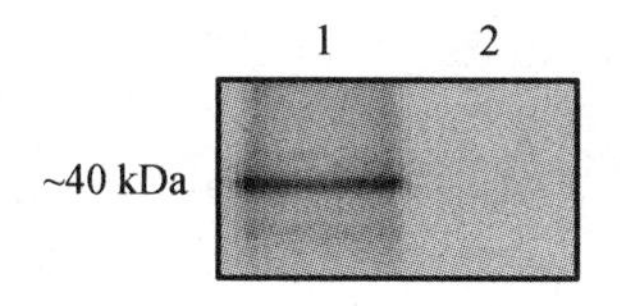

Lane 1—*L. lactis*-pNZ8008-Spax-HA2;
Lane 2—*L. lactis*/pNZ8008-Spax.

（b）Western blot 分析[Western blot analysis]

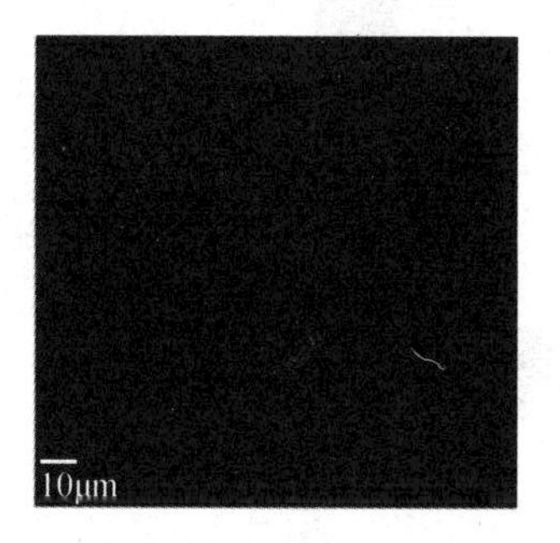

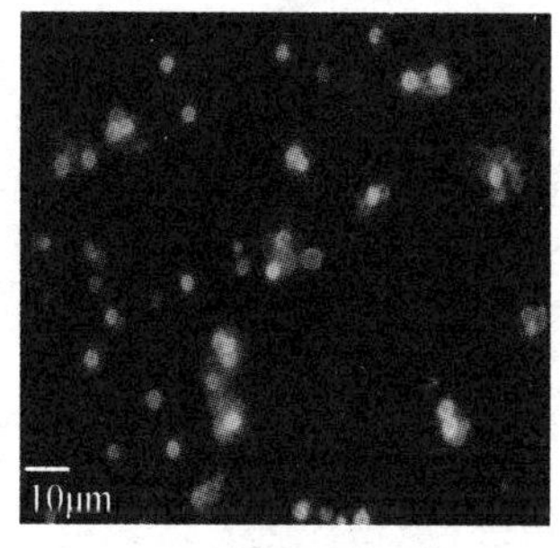

扫码见彩图

L. lactis/pNZ8008-Spax

L. lactis/pNZ8008-Spax-HA2
（放大倍数：1 000×）

（c）HA2 蛋白的免疫荧光分析[Immunofluorescence microscopy assay of HA2 protein]

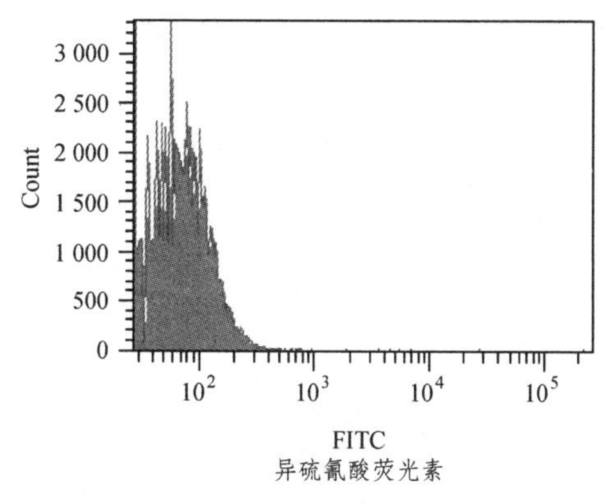

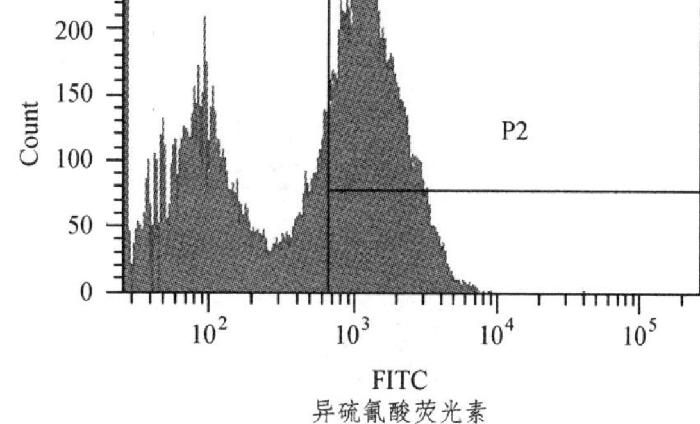

L. lactis/pNZ8008-Spax

L. lactis/pNZ8008-Spax-HA2

（d）HA2 蛋白的流式细胞仪分析[Flow cytometric analysis of HA2 display on the surface of *L. lactis*]

图 5-13　HA2 展示在乳酸乳球菌表面的表达分析

Figure 5-13　Expression of HA2 displayed on the surface of *L. lactis*

利用 SPF 级的 BALB/c 作为动物模型，口服递送 *L. lactis*/pNZ8008-Spax-HA2，通过分析血清 IgG、分泌型 IgA 和微量中和分析，结果表明，在不要添加黏膜免疫佐剂的前提下，*L. lactis*/pNZ8008-Spax-HA2 能够诱导小鼠产生有意义的 IgG[见图 5-14（a）、（b）]和 IgA 抗体[见图 5-14（c）、（d）]。

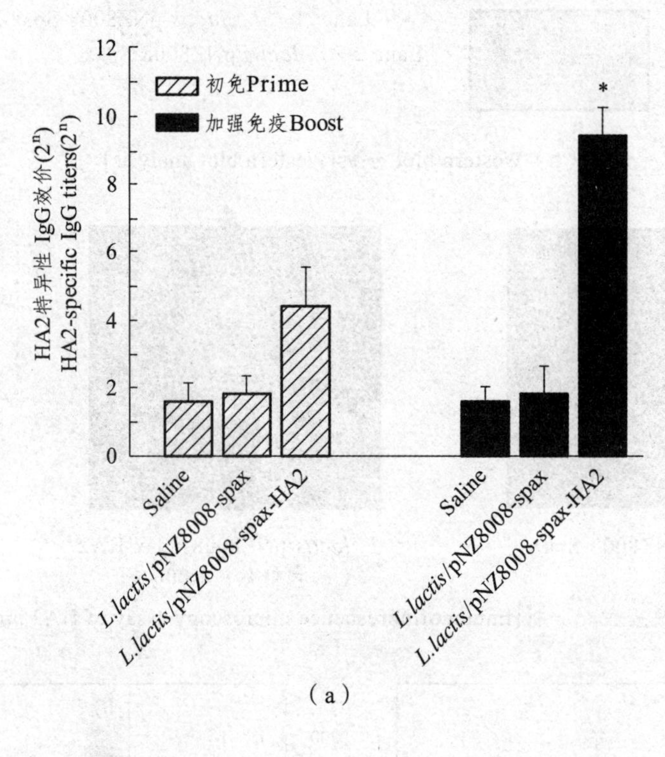

12
10
8
6
4
2
0
初免Prime
加强免疫Boost
HA2特异性 IgG效价(2^n)
HA2-specific IgG titers(2^n)
*
Saline
L.lactis/pNZ8008-spax
L.lactis/pNZ8008-spax-HA2
Saline
L.lactis/pNZ8008-spax
L.lactis/pNZ8008-spax-HA2

（a）

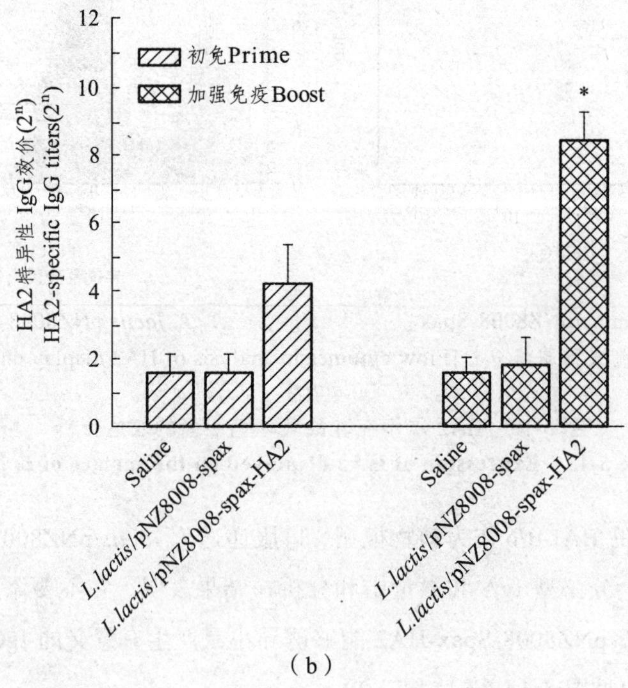

12
10
8
6
4
2
0
初免Prime
加强免疫Boost
HA2特异性 IgG效价(2^n)
HA2-specific IgG titers(2^n)
*
Saline
L.lactis/pNZ8008-spax
L.lactis/pNZ8008-spax-HA2
Saline
L.lactis/pNZ8008-spax
L.lactis/pNZ8008-spax-HA2

（b）

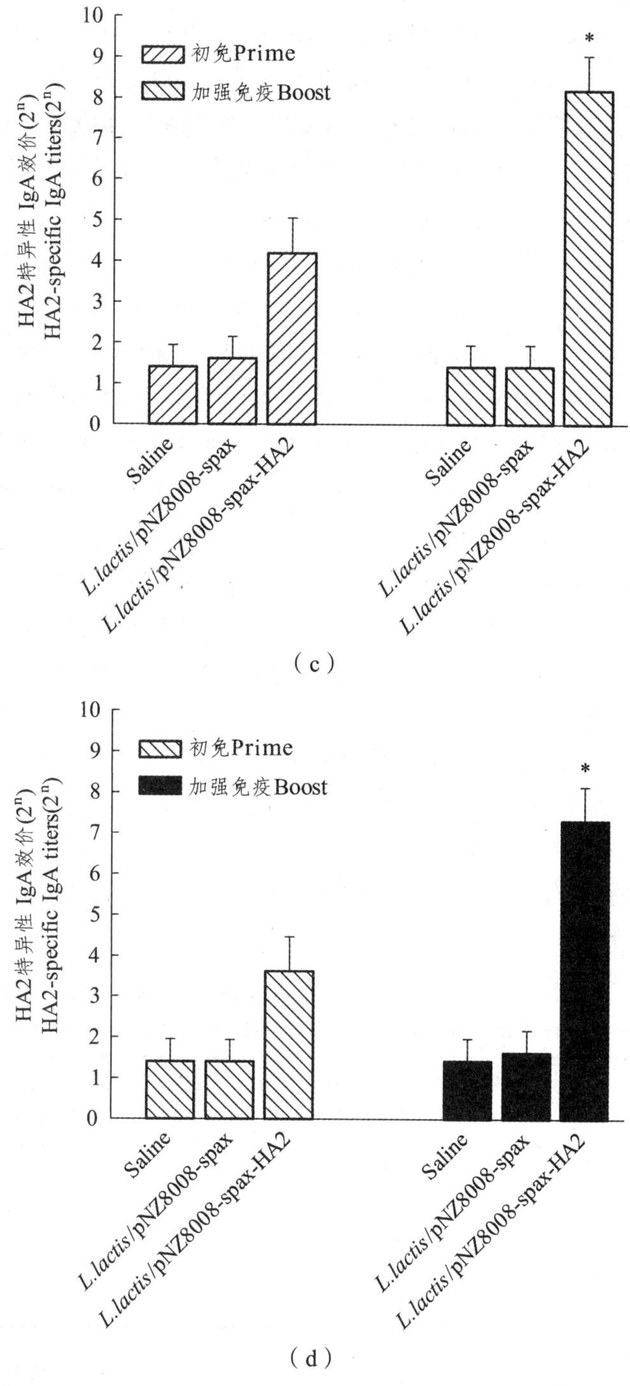

图 5-14　*L. lactis*/pNZ8008-Spax-HA2 在小鼠中诱发抗体应答

Figure 5-14　Antibody responses elicited by *L. lactis*/pNZ8008-Spax-HA2 in mice

如图 5-14 所示，从口服免疫生理盐水、*L. lactis*/pNZ8008-Spax 或 *L. lactis*/pNZ8008-Spax-HA2 的小鼠，采取血样，分离血清。（a）以 A/chicken/Henan/12/2004（H5N1）

HA 作为包被抗原，血清 HA2 特异性 IgG 抗体应答。（b）以 A/Puerto Rico/1/34（H1N1）HA 作为包被抗原，血清 HA2 特异性 IgG 抗体应答。（c）以 A/chicken/Henan/12/2004（H5N1）HA 作为包被抗原，小肠洗液的 HA 特异性 IgA 抗体应答（每组 3 只小鼠）。（d）以 A/Puerto Rico/1/34（H1N1）HA 作为包被抗原，小肠洗液的 HA 特异性 IgA 抗体应答（每组 3 只小鼠）。数据用平均值 ± 标准方差（mean ± SD）表示。*表示与对照组生理盐水和 *L. lactis*-pNZ8008-Spax 相比，具有统计学意义（$p<0.05$）。[Sera and intestine washes were collected from mice vaccinated orally with Saline，*L. lactis*/pNZ8008-Spax or *L. lactis*/pNZ8008-Spax-HA2.（a）HA2-specific IgG antibody responses in the sera using HA of A/chicken/Henan/12/2004（H5N1）as a coating antigen.（b）HA2-specific IgG antibody responses in the sera using HA of A/Puerto Rico/1/34（H1N1）as a coating antigen.（c）HA-specific IgA antibody responses in the intestine washes（n = 3 / group）using HA of A/chicken/Henan/12/2004（H5N1）as a coating antigen.（d）HA-specific IgA antibody responses in the intestine washes（n = 3 / group）using HA of A/Puerto Rico/1/34（H1N1）as a coating antigen. Data are presented as mean ± SD. Asterisk indicates significant difference, as compared to saline and *L. lactis*-pNZ8008-Spax controls（$p<0.05$）.]

与此同时，利用同型的 H5N1 和异型的 H1N1 病毒悬液进行微量中和分析，结果显示，中和效价在加强免疫后，实验组 *L. lactis*/pNZ8008-Spax-HA2 均能达到 16 以上（见表 5-3），而对照组的中和效价小于等于 8（见表 5-3）。这说明 *L. lactis*/pNZ8008-Spax-HA2 组在经过加强免疫后，可以诱发具有中和作用的抗体，可以抵抗同型和异型流感 A 病毒的攻击。

表 5-3 在第 16 天和第 33 天血清对抗 H5N1 和 H1N1 病毒的中和效价

Table 5-3 Microneutralization titer against H5N1 or H1N1 virus at day 16 and day 33

Group	A/chicken/Henan/12/2004（H5N1）		A/Puerto Rico/1/34（H1N1）	
	Day16	Day33	Day16	Day33
Saline	4	4	4	4
L. lactis/pNZ8008-Spax	6.3	8	8	8
L. lactis/pNZ8008-Spax-HA2	16	25.3	16	16

病毒攻击实验是检验疫苗有效性的金标准。因此，我们利用同型的 H5N1 和异型的 H1N1 进行病毒攻击实验，结果证实，对照组小鼠在攻毒后第 6 天，体重丢失超过 25%[见图 5-15（a）、（b）]，在攻毒后的第 3 天，肺部病毒滴度非常高[图 5-159（c）、（d）]，且全部死亡[图 5-15（e）、（f）]。实验组 *L. lactis*/pNZ8008-Spax-HA2 的小鼠均能 100%抵抗 H5N1 和 H1N1 的攻击[图 5-15（e）、（f）]。

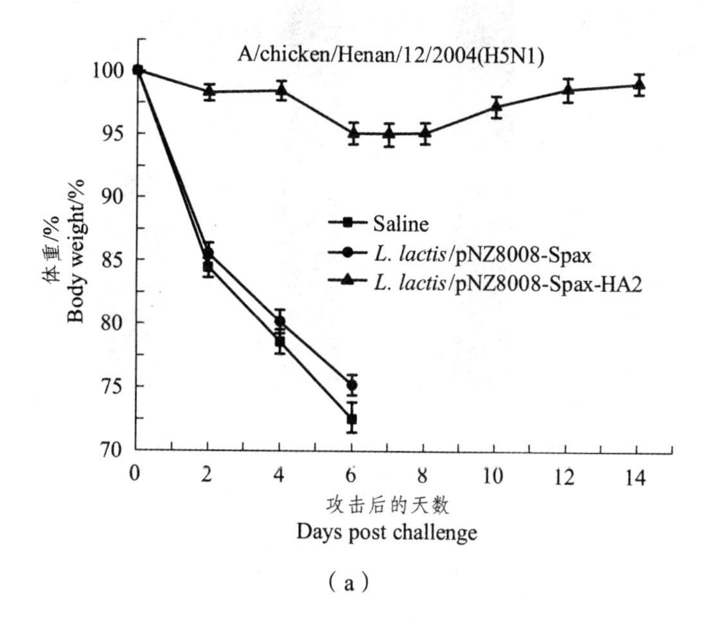

A/chicken/Henan/12/2004(H5N1)
100
95
90
85
80
75
70
体重/%
Body weight/%
Saline
L. lactis/pNZ8008-Spax
L. lactis/pNZ8008-Spax-HA2
0
2
4
6
8
10
12
14
攻击后的天数
Days post challenge

（a）

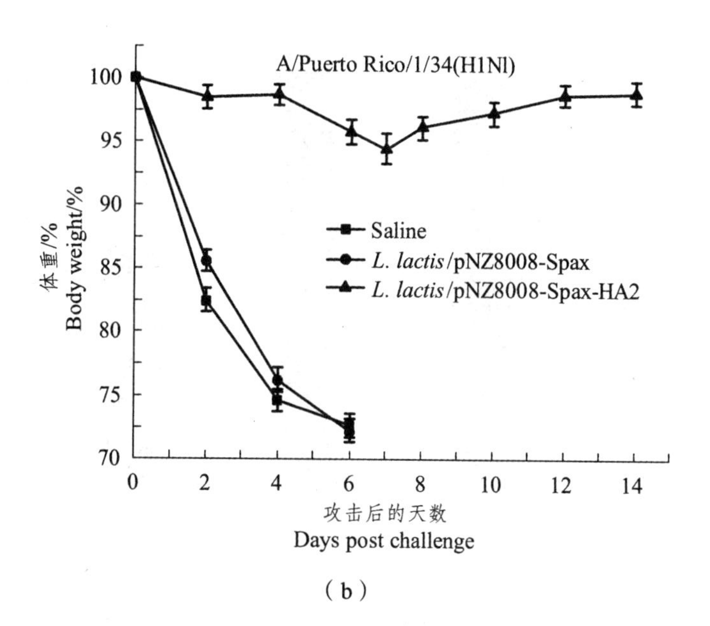

A/Puerto Rico/1/34(H1Nl)
100
95
90
85
80
75
70
体重/%
Body weight/%
Saline
L. lactis/pNZ8008-Spax
L. lactis/pNZ8008-Spax-HA2
0
2
4
6
8
10
12
14
攻击后的天数
Days post challenge

（b）

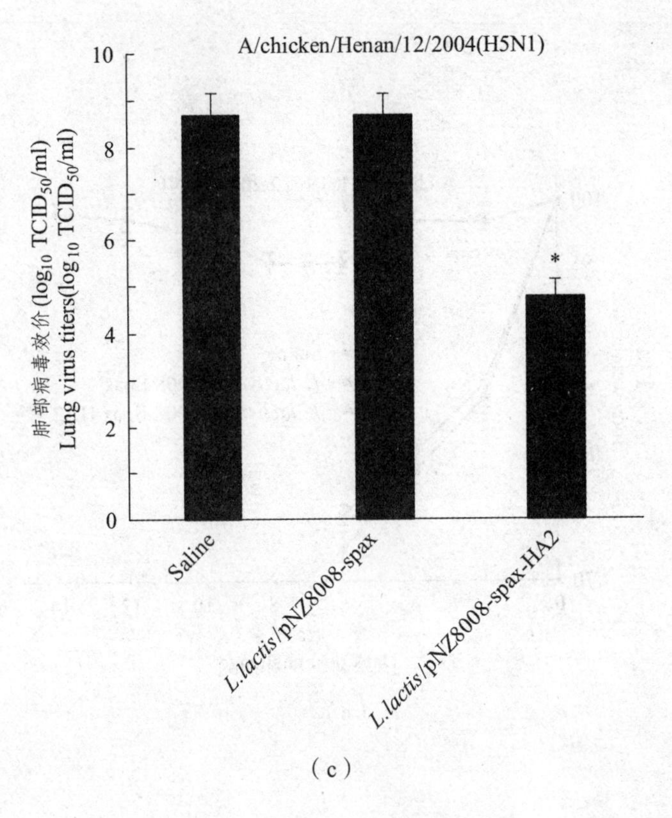
A/chicken/Henan/12/2004(H5N1)
肺部病毒效价 (log10 TCID50/ml)
Lung virus titers(log10 TCID50/ml)
10
8
6
4
2
0
*
Saline
L.lactis/pNZ8008-spax
L.lactis/pNZ8008-spax-HA2

(c)

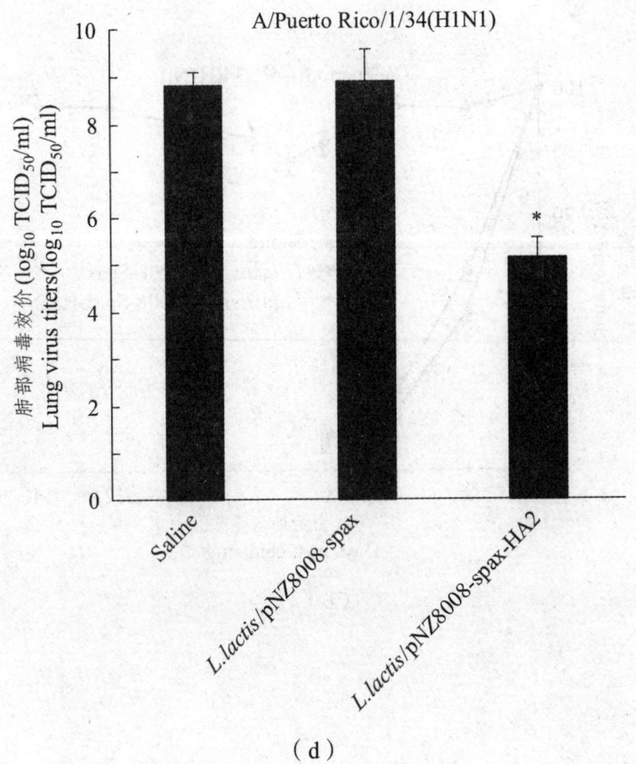
A/Puerto Rico/1/34(H1N1)
肺部病毒效价 (log10 TCID50/ml)
Lung virus titers(log10 TCID50/ml)
10
8
6
4
2
0
*
Saline
L.lactis/pNZ8008-spax
L.lactis/pNZ8008-spax-HA2

(d)

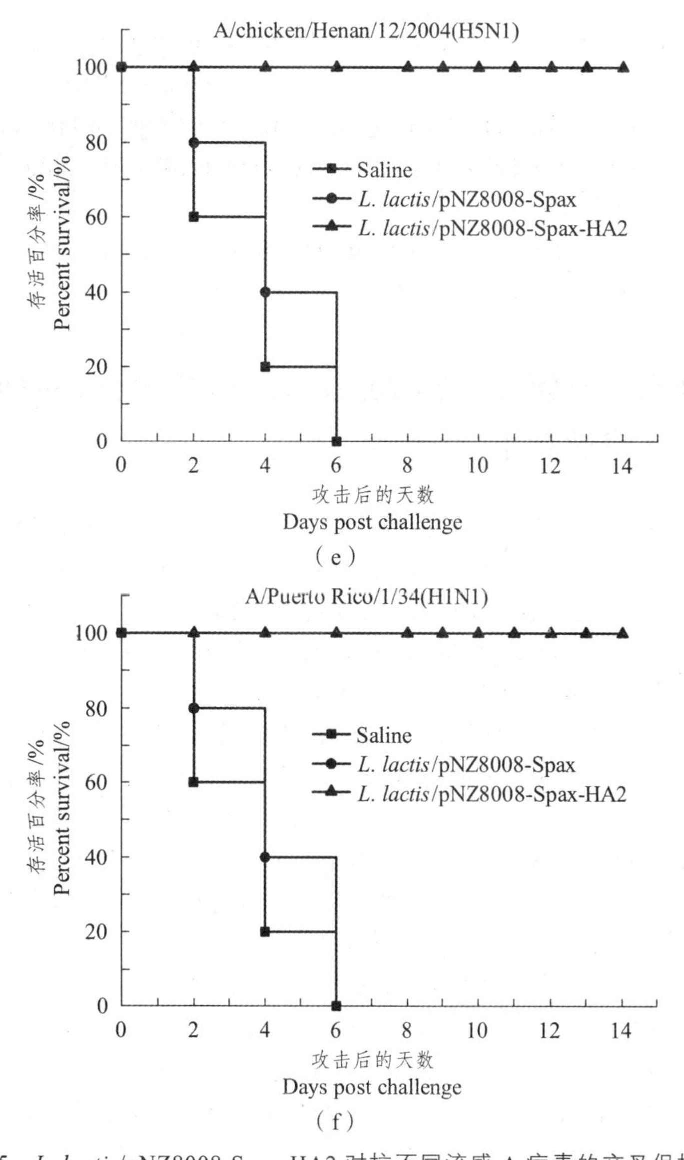

图 5-15 *L. lactis*/pNZ8008-Spax-HA2 对抗不同流感 A 病毒的交叉保护效率

Figure 5-15 Cross-protective efficacy of *L. lactis*/pNZ8008-Spax-HA2 against lethal challenge with divergent influenza A viruses

如图 5-15 所示，结果表示为体重变化百分数（a 和 b），肺部病毒滴度（c 和 d）和存活率（e 和 f）（每组 10 只小鼠）。在最后一次免疫后的第 14 天，小鼠通过滴鼻感染 20 μL 的 5 × LD_{50} A/chicken/Henan/12/2004（H5N1）（a，c 和 e）or A/Puerto Rico/1/34（H1N1）（b，d 和 f）（每组 10 只小鼠）。肺部病毒滴度的数据用平均值 ± 标准方差（mean ± SD）表示。*表示与对照组生理盐水和 *L. lactis*-pNZ8008-Spax 相比，具有统计学意义（$p<0.05$）。[The results are expressed in terms of percent body weight（a and b），lung virus titer（c and d）and percent survival（e and f）（n = 10 / group）. Two weeks after the last immunization, mice were intranasally infected with 20 μl of $5 \times LD_{50}$ of lethal dose of A/chicken/Henan/12/2004（H5N1）(a，c and e) or A/Puerto Rico/1/34（H1N1）(b, d and f)(n = 10 / group). The data for lung virus titer(n = 3 / group)are indicated as mean ± SD. Asterisk indicates significant difference compared with saline and *L. lactis*/ pNZ8008- Spax controls（$p<0.05$）.]

通过上述实验，有力证实了 *L. lactis*/pNZ8008-Spax-HA2 是一种有效的通用疫苗。Spax 作为锚定结构域，能够用于流感病毒抗原蛋白的展示。

5.6 表面展示型 *L. lactis*/pNZ8148-Spax-HA 的构建及交叉保护效率分析

表面展示型 *L. lactis*/pNZ8148-Spax-HA 的构建：以金黄色葡萄球菌的基因组作为模板，PCR 扩增出具有细胞壁锚定功能的 Spax 基因（411 bp）。通过常规的分子生物学方法，将 Spax 基因与来自 A/chicken/Henan/12/2004（H5N1）的 HA 基因（1650 bp）进行融合，构建重组 *L. lactis*/pNZ8148-Spax-HA。通过 Western blot、免疫荧光分析和流式细胞仪分析，对 HA 抗原蛋白的表达及定位进行检测。

口服免疫实验：SPF 级 7 日龄的小鸡作为动物模型，PBS 和 *L. lactis*/pNZ8148-Spax 作为对照，*L. lactis*/pNZ8148-Spax-HA 作为实验组。初次免疫安排在第 0、1、2 天，加强免疫安排在第 17、18、19 天。免疫剂量为：2 mL PB、10^{12} CFU 的 *L. lactis*/pNZ8148-Spax 或 *L. lactis*/pNZ8148-Spax-HA。在初次免疫后的第 15 天和第 34 天，采取血样，分离得到血清，收集小肠洗液和粪便，通过 ELISA 检测 HA 特异性血清 IgG 效价和 sIgA 效价。通过微量中和实验分析血清的中和效价。

病毒攻击实验：在最后一次免疫后的第 14 天，对免疫后的小鸡进行病毒攻击实验。攻毒剂量为：20 μL $5 \times LD_{50}$ 的 H5N1 clade 1（A/Vietnam/1203/2004，VN1203）、clade 2.3（A/Anhui/1/2005，Anhui）或 clade 8（A/chicken/Henan/12/2004，Henan），在攻毒的第 3 天检测肺部病毒滴度。在攻毒后的 14 天内，记录体重变化和存活率。

利用金黄色葡萄球菌 Spax 蛋白具有锚定的功能，构建了表面展示型重组乳酸乳球菌，即 *L. lactis*/pNZ8148-Spax-HA[见图 5-16（a）]，通过 Western blot[见图 5-16（b）]、免疫荧光分析[见图 5-16（c）]和流式细胞仪分析[见图 5-16（d）]，证实了 HA 抗原蛋白可以稳定地表达在 *L. lactis* 中，并定位在 *L. lactis* 表面。

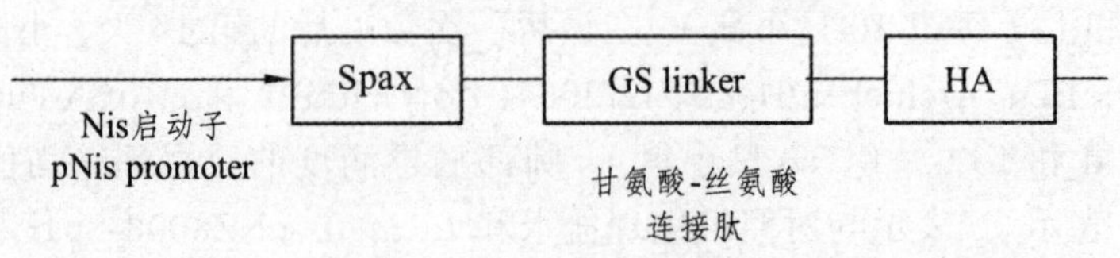

（a）*L. lactis*/pNZ8008-Spax-HA2 的示意图（在 Spax 和 HA 之间插入甘氨酸-丝氨酸用于稳定 HA 蛋白的表达）[Schematic diagram of the *L. lactis*/pNZ8148-Spax-HA. A GS linker inserted between Spax and HA to stabilize the HA protein expression]

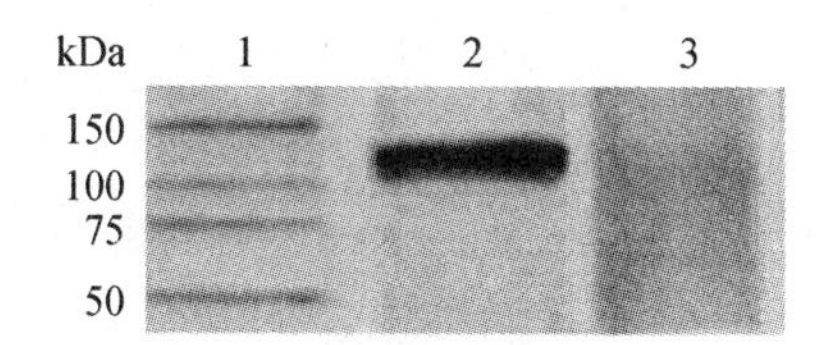

Lane 1—Precision Plus Protein™ WesternC™ (Bio-Rad, USA) marker;
Lane 2—*L. lactis*-pNZ8148-Spax-HA;
Lane 3—*L. lactis*/pNZ8148-Spax.

(b) Western blot 分析[Western blot analysis]

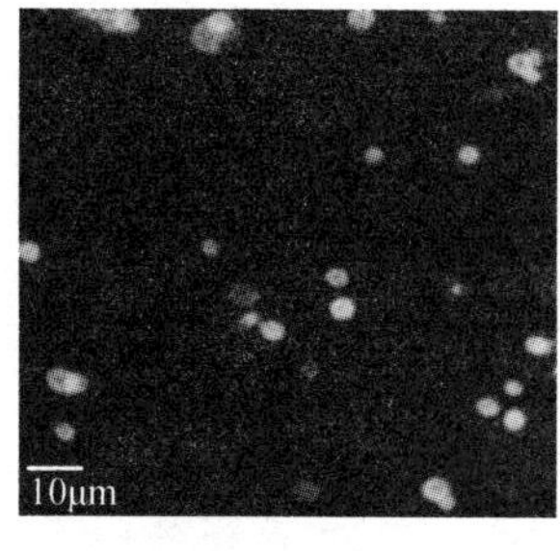

L. lactis/pNZ8148-Spax　　*L. lactis*/pNZ8148-Spax-HA (放大倍数：1 000×)

(c) HA 蛋白的免疫荧光分析[Immunofluorescence microscopy assay of the HA protein]

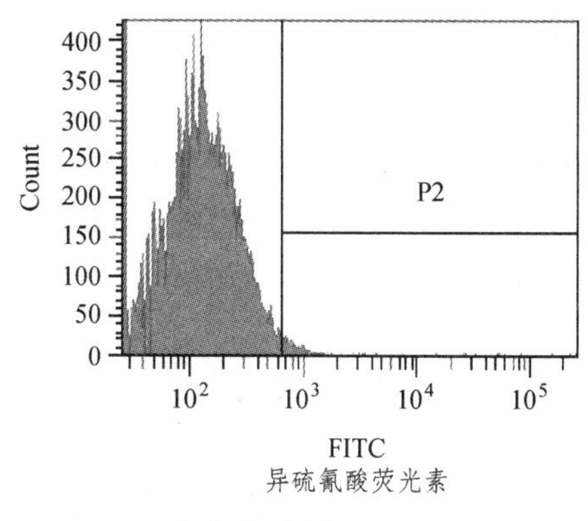

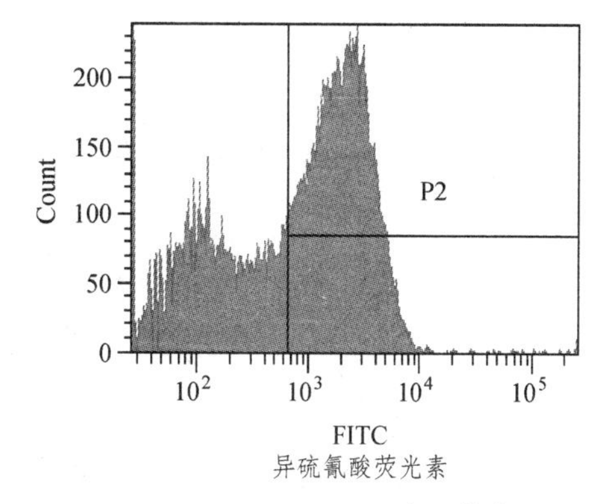

L. lactis/pNZ8148-Spax　　*L. lactis*/pNZ8148-Spax-HA2(阳性率：60.5%)

(d) H2 蛋白展示在乳酸乳球菌表面的流式细胞仪分析[Flow cytometric analysis of the HA display on the surface of *L. lactis*]

图 5-16　HA 展示在乳酸乳球菌表面的特征分析

Figure 5-16　Characterization of the HA displayed on the surface of *L. lactis*

通过 ELISA 分析口服免疫后小鸡的抗体应答水平，结果表明在初次免疫后的第 34 天，*L. lactis*/pNZ8148-Spax-HA 能够诱导产生高效价的 HA 特异性血清抗体[见图 5-17(a)]和分泌型 IgA[见图 5-17(b)、(c)]。微量中和分析结果表明 *L. lactis*/pNZ8148-Spax-HA 诱导产生的血清能有效中和 H5N1 clade 1 (A/Vietnam/1203/2004，VN1203), clade 2.3 (A/Anhui/1/2005，Anhui) and clade 8 (A/chicken/Henan/ 12/2004，Henan) [图 5-17 (d)]。

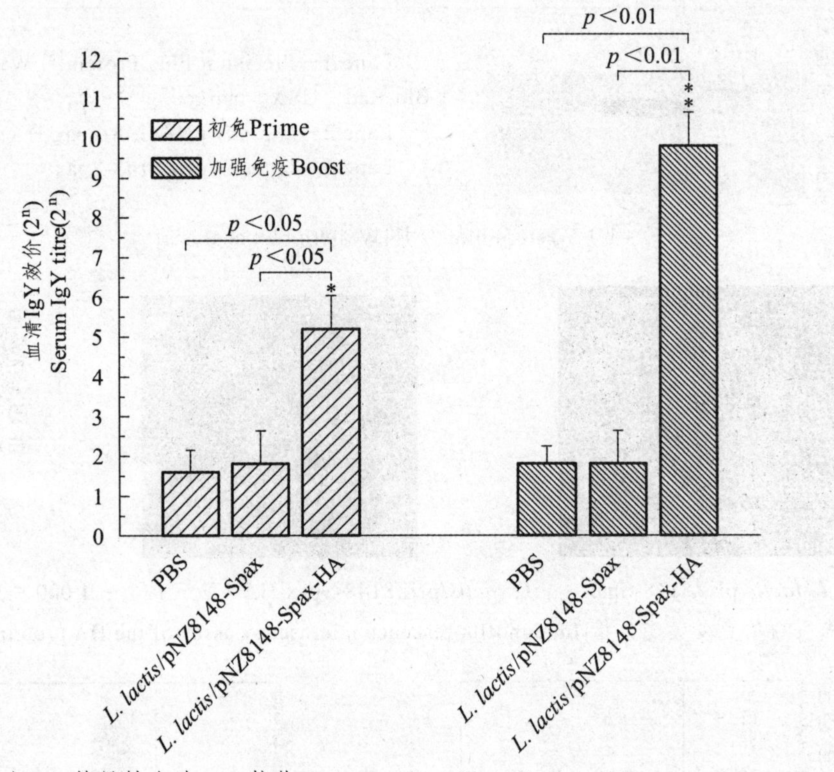

（a）HA 特异性血清 IgG 抗体[HA-specific IgG antibody responses in the sera]

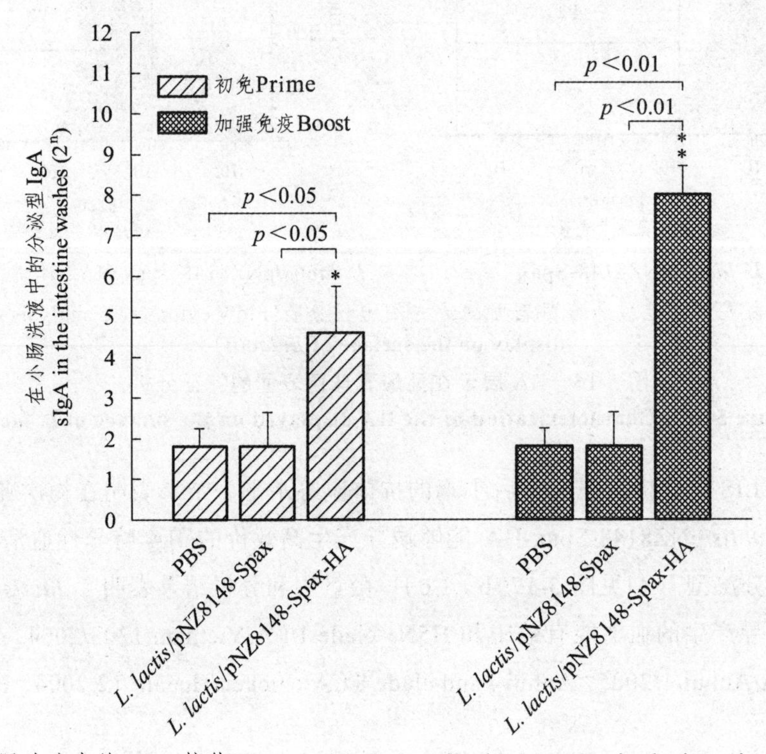

（b）小肠洗液中的 sIgA 抗体[HA-specific IgA antibody responses in the intestine washes]

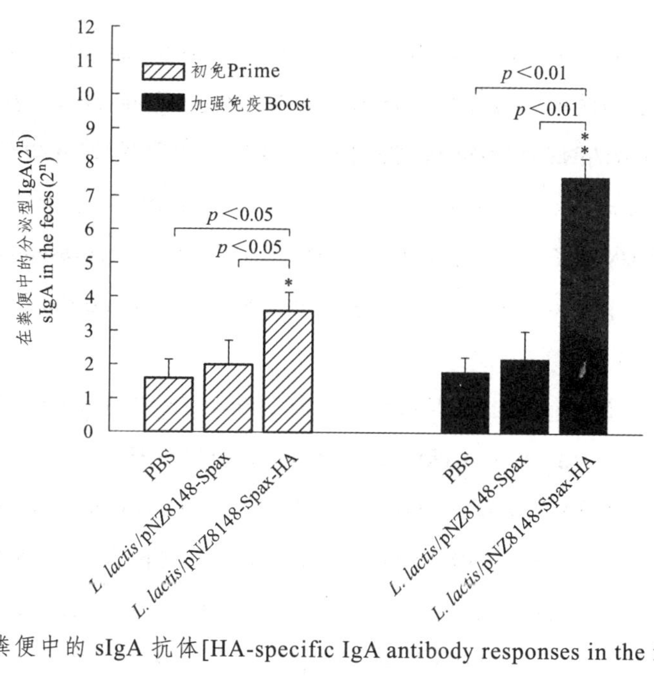

(c) 粪便中的 sIgA 抗体[HA-specific IgA antibody responses in the feces]

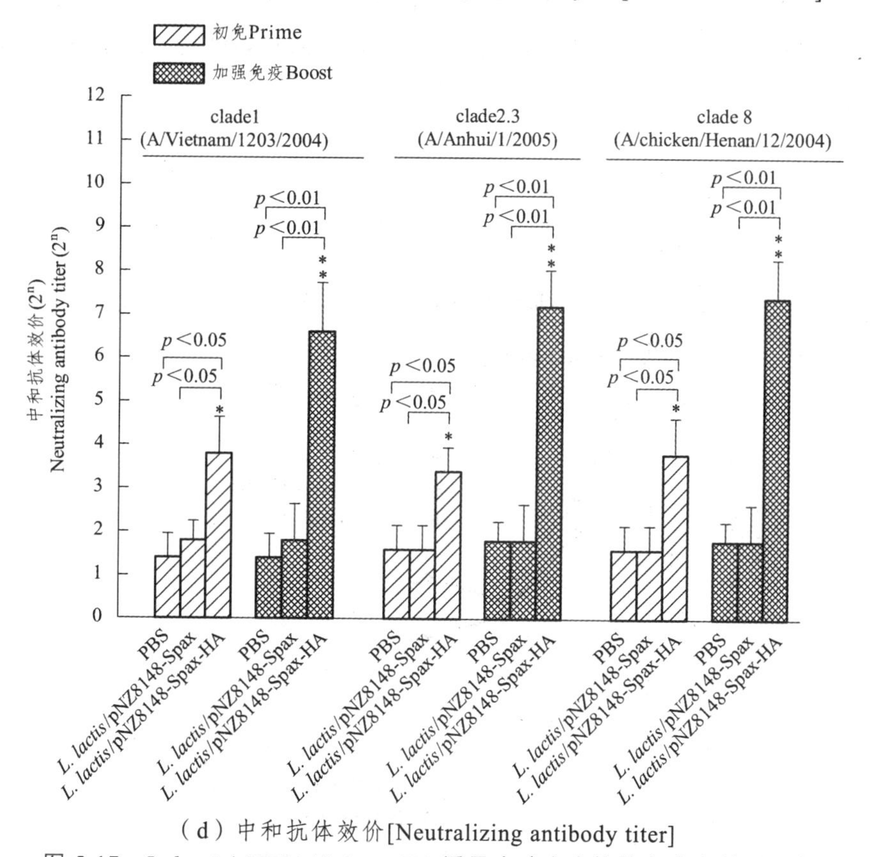

(d) 中和抗体效价[Neutralizing antibody titer]

图 5-17 *L. lactis*/pNZ8148-Spax-HA 诱导小鸡产生抗体免疫应答的测定

Figure 5-17 Determination of antibody responses elicited by the *L. lactis*/pNZ8148-Spax-HA in chickens

图 5-17 为从 PBS、*L. lactis*/pNZ8148-Spax 或 *L. lactis*/pNZ8148-Spax-HA 免疫的小鸡的血清、粪便和小肠洗液。数据用平均值 ± 标准方差（mean ± SD）表示。*表示与对照组 PBS 和 *L. lactis*/pNZ8148-Spax 对照相比，具有统计学意义（$p<0.05$）。[Sera, feces and intestine washes were collected from chickens vaccinated orally with PBS，*L. lactis*/pNZ8148-Spax or *L. lactis*/pNZ8148-Spax-HA. Data are represented as mean ± SD. Asterisk indicates significant difference，as compared to PBS and the *L. lactis*/pNZ8148-Spax controls（$p<0.05$）]

最后，通过 H5N1 clade 1（A/Vietnam/1203/2004，VN1203），clade 2.3（A/Anhui/1/2005，Anhui）或 clade 8（A/chicken/Henan/12/2004，Henan）攻击实验检测 *L. lactis*/pNZ8148-Spax-HA 的免疫保护效率，结果表明，与 PBS 和 *L. lactis*/pNZ8148-Spax 对照组相比较，*L. lactis*/pNZ8148-Spax-HA 组的体重变化轻微[见图 5-18（a）、（b）和（c）]和肺部病毒滴度效价较低[见图 5-18（d）、（e）和（f）]，且均具有统计学意义。最重要的是，*L. lactis*/pNZ8149-HA1-M2 能提供 100%的保护，如图 5-18（g）、（h）和（i）所示。这些结果表明了 *L. lactis*/pNZ8148-Spax-HA 可以作为 H5N1 不同进化枝的候选疫苗。

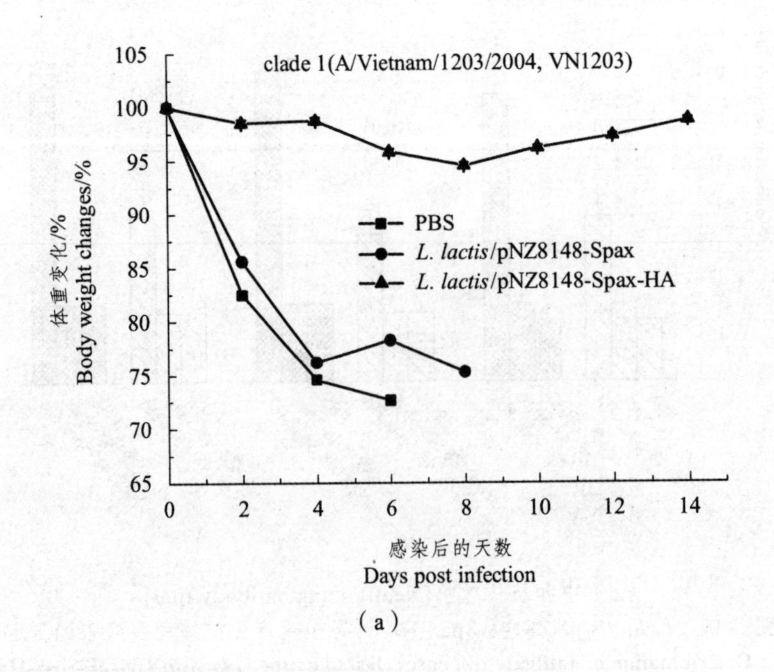

（a）

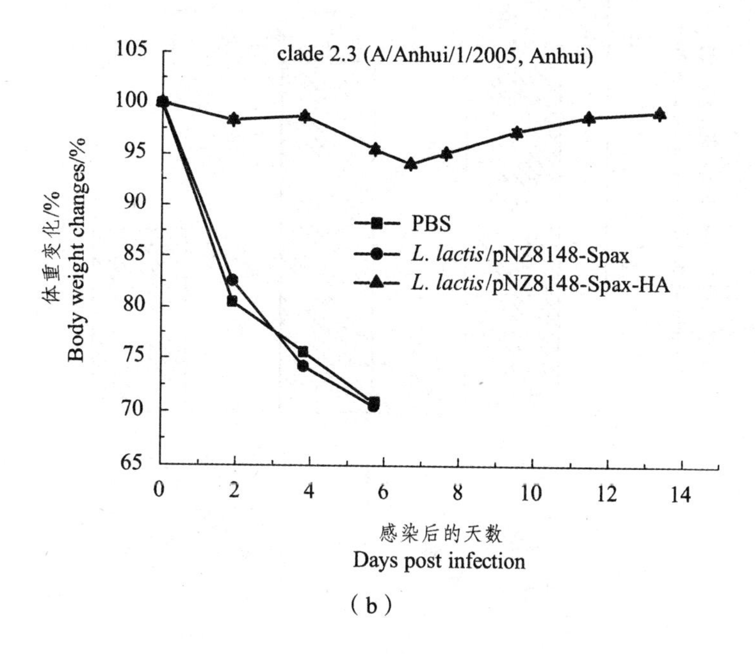
clade 2.3 (A/Anhui/1/2005, Anhui)
体重变化/%
Body weight changes/%
PBS
L. lactis/pNZ8148-Spax
L. lactis/pNZ8148-Spax-HA
感染后的天数
Days post infection

（b）

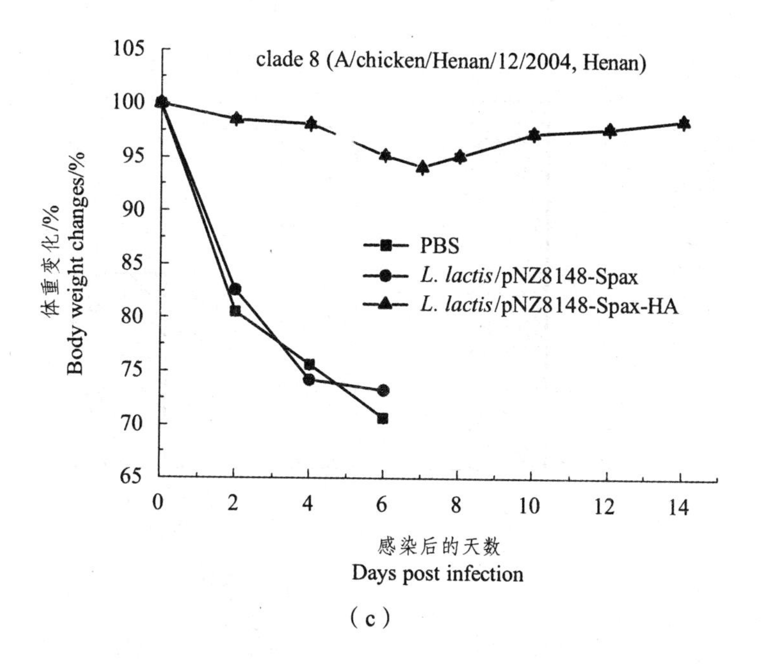
clade 8 (A/chicken/Henan/12/2004, Henan)
体重变化/%
Body weight changes/%
PBS
L. lactis/pNZ8148-Spax
L. lactis/pNZ8148-Spax-HA
感染后的天数
Days post infection

（c）

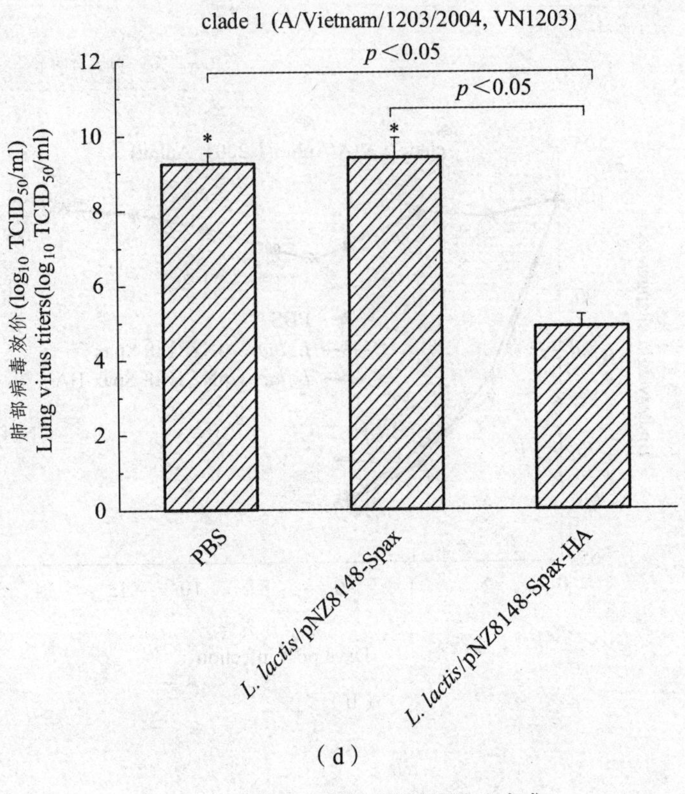
clade 1 (A/Vietnam/1203/2004, VN1203)
p<0.05
p<0.05
肺部病毒效价 (log10 TCID50/ml)
Lung virus titers(log10 TCID50/ml)
12
10
8
6
4
2
0
*
*
PBS
L. lactis/pNZ8148-Spax
L. lactis/pNZ8148-Spax-HA

(d)

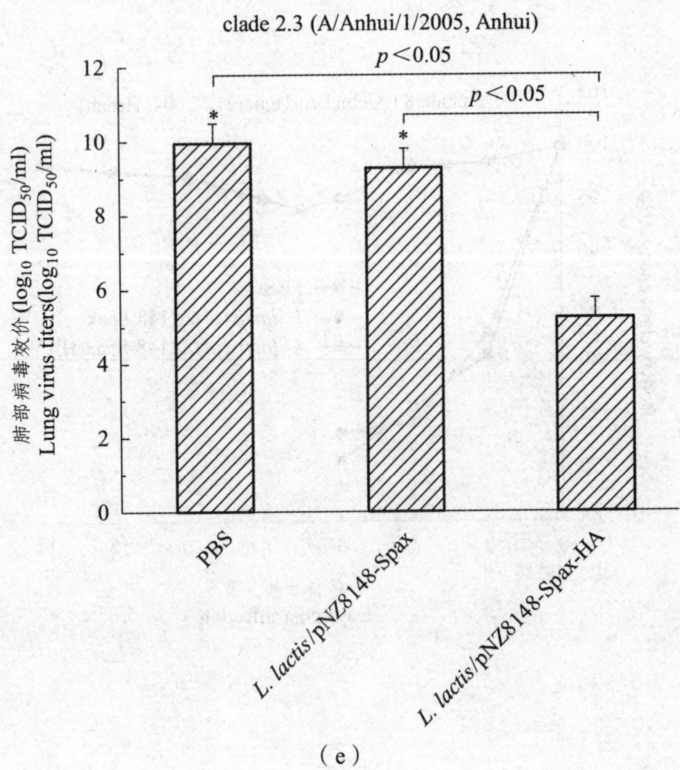
clade 2.3 (A/Anhui/1/2005, Anhui)
p<0.05
p<0.05
肺部病毒效价 (log10 TCID50/ml)
Lung virus titers(log10 TCID50/ml)
12
10
8
6
4
2
0
*
*
PBS
L. lactis/pNZ8148-Spax
L. lactis/pNZ8148-Spax-HA

(e)

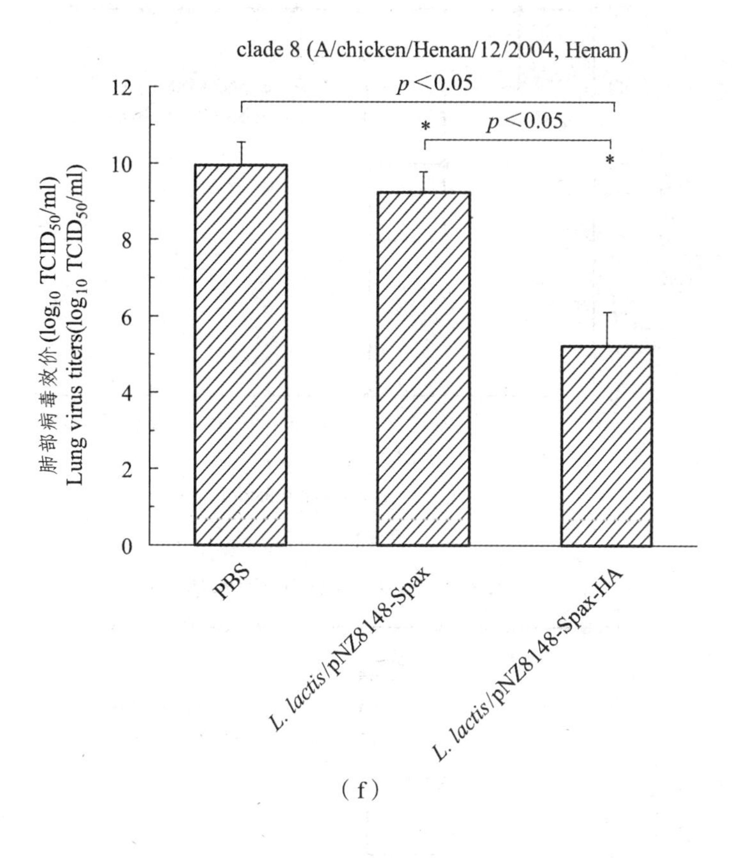
clade 8 (A/chicken/Henan/12/2004, Henan)
$p<0.05$
$p<0.05$
*
*
肺部病毒效价 (log_{10} $TCID_{50}$/ml)
Lung virus titers(log_{10} $TCID_{50}$/ml)
12
10
8
6
4
2
0
PBS
L. lactis/pNZ8148-Spax
L. lactis/pNZ8148-Spax-HA

(f)

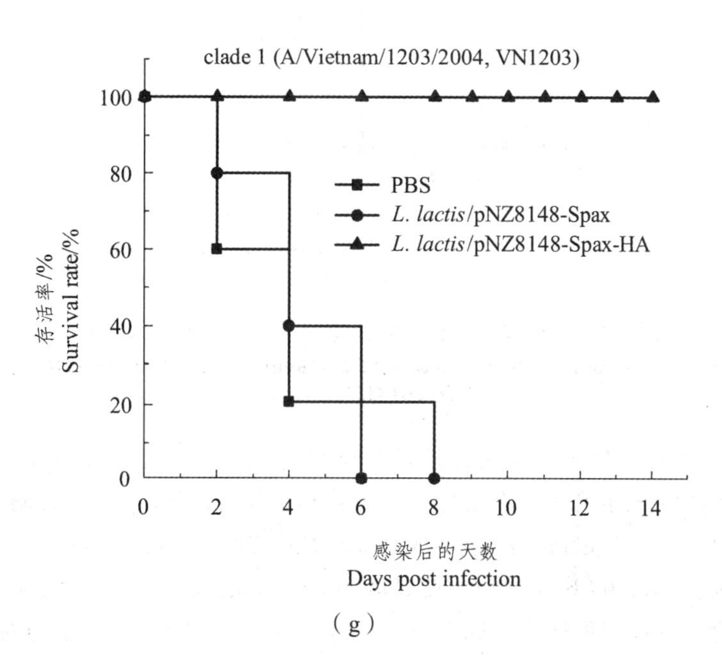
clade 1 (A/Vietnam/1203/2004, VN1203)
100
80
60
40
20
0
存活率/%
Survival rate/%
PBS
L. lactis/pNZ8148-Spax
L. lactis/pNZ8148-Spax-HA
0
2
4
6
8
10
12
14
感染后的天数
Days post infection

(g)

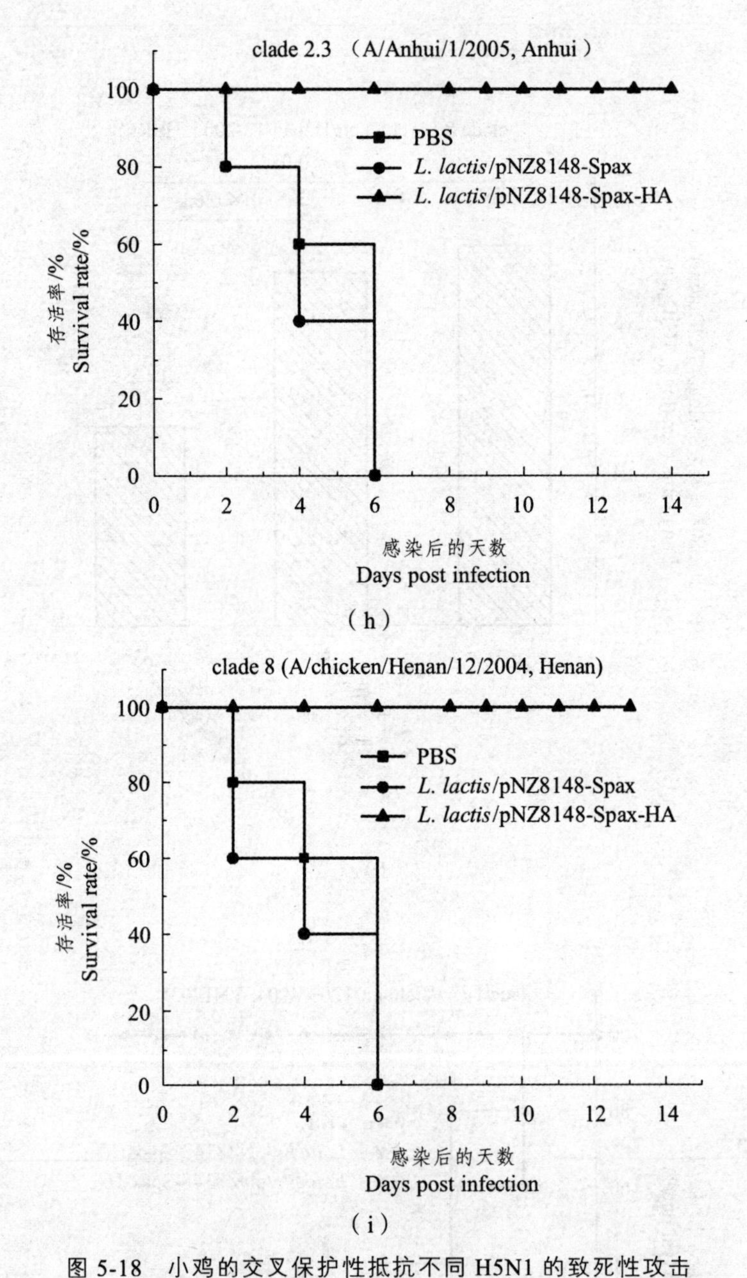

图 5-18　小鸡的交叉保护性抵抗不同 H5N1 的致死性攻击

Figure 5-18　Cross-clade protection of chickens against lethal challenge with different H5N1 viruses

如图 5-18 所示，结果表示为体重百分数变化（a、b 和 c)、肺部病毒效价（d、e 和 f)以及存活率(g、h 和 i)。在最后一次免疫后的第 14 天，小鸡通过滴鼻感染 20 μL 的 $5 \times LD_{50}$ 的 H5N1 clade 1.0：A/Vietnam/1203/2004（a，d 和 g)、clade 2.3：A/Anhui/1/2005，Anhui(b，e 和 h)或 clade 8.0：A/chicken/Henan/12/2004(c，f 和 i)。肺部病毒效价的数据用平均值 ± 标准方差（mean ± SD）表示。*表示与对照组 PBS 和

L. lactis/pNZ8148-Spax 对照相比，具有统计学意义（$p<0.05$）。[The results are expressed in terms of percent body weight(a, b and c), lung virus titer(d, e and f)and percent survival (g， h and i) . Two weeks after the last immunization， chickens were intranasally infected with 20 μL of 5 × LD_{50} of clade 1.0：A/Vietnam/1203/2004（a， d and g），clade 2.3：A/Anhui/1/2005，Anhui（b， e and h）or clade 8.0：A/chicken/Henan/12/2004（c， f and i）HPAI H5N1 virus strains. Chickens were monitored throughout a 14-day observation period（n = 5 / group）. Data for lung virus titers are represented as mean ± SD. Asterisk indicates significant difference， as compared to PBS and the *L. lactis*/pNZ8148-Spax controls（$p<0.05$）.]

5.7　表面展示技术的体外检测与分析平台

综合上述不同表面展示型的重组乳酸乳球菌的体外分析方法，Western blot 用于检测目标蛋白在乳酸乳球菌中的表达，基于抗体对重组乳酸乳球菌表面抗原蛋白的直接标记，免疫荧光标记和流式细胞仪分析用于抗原蛋白的表达定位。因此，Western blot 联合免疫荧光显微镜及流式细胞仪组成了表面抗原蛋白在体外的定性检测与分析技术平台。进一步地，通过 BCA 蛋白定量测定试剂盒及 ELISA（间接 ELISA 或竞争性 ELISA）可以对抗原蛋白的表达进行定量分析，因此，BCA 法和 ELISA 组成了表面抗原蛋白在体外的定量分析的技术平台。这两种通用的技术平台可以应用于所有表面抗原蛋白的定性与定量分析。

5.8　表面展示技术的体内检测与分析平台

通过 ELISA 可以检测抗原蛋白诱导机体产生的血清抗体和分泌型 IgA 抗体，因此，ELISA 可以广泛地应用于体液免疫应答和黏膜免疫应答的检测与分析。通过 ELISpot 和流式细胞仪可以检测抗原蛋白机体产生的细胞因子，因此，ELISpot 和流式细胞仪可以广泛地应用于细胞免疫应答的检测与分析。

最后，利用中和效价分析及病毒攻击分析（在不同器官中的病毒滴度、病毒核酸的复制数及实验动物的存活率）的技术平台，可以检测抗原蛋白的免疫保护效率。

第6章

研究成果与展望

6.1 研究成果

本专著以高致病性禽流感病毒 H5 亚型的 HA 基因、HA1 基因、HAsd 基因、NA 基因、NP 基因、HA-M2 基因作为研究对象，基于 NICE（Nisin Induced Controlled Expreesion）表达系统，构建不同表达类型的重组乳酸乳球菌，并在不同动物模型中考察其免疫原性。取得了以下主要研究成果：

（1）以 BALB/c 小鼠作为动物模型，经同型 A/chicken/Henan/12/2004（H5N1）病毒攻击后，肠溶胶囊包裹分泌型 *L. lactis*/pNZ8110-HA 和非分泌型 *L. lactis*/pNZ8150-HA 提供的保护效率分别为 100%和 40%。

（2）以小鸡作为动物模型，经同型 A/chicken/Henan/12/2004（H5N1）病毒攻击后，分泌型 *L. lactis*/pNZ8110-HA+LTB 能提供 100%免疫保护。

（3）以小鸡作为动物模型，非分泌型 *L. lactis*/pNZ2103-NA 能 100%抵抗 A/Vietnam/1203/2004（H5N1）病毒攻击。

（4）以 BALB/c 小鼠为动物模型，非分泌型 *L. lactis*/pNZ8008-NP 抵抗 A/California/04/2009（H1N1）、A/Guangdong/08/95（H3N2）或 A/Chicken/Henan/12/2004（H5N1）病毒攻击的免疫保护效率分别为 100%、80%和 80%。

（5）以小鸡作为动物模型，非分泌型 *L. lactis*/pNZ8149-HA1-M2 能 100%抵抗 /chicken/Vietnam/NCVD-15A59/2015（H5N6）或 A/Vietnam/1203/04（H5N1）的病毒攻击。

（6）以枯草芽孢杆菌（*B. subtilis*）的 pgsA 蛋白作为锚定蛋白，构建 *L. lactis*/pNZ8100-pgsA-HA1，以 BALB/c 小鼠作为动物模型，150 μL *L. lactis*/pNZ8110-pgsA-HA1+10 mg CTB 能 100%抵抗 A/chicken/Henan/12/2004（H5N1）的病毒攻击。

（7）以雪貂作为动物模型，*L. lactis*-pgsA-HA1 经滴鼻免疫后能 100%抵抗 A/chicken/Henan/12/2004（H5N1）的病毒攻击。

（8）以 BALB/c 小鼠作为动物模型，经 A/Vietnam/1203/2004（H5N1）、A/Hong Kong/1/1968（H3N2）或 A/California/04/2009（H1N1）病毒攻击后，表面展示型 *L. lactis*/pNZ8110-pgsA-NA 提供的免疫保护效率分别为 80%、60%和 60%。

（9）以 BALB/c 小鼠作为动物模型，经 A/Vietnam/1203/2004（H5N1）、A/Beijing/47/1992（H3N2）或 A/California/04/2009（H1N1）病毒攻击后，表面展型 *L. lactis*/pNZ8150-pgsA-HAsd 能提供的免疫保护效率分别为 100%、80%和 80%。

（10）金黄色葡萄球菌的 Spax 蛋白作为锚定蛋白，构建表面展示型 *L. lactis*/pNZ8008-Spax-HA2，以 BALB/c 小鼠作为动物模型，表面展示型 *L. lactis*/pNZ8008-Spax-HA2 能 100%抵抗 A/chicken/Henan/12/2004（H5N1）或 A/Puerto Rico/1/34（H1N1）的病毒攻击。

（11）以 BALB/c 小鼠作为动物模型，表面展示型 *L. lactis*/pNZ8148-Spax-HA 能100%抵抗 clade 1.0：A/Vietnam/1203/2004，clade 2.3：A/Anhui/1/2005，Anhui 或 clade 8.0：A/chicken/Henan/12/2004 的病毒攻击。

综上所述，重组乳酸乳球菌作为黏膜输送技术平台将在高致病禽流感病毒防治领域带来新的、更为广泛的应用前景。

6.2 展 望

重组乳酸乳球菌作为黏膜疫苗递送载体能够诱导机体产生适应性免疫应答，在病毒口服疫苗研发领域展现出诱人的应用前景。期望能开展以下几个方面的研究：

（1）以 *HtrA* 缺陷型乳酸乳球菌作为宿主菌，可诱导表达更多的抗原蛋白，为开展免疫实验带来更多的选择。

（2）除了 NICE 表达系统外，需要开发更多、更优的乳酸乳球菌表达系统。

（3）表达其他病毒或细菌的抗原蛋白，开发更多的病毒或细菌黏膜疫苗。

（4）根据最新版的《药物非临床研究质量管理规范（Good Laboratory Practice，GLP）》《药品注册管理办法》以及《中华人民共和国疫苗管理法》对生物制品 I 类新药的相关试验要求，通过毒理学试验评价重组乳酸乳球菌作为黏膜疫苗递送载体的安全性。

（5）开展临床前的大型动物试验和临床试验。

参考文献

[1] 凌代文，东秀珠. 乳酸细菌分类鉴定及实验方法[M]. 北京：中国轻工业出版社，1999.

[2] Hidenori H, Takahashi R, Nishi T, et al. Molecular analysis of jejunal, ileal, caecal and recto-sigmoidal human colonic microbiota using 16S rRNA gene libraries and terminal restriction fragment length polymorphism[J]. Journal of medical microbiology, 2005, 54(11): 1093-1101.

[3] Lavelle, O'Hagan. Delivery systems and adjuvants for oral vaccines[J]. Expert opinion on drug delivery, 2006, 3(6): 747-762.

[4] Miquel-Clopés A, Bentley EG, Stewart JP, et al. Mucosal vaccines and technology[J]. Clinical and experimental immunology, 2019,196(2), 205-214.

[5] Marian R, Neutra, Pamela A, et al. Mucosal vaccines: the promise and the challenge[J]. Nature reviews immunology, 2006, 6(2): 148-158.

[6] Daudel, Weidinger, Spreng. Use of attenuated bacteria as delivery vectors for DNA vaccines[J]. Expert review of vaccines, 2007, 6(1): 97-110.

[7] Tacket CO, Levine MM. CVD 908, CVD 908-htrA, and CVD 909 live oral typhoid vaccines: a logical progression[J]. Clinical infectious diseases, 2007, 45 Suppl 1: S20-S23.

[8] Mannam P, Jones KF, Geller BL. Mucosal vaccine made from live, recombinant Lactococcus lactis protects mice against pharyngeal infection with Streptococcus pyogenes[J]. Infection and immunity, 2004, 72(6): 3444-3450.

[9] Gilbert C, Robinson K, Le P, et al. Heterologous expression of an immunogenic pneumococcal type 3 capsular polysaccharide in Lactococcus lactis[J]. Infection and immunity, 2000, 68(6): 3251-3260.

[10] Lillehoj HS, Trout JM. Avian gut-associated lymphoid tissues and intestinal immune responses to Eimeria parasites[J]. Clinical microbiology reviews, 1996, 9(3): 349-360.

[11] Cooper GL, Venables LM, Woodward MJ, et al. Vaccination of chickens with strain CVL30, a genetically defined Salmonella enteritidis aroA live oral vaccine candidate[J]. Infection and immunity, 1994, 62(11): 4747-54.

[12] Reynaud CA, Mackay CR, M ü ller RG, et al. Somatic generation of diversity in a mammalian primary lymphoid organ: the sheep ileal Peyer's patches[J]. Cell, 1991, 64(5):995.

[13] 陈慰峰. 医学免疫学. 第 4 版[M]. 北京：人民卫生出版社，2004.

[14] Allan McI. M, Owain RM, Fernando GC. Anatomical and Cellular Basis of Immunity and Tolerance in the Intestine[J]. Journal of pediatric gastroenterology and nutrition, 2004, 39 Suppl 3: S723-S724.

[15] Maria R, Matteo U, Barbara V, et al. Dendritic cells express tight junction proteins and penetrate gut epithelial monolayers to sample bacteria[J]. Nature Immunology, 2001, 2(4): 361-367.

[16] Chieppa M, Rescigno M, Huang AY, et al. Dynamic imaging of dendritic cell extension into the small bowel lumen in response to epithelial cell TLR engagement[J]. Journal of experimental medicine, 2006, 203(13): 2841-2852.

[17] Jerry MW, Annick M. Mucosal delivery of therapeutic and prophylactic molecules using lactic acid bacteria[J]. Nature reviews microbiology, 2008, 6(Suppl. 2): 349-362.

[18] Klijn N, Weerkamp AH, de Vos WM. Genetic marking of Lactococcus lactis shows its survival in the human gastrointestinal tract[J]. Applied and environmental microbiology, 1995, 61(7): 2771-2774.

[19] Vesa T, Pochart P, Marteau P. Pharmacokinetics of Lactobacillus plantarum NCIMB 8826, Lactobacillus fermentum KLD, and Lactococcus lactis MG 1363 in the human gastrointestinal tract[J]. Alimentary pharmacology & therapeutics, 2000, 14(6): 823-828.

[20] van der Waaij LA, Harmsen HJ, Madjipour M, et al. Bacterial population analysis of human colon and terminal ileum biopsies with 16S rRNA-based fluorescent probes: commensal bacteria live in suspension and have no direct contact with epithelial cells[J]. Inflammatory bowel diseases, 2005, 11(10): 865-871.

[21] Valeur N, Engel P, Carbajal N, et al. Colonization and immunomodulation by Lactobacillus reuteri ATCC 55730 in the human gastrointestinal tract[J]. Applied and environmental microbiology, 2004, 70(2): 1176-1181.

[22] Vinderola CG, Medici M, Perdig ó n G. Relationship between interaction sites in the gut, hydrophobicity, mucosal immunomodulating capacities and cell wall protein profiles in indigenous and exogenous bacteria[J]. Journal of applied microbiology, 2004, 96(2): 230-243.

[23] Bolotin A, Wincker P, Mauger S, et al. The Complete Genome Sequence of the Lactic Acid Bacterium Lactococcus lactis ssp. lactis IL1403[J]. Genome research, 2001, 11(5): 731-753.

[24] Wegmann U, O'Connell-Motherway M, Zomer A, et al. Complete genome sequence of the prototype lactic acid bacterium Lactococcus lactis subsp. cremoris MG1363[J]. Journal of bacteriology, 2007, 189(8): 3256-3270.

[25] Willem M de Vos. Gene expression systems for lactic acid bacteria[J]. Current opinion in microbiology, 1999, 2(3): 289-295.

[26] Oscar PK, de Ruyter PG, Kleerebezem M, et al. Controlled overproduction of proteins by lactic acid bacteria[J]. Trends in biotechnology, 1997, 15(4): 135-140.

[27] Szatraj K, Szczepankowska AK, Chmielewska-Jeznach M. Lactic acid bacteria-promising vaccine vectors: possibilities, limitations, doubts[J]. Journal of applied microbiology, 2017, 123(2), 325-339.

[28] Makrides SC. Strategies for achieving high-level expression of genes in Escherichia coli[J]. Microbiological reviews, 1996, 60(3): 512-538.

[29] Azizpour M, Hosseini SD, Jafari P, et al. *Lactococcus lactis*: A New Strategy for Vaccination[J]. Avicenna journal of medical biotechnology, 2017, 9(4), 163-168.

[30] Mierau I, Kleerebezem M. 10 years of the nisin-controlled gene expression system (NICE) in Lactococcus lactis[J]. Applied microbiology and biotechnology, 2005, 68(6): 705-717.

[31] Chatterjee C, Paul M, Xie L, et al. Biosynthesis and mode of action of lantibiotics[J]. Chemical reviews, 2005, 105(2): 633-684.

[32] Delves-Broughton J, Blackburn P, Evans RJ, et al. Applications of the bacteriocin, nisin[J]. Antonie van Leeuwenhoek, 1996, 69(2): 193-202.

[33] van Kraaij C, de Vos WM, Siezen RJ, et al. Lantibiotics: biosynthesis, mode of action and applications[J]. Natural product reports, 1999, 16(5): 575-587.

[34] Christianson DW. Five golden rings[J]. Science, 2006, 311(5766): 1382-1383.

[35] Breukink E, Wiedemann I, van Kraaij C, et al. Use of the cell wall precursor lipid Ⅱ by a pore-forming peptide antibiotic[J]. Science, 1999, 286(5448): 2361-2364.

[36] Shang-Te DH, Breukink E, Tischenko E, et al. The nisin-lipid Ⅱ complex reveals a pyrophosphate cage that provides a blueprint for novel antibiotics[J]. Nature structural & molecular biology, 2004, 11(10): 963-967.

[37] Hasper HE, de Kruijff B, Breukink E. Assembly and stability of nisin lipid Ⅱ pores[J]. Biochemistry, 2004, 43(36): 11567-11575.

[38] Kleerbezem M. Quorum sensing by peptide pheromones and two-component signal-transduction systems in Gram-positive bacteria[J]. Molecular microbiology, 2010, 24(5): 895-904.

[39] Kuipers OP, Beerthuyzen MM, de Ruyter PG, et al. Autoregulation of nisin biosynthesis in Lactococcus lactis by signal transduction[J]. Journal of biological chemistry, 1995, 270(45): 27299-27304.

[40] Kuipers OP, de Ruyter PG, Kleerebezem M, et al. Quorum sensing-controlled gene expression in lactic acid bacteria[J]. Journal of biotechnology, 1998, 64(1): 15-21.

[41] Mierau I, Leij P, Swamv I, et al. Industrial-scale production and purification of a heterologous protein in Lactococcus lactis using the nisin-controlled gene expression system NICE: The case of lysostaphin[J]. Microbial cell factories, 2005, 4(1): 15.

[42] Eichenbaum Z, Federle MJ, Marra D, et al. Use of the lactococcal nisA promoter to regulate gene expression in grampositive bacteria: comparison of induction level and promoter strength[J]. Applied and environmental microbiology, 1998, 64(8): 2763-2769.

[43] de Ruyter PG, Kuipers OP, de Vos WM. Controlled gene expression systems for Lactococcus lactis with the food-grade inducer nisin[J]. Applied and environmental microbiology, 1996, 62(10): 3662-3667.

[44] Kunji ER, Slotboom DJ, Poolman B. Lactococcus lactis as host for overproduction of functional membrane proteins[J]. Biochimica et biophysica acta, 2003, 1610(1): 97-108.

[45] Mazmanian SK, Liu G, Jensen ER, et al. Staphylococcus aureus sortase mutants defective in the display of surface proteins and in the pathogenesis of animal infections[J]. Proceedings of the national academy of sciences of the united states of america, 2000, 97(10): 5510-5515.

[46] Schneewind O, Fowler A, Faull KF. Structure of the cell wall anchor of surface proteins in Staphylococcus aureus[J]. Science, 1995, 268(5207): 103-106.

[47] Medaglini D, Pozzi G, King TP, et al. Mucosal and systemic immune responses to a recombinant protein expressed on the surface of the oral commensal bacterium *Streptococcus gordonii* after oral colonization[J]. Proceedings of the national academy of sciences of the united states of america, 1995, 92(15): 6868-6872.

[48] Piard JC, Hautefort I, Fischetti VA, et al. Cell wall anchoring of the Streptococcus pyogenes M6 protein in various lactic acid bacteria[J]. Journal of bacteriology, 1997, 179(9): 3068-3072.

[49] Stefan S, Mathias U. Bacterial surface display: trends and progress[J]. Trends in biotechnology, 1997, 15(5): 185-192.

[50] Dieye Y, Usai S, Clier F, et al. Design of a protein-targeting system for lactic acid bacteria[J]. Journal of bacteriology, 2001, 183(14): 4157-4166.

[51] Ribeiro LA, Azevedo V, Le Loir Y, et al. Production and targeting of the Brucella abortus antigen L7/L12 in Lactococcus lactis: a first step towards food-grade live vaccines against brucellosis[J]. Applied and environmental microbiology, 2002, 68(2): 910-916.

[52] Xin KQ, Hoshino Y, Toda Y, et al. Immunogenicity and protective efficacy of orally administered recombinant Lactococcus lactis expressing surface-bound HIV Env[J]. Blood, 2003, 102(1): 223-228.

[53] Okano K, Zhang Q, Kimura S, et al. System using tandem repeats of the cA peptidoglycan-binding domain from Lactococcus lactis for display of both N- and C-terminal fusion on cell surface of lactic acid acid bacteria[J]. Applied and Environmental Microbiology, 2008, 74(4): 1117-1123.

[54] Bermudez-Humaran LG, Cortes-Perez NG, Le Loris Y, et al. An inducible surface presentation system improves cellular immunity against human papillomavirus type 16 E7 antigen in mice after nasal administration with recombinant lactococci[J]. Journal of medical microbiology, 2004, 53 (5): 427-433.

[55] Cortes-Perez NG, Bermudez-Humaran LG, Le Loris Y, et al. Mice immunization with live lactococci displaying a surface anchored HPV-16 E7 oncoprotein[J]. FEMS microbiology letters, 2003, 229(1): 37-42.

[56] Cortes-Perez NG, Azevedo V, Alcocer-Gonzaler JM, et al. Cell-surface display of E7 antigen from human papillomavirus type-16 in Lactococcus lactis and in Lactobacillus plantarum using a new cell-wall anchor from lactobacilli[J]. Journal of drug targeting, 2005, 13(2): 89-98.

[57] Narita J, Okano K, Kitao T, et al. Display of α-amylase on the surface of Lactobacillus casei cells by use of the PgsA anchor protein, and production of lactic acid from starch.[J]. Applied and environmental microbiology, 2006, 72(1): 269-275.

[58] Ashiuchi M, Soda K, Misono H. A poly-γ-glutamate synthetic system of Bacillus subtilis IFO 3336: gene cloning and biochemical analysis of poly-γ-glutamate produced by Escherichia coli clone cells[J]. Biochemical and biophysical research communications, 1999, 263(1): 6-12.

[59] Narita J, Okano K, Toateno T, et al. Display of active enzyme on the cell surface of Escherichia coli using PgsA anchor protein and their application to bioconversion[J]. Applied microbiology and biotechnology, 2006, 70(5): 564-572.

[60] Poo H, Lee JS, Kim CJ, et al. Lactobacillus-based human papillomavirus type 16 oral vaccine. In: Ueda M, ed[J]. Frontier of combinatorial bioengineering, 2004, 4(2): 76-86.

[61] Ashiuchi M, Nawa C, Kamei T, et al. Physiological and biochemical characteristics of poly- γ -glutamate synthetase complex of Bacillus subtilis[J]. European journal of biochemistry, 2001, 268(20): 5321-5328.

[62] Poo H, Pyo HM, Lee TY, et al. Oral administration of human papillomavirus type 16 E7 displayed on Lactobacillus casei induces E7-specific antitumor effects in C57/BL6 mice[J]. International journal of cancer, 2006, 119(7): 1702-1709.

[63] Lee JS, Poo H, Han DP, et al. Mucosal immunization with surface-displayed severe acute respiratory syndrome coronavirus spike protein on Lactobacillus casei induces neutralizing antibodies in mice[J]. Journal of virology, 2006, 80(8): 4079-4087.

[64] Fujita Y, Ito J, Ueda M, et al. Synergistic saccharification and direct fermentation to ethanol of amorphous cellulose by use of an engineered yeast strain codisplaying three types of cellulolytic enzyme[J]. Applied and environmental microbiology, 2004, 70(2): 1207-1212.

[65] Shigechi H, Koh J, Fujita Y, et al. Direct production of ethanol from raw corn starch via fermentation by use of a novel surface-engineered yeast strain codisplaying glucoamylase and α-amylase[J]. Applied and environmental microbiology, 2004, 70(8): 5037-5040.

[66] Matsumoto T, Fukuda H, Ueda M, et al. Construction of yeast strains with high cell surface lipase activity by using novel display systems based on the Flo1p flocculation function domain[J]. Applied and environmental microbiology, 2002, 68(9): 4517-4522.

[67] Washida M, Takahashi S, Ueda M, et al. Spacer-mediated display of active lipase on the yeast cell surface[J]. Applied microbiology and biotechnology, 2001, 56(5-6): 681-686.

[68] Le Loir Y, Azevedo V, Oliveira SC, et al. Protein secretion in Lactococcus lactis: an efficient way to increase the overall heterologous protein production[J]. Microbial cell factories, 2005, 4(1): 2.

[69] Gasson MJ. Plasmid complements of Streptococcus lactis NCDO 712 and other lactic streptococci after protoplast-induced curing[J]. Journal of bacteriology, 1983, 154(1): 1-9.

[70] Poquet I, Saint V, Seznec E, et al. HtrA is the unique surface housekeeping protease in Lactococcus lactis and is required for natural protein processing[J]. Molecular microbiology, 2000, 35(5): 1042-1051.

[71] Kunji ER, Mierau I, Hagting A, et al. The proteolytic systems of lactic acid bacteria[J]. Antonie van Leeuwenhoek, 1996, 70(2-4): 187-221.

[72] Miyoshi A, Poquet I, Azevedo V, et al. Controlled production of stable heterologous proteins in Lactococcus lactis[J]. Applied and Environmental Microbiology, 2002, 68(6): 3141-3146.

[73] Lindholm A, Smeds A, Palva A. Receptor binding domain of Escherichia coli F18 fimbrial adhesion FedF can be both efficiently secreted and surface displayed in a functional form in Lactococcus lactis[J]. Applied and environmental microbiology, 2004, 70(4): 2061-2071.

[74] Dieye Y, Usai S, Clier F, et al. Design of a protein-targeting system for lactic acid bacteria[J]. Journal of bacteriology, 2001, 183(14): 4157-4166.

[75] Enouf V, Langella P, Commissaire J, et al. Bovine rotavirus nonstructural protein 4 produced by Lactococcus lactis is antigenic and immunogenic[J]. Applied and environmental microbiology, 2001, 67(4): 1423-1428.

[76] Ravn P, Arnau J, Madsen SM, et al. The development of TnNuc and its use for the isolation of novel secretion signals in Lactococcus lactis[J]. Gene, 2000, 242(1-2): 347-356.

[77] Helena A, von Heijine G. A 30-residue-long "export initiation domain" adjacent to the signal sequence is critical for protein translocation across the inner membrane of escherichia coli[J]. Proceedings of the national academy of sciences of the united states of america, 1991, 88(21): 9751-9754.

[78] Le Loir Y, Gruss A, Ehrlich SD, et al. A nine-residue synthetic propeptide enhances secretion efficiency of heterologous proteins in Lactococcus lactis[J]. Journal of bacteriology, 1998, 180(7): 1895-1903.

[79] Ribeiro LA, Azevedo V, Le Loir Y, et al. Production and targeting of the Brucella abortus antigen L7/L12 in Lactococcus lactis: a first step towards food-grade live vaccines against brucellosis[J]. Applied and environmental microbiology, 2002, 68(2): 910-916.

[80] Asseldonk M, Vos WM, Simons G. Functional analysis of the Lactococcus lactis usp45 secretion signal in the secretion of a homologous proteinase and a heterologous alpha-amylase[J]. Molecular & general genetics: MGG, 1993, 240(3): 428-434.

[81] van Huynegem K, Loos M, Steidler L. Immunomodulation by genetically engineered lactic acid bacteria[J]. Frontiers in bioscience, 2009, 14(1): 4825-4835.

[82] Iwaki M, Okahashi N, Takahashi I, et al. Oral immunization with recombinant Streptococcus lactis carrying the Streptococcus mutans surface protein antigen gene[J]. Infection and immunity, 1990, 58(9): 2929-2934.

[83] Sean B, Hanniffy AT, Carter EH, et al. Mucosal delivery of a pneumococcal vaccine using Lactococcus lactis affords protection against respiratory infection[J]. Journal of infectious diseases, 2007, 195(2): 185-193.

[84] Schofield KM, Wells JM, Page R, et al. Oral vaccination of mice against tetanus with recombinant Lactococcus lactis[J]. Nature biotechnology, 1997, 15(7): 653-657.

[85] Wells JM, Wilson PW, Norton PM, et al. Lactococcus lactis: high-level expression of tetanus toxin fragment C and protection against lethal challenge[J]. Molecular microbiology, 2010, 8(6): 1155-1162.

[86] Norton PM, Wells JM, Brown HW, et al. Protection against tetanus toxin in mice nasally immunized with recombinant Lactococcus lactis expressing tetanus toxin fragment C[J]. Vaccine, 1997, 15(6-7): 616-619.

[87] Grangette C, Muller-Alouf H, Goudercourt D, et al. Mucosal immune responses and protection against tetanus toxin after intranasal immunization with recombinant Lactobacillus plantarum[J]. Infection and immunity, 2001, 69(3): 1547-1553.

[88] Grangette C, Muller-Alouf H, Geoffroy M, et al. Protection against tetanus toxin after intragastric administration of two recombinant lactic acid bacteria: impact of strain viability and in vivo persistence[J]. Vaccine, 2002, 20(27-28): 3304-3309.

[89] Shaw DM, Gaerthe B, Leer RJ, et al. Engineering the microflora to vaccinate the mucosa: serum immunoglobulin G responses and activated draining cervical lymph nodes following mucosal application of tetanus toxin fragment C-expressing lactobacilli[J]. Immunology, 2000, 100(4): 510-518.

[90] Grangette C, Muller-Alouf H, Hols P, et al. Enhanced mucosal delivery of antigen with cell wall mutants of lactic acid bacteria[J]. Infection and immunity, 2004, 72(5): 2731-2737.

[91] Lee MH, Roussel Y, Wilks M, et al. Expression of Helicobacter pylori urease subunit B gene in Lactococcus lactis MG1363 and its use as a vaccine delivery system against H. pylori infection in mice[J]. Vaccine, 2001, 19(28-29): 3927-3935.

[92] Dieye Y, Hoekman AJ, Clier F, et al. Ability of Lactococcus lactis to export viral capsid antigens: a crucial step for development of live vaccines[J]. Applied and environmental microbiology, 2003, 69(12): 7281-7288.

[93] Norton PM, Brown H, Wells JM, et al. Factors affecting the immunogenicity of tetanus toxin fragment C expressed in Lactococcus lactis[J]. FEMS immunology and medical microbiology, 2013, 14(2-3): 167-177.

[94] Bermudez-Humaran LG. An inducible surface presentation system improves cellular immunity against human papillomavirus type 16 E7 antigen in mice after nasal administration with recombinant lactococci[J]. Journal of medical microbiology, 2004, 53(5): 427-433.

[95] Robinson K, Chamberlain LM, Lopez MC, et al. mucosal and cellular immune responses elicited by recombinant Lactococcus lactis strains expressing tetanus toxin fragment C[J]. Infection and immunity, 2004, 72(5): 2753-2761.

[96] Steidler L, Wells JM, Raeymaekers A, et al. Secretion of biologically active murine interleukin-2 by Lactococcus lactis subsp. lactis[J]. Applied and environmental microbiology, 1995, 61(4): 1627-1629.

[97] Steidler L, Robinson K, Chamberlain L, et al. Mucosal delivery of murine interleukin-2 (IL-2)and IL-6 by recombinant strains of Lactococcus lactis coexpressing antigen and cytokine[J]. Infection and immunity, 1998, 66(7): 3183-3189.

[98] Bermudez-Humaran LG, Cortes-Perez NG, Lefevre F, et al. A novel mucosal vaccine based on live Lactococci expressing E7 antigen and IL-12 induces systemic and mucosal immune responses and protects mice against human papillomavirus type 16-induced tumors[J]. Journal of immunology, 2005, 175(11): 7297-7302.

[99] Steidler L, Hans W, Schotte L, et al. Treatment of murine colitis by Lactococcus lactis secreting interleukin-10[J]. Science, 2000, 289(5483): 1352-1355.

[100] Kuhn R, Lohler J, Rennick D, et al. Interleukin-10-deficient mice develop chronic enterocolitis[J]. Cell, 1993, 75(2): 263-274.

[101] Powrie F, Leach MW, Mauze S, et al. Inhibition of Th1 responses prevents inflammatory bowel disease in scid mice reconstituted with CD45RBhi CD4+ T cells[J]. Immunity, 1994, 1(7): 553-562.

[102] Ribbons KA, Thompson JH, Liu X, et al. Anti-inflammatory properties of interleukin-10 administration in hapten-induced colitis[J]. European journal of pharmacology, 1997, 323(2-3): 245-254.

[103] Tomoyose M, Mitsuyama K, Ishid H. Role of interleukin-10 in a murine model of dextran sulfate sodium-induced colitis[J]. Scandinavian journal of gastroenterology, 1998, 33(4): 435-440.

[104] Fedorak RN, Gangl A, Elson CO, et al. Recombinant human interleukin 10 in the treatment of patients with mild to moderately active Crohn's disease[J]. Gastroenterology, 2000, 119(6): 1473-1482.

[105] Schreiber S, Fedorak RN, Nielsen OH, et al. Hanauer: Safety and efficacy of recombinant human interleukin 10 in chronic active Crohn's disease[J]. Gastroenterology, 2000, 119(6): 1461-1472.

[106] Foligné B, Nutten S, Steidler L, et al. Recommendations for improved use of the murine TNBS-induced colitis model in evaluating anti-inflammatory properties of lactic acid bacteria: technical and microbiological aspects[J]. Digestive diseases and sciences, 2006, 51(2): 390-400.

[107] Termont S, Vandenbroucke K, Iserentant D, et al. Intracellular accumulation of trehalose protects Lactococcus lactis from freeze-drying damage and bile toxicity and increases gastric acid resistance[J]. Applied and environmental microbiology, 2006, 72(12): 7694-7700.

[108] Braat H, Rottiers P, Hommes DW, et al. A phase I trial with transgenic bacteria expressing interleukin-10 in Crohn's disease[J]. Clinical gastroenterology and hepatology, 2006, 4(6): 754-759.

[109] Krawiec P, Pawłowska-Kamieniak A, Pac-Kożuchowska E. Interleukin 10 and interleukin 10 receptor in paediatric inflammatory bowel disease: from bench to bedside lesson[J]. Journal of inflammation (London, England), 18(1), 13.

[110] Marchbank T, Westley BR, May F, et al. Dimerization of human pS2 (TFF1)plays a key role in its protective/healing effects[J]. Journal of pathology, 2015, 185(2): 153-158.

[111] Playford RJ, Marchbank T, Goodlad RA, et al. Transgenic mice that overexpress the human trefoil peptide pS2 have an increased resistance to intestinal damage[J]. Proceedings of the national academy of sciences, 1996, 93(5): 2137-2142.

[112] Playford RJ, Marchbank T, Chinery R, et al. Human spasmolytic polypeptide is a cytoprotective agent that stimulates cell migration[J]. Gastroenterology, 1995, 108(1): 108-116.

[113] Konturek PC, Brzozowski T, Konturek SJ, et al. Role of spasmolytic polypeptide in healing of stress-induced gastric lesions in rats[J]. Regulatory peptides, 1997, 68(1): 71-79.

[114] Mckenzie C, Marchbank T, Playford RJ, et al. Pancreatic spasmolytic polypeptide protects the gastric mucosa but does not inhibit acid secretion or motility[J]. American journal of physiology, 1997, 273(1 Pt 1): G112-G117.

[115] Poulsen SS, Thulesen J, Christensen L, et al. Metabolism of oral trefoil factor 2 (TFF2)and the effect of oral and parenteral TFF2 on gastric and duodenal ulcer healing in the rat[J]. Gut, 1999, 45(4): 516-522.

[116] Babyatsky MW, de Beaumont M, Thim L, et al. Oral trefoil peptides protect against ethanol- and indomethacin-induced gastric injury in rats[J]. Gastroenterology, 1996, 110(2): 489-497.

[117] Cook GA, Thim L, Yeomans ND, et al. Oral human spasmolytic polypeptide protects against aspirin-induced gastric injury in rats[J]. Journal of gastroenterology and hepatology, 2010, 13(4): 363-370.

[118] Tran CP, Cook GA, Yeomans ND, et al. Trefoil peptide TFF2 (spasmolytic polypeptide) potently accelerates healing and reduces inflammation in a rat model of colitis[J]. Gut, 1999, 44(5): 636-642.

[119] Chinery R, Playford RJ. Combined intestinal trefoil factor and epidermal growth factor is prophylactic against indomethacin-induced gastric damage in the rat[J]. Clinical Science, 1995, 88(4): 401-403.

[120] Zhang BH, Yu HG, Sheng ZX, et al. The therapeutic effect of recombinant human trefoil factor 3 on hypoxia-induced necrotizing enterocolitis in immature rat[J]. Regulatory peptides, 2003, 116(1-3): 53-60.

[121] Beck PL, Wong JF, Li Y, et al. Chemotherapy- and radiotherapy-induced intestinal damage is regulated by intestinal trefoil factor[J]. Gastroenterology, 2004, 126(3): 796-808.

[122] Rodrigues SS. Trefoil peptides as proangiogenic factors in vivo and in vitro: implication of cyclooxygenase-2 and EGF receptor signaling[J]. FASEB journal: official publication of the federation of american societies for experimental biology, 2003, 17(1): 7-16.

[123] Tan XD, Chen YH, Liu QP, et al. Prostanoids mediate the protective effect of trefoil factor 3 in oxidant-induced intestinal epithelial cell injury: role of cyclooxygenase-2[J]. Journal of cell science, 2000, 113 (Pt 12)(12): 2149-2155.

[124] Vandenbroucke K, Hans W, van Huysse J, et al. Active delivery of trefoil factors by genetically modified Lactococcus lactis prevents and heals acute colitis in mice[J]. Gastroenterology, 2004, 127(2): 502-513.

[125] Foligne B, Dessein R, Marceau M, et al. Prevention and treatment of colitis with Lactococcus lactis secreting the immunomodulatory Yersinia LcrV protein[J]. Gastroenterology, 2007, 133(3): 862-874.

[126] Hutchinson EC. Influenza Virus[J]. Trends in microbiology, 2018, 26(9): 809-810.

[127] Fouchier, Ron AM, Munster, et al. Characterization of a novel influenza A virus hemagglutinin subtype (H16) obtained from black-headed gulls[J]. Journal of virology, 2005, 79(5): 2814-2822.

[128] Suarez DL. Evolution of avian influenza viruses[J]. Veterinary microbiology, 2000, 74(1-2): 15-27.

[129] Suarez DL, Schultz-Cherry S. Immunology of avian influenza virus: a review[J]. Developmental and comparative immunology, 2000, 24(2): 269-283.

[130] Kawaoka Y, Webster RG. Molecular mechanism of acquisition of virulence in influenza virus in nature[J]. Microbial Pathogenesis, 1988, 5(5): 311-318.

[131] Tonegawa K, Nobusawa E, Nakajma K, et al. Analysis of epitope recognition of antibodies induced by DNA immunization against hemagglutinnin protein of influenza A virus[J]. Vaccine, 2003, 21(23): 3118-3125.

[132] Webster RG, Laver WG, Air GM, et al. Molecular mechanisms of variation in influenza viruses[J]. Nature, 1982, 296(5853): 115-121.

[133] Bosch FX, Orlich M, Klenk HD, et al. The structure of the hemagglutinin, a determinant for the pathogenicity of influenza viruses[J]. Virology, 1979, 95(1): 197-207.

[134] Serkedjieva J, Hay AJ. In vitro anti-influenza virus activity of a plant preparation from Geranium sanguineum L[J]. Antiviral Research, 1998, 37(2): 121-130.

[135] Shinya K, Fujii Y, Ito H, et al. Characterization of a neuraminidase-deficient influenza a virus as a potential gene delivery vector and a live vaccine[J]. Journal of virology, 2004, 78(6): 3083-3088.

[136] Horimoto T, Kawaoka Y. Influenza: lessons from past pandemics, warnings from current incidents[J]. Nature reviews microbiology, 2005, 3(8): 591-600.

[137] Niall P, Johnson, Juergen, et al. Updating the accounts: global mortality of the 1918-1920 "Spanish" influenza pandemic[J]. Bulletin of the history of medicine, 2002, 76(1): 105-115.

[138] Reid AH, Taubenberger JK, Fanning TG. Evidence of an absence: the genetic origins of the 1918 pandemic influenza virus[J]. Nature reviews microbiology, 2004, 2(11): 909-914.

[139] Gamblin SJ, Haire LF, Russell RJ, et al. The structure and receptor binding properties of the 1918 influenza hemagglutinin[J]. Science, 2004, 303(5665): 1838-1842.
[140] Stevens J, Corper AL, Basler CF, et al. Structure of the uncleaved human H1 hemagglutinin from the extinct 1918 influenza virus[J]. Science, 2004, 303(5665): 1787-1788.
[141] Kobasa D, Takada A, Shinya K, et al. Enhanced virulence of influenza A viruses with the haemagglutinin of the 1918 pandemic virus[J]. Nature, 2004, 432(7017): 703-707.
[142] Tumpey TM, Basler CF, Aguilar PV, et al. Characterization of the reconstituted 1918 Spanish influenza pandemic virus[J]. Science, 2005, 310(5745): 77-80.
[143] Cox NJ, Subbarao K. Global Epidemiology of influenza: past and present[J]. Annual review of medicine, 2000, 51(1): 407-421.
[144] Matrosovich MN, Matrosovich TY, Gray T, et al. Human and avian infuenza viruses target different cell types in cultures of human airway epithelium[J]. Proceedings of the national academy of sciences, 2004, 101(13): 4620-4624.
[145] Connor RJ, Kawaoka Y, Webster RG, et al. Receptor specificity in human, avian, and equine H2 and H3 influenza virus isolates[J]. Virology, 1994, 205(1): 17-23.
[146] Subbarao K, Klimov A, Katz J, et al. Characterization of an avian influenza A (H5N1) virus isolated from a child with a fatal respiratory illness[J]. Science, 1998, 279(5349): 393-396.
[147] Claas EC, Osterhaus AD, van Beek R, et al. Human influenza A H5N1 virus related to a highly pathogenic avian influenza virus[J]. Lancet, 1998, 351(9101): 472-477.
[148] Li KS, Guan Y, Wang J, et al. Genesis of a highly pathogenic and potentially pandemic H5N1 influenza virus in eastern Asia[J]. Nature, 2004, 430(6996): 209-213.
[149] Chen H, Smith GJ, Li KS, et al. Establishment of multiple sublineages of H5N1 infuenza virus in Asia: implications for pandemic control[J]. Proceedings of the national academy of sciences, 2006, 103(8): 2845-2850.
[150] Smith GJ, Fan XH, Wang J, et al. Emergence and predominance of an H5N1 infuenza variant in China[J]. Proceedings of the national academy of sciences, 2006, 103(45): 16936-16941.
[151] Taisuke H, Yoshihiro K. Strategies for developing vaccines against H5N1 influenza A viruses[J]. Trends in molecular medicine, 2006, 12(11): 506-514.

[152] Yang ZY, Wei CJ, Kong WP, et al. Immunization by avian H5 influenza hemagglutinin mutants with altered receptor binding specificity[J]. Science, 2007, 317(5839): 825-828.

[153] Wright PF. Vaccine preparedness--are we ready for the next influenza pandemic[J]. New England journal of medicine, 2008, 358(24): 2540-2543.

[154] Treanor J. Influenza vaccine--outmaneuvering antigenic shift and drift[J]. New England journal of medicine, 2004, 350(3): 218-220.

[155] Katz JM, Wang M, Webster RG. Direct sequencing of the HA gene of influenza (H3N2)virus in original clinical samples reveals sequence identity with mammalian cell-grown virus[J]. Journal of virology, 1990, 64(4): 1808-1811.

[156] Schild GC, Oxford JS, de Jong JC, et al. Evidence for host-cell selection of influenza virus antigenic variants[J]. Nature, 1983, 303(5919): 706-709.

[157] Alymova Ⅳ, Kodihalli S, Govorkova EA, et al. Immunogenicity and protective efficacy in mice of influenza B virus vaccines grown in mammalian cells or embryonated chicken eggs[J]. Journal of virology, 1998, 72(5): 4472-4477.

[158] Hoffmann E, Mahmood K, Chen Z, et al. Multiple gene segments control the temperature sensitivity and attenuation phenotypes of ca B/Ann Arbor/1/66[J]. Journal of virology, 2005, 79(17): 11014-11021.

[159] Chahine EB. High-Dose Inactivated Influenza Vaccine Quadrivalent for Older Adults[J]. The Annals of pharmacotherapy, 2021, 55(1): 89-97.

[160] Gresset-Bourgeois V, Leventhal PS, Pepin S, et al. Quadrivalent inactivated influenza vaccine (VaxigripTetra)[J]. Expert review of vaccines, 2018, 17(1):1-11.

[161] Belshe RB, Nichol KL, Black SB, et al. Safety, efficacy, and effectiveness of live, attenuated, cold-adapted influenza vaccine in an indicated population aged 5-49 years [J]. Clinical infectious diseases, 2004, 39(7): 920-927.

[162] Suguitan ALJr, McAuliffe J, Mills KL, et al. Live, attenuated influenza A H5N1 candidate vaccines provide broad cross-protection in mice and ferrets[J]. PLoS medicine, 2006, 3(9): e360.

[163] Luytjes W, Krystal M, Enami M, et al. Amplification, expression, and packaging of foreign gene by influenza virus[J]. Cell, 1989, 59(6): 1107-1113.

[164] Neumann G, Watanabe T, Ito H. Generation of influenza A viruses entirely from cloned cDNAs[J]. Proceedings of the National Academy of Sciences, 1999, 96(16): 9345-9350.

[165] Horimoto T, Kawaoka Y. Reverse genetics provides direct evidence for a correlation of hemagglutinin cleavability and virulence of an avian influenza A virus[J]. Journal of virology, 1994, 68(5): 3120-3128.

[166] Webby RJ, Perez DR, Coleman JS, et al. Responsiveness to a pandemic alert: use of reverse genetics for rapid development of influenza vaccines[J]. Lancet, 2004, 363(9415): 1099-1103.

[167] Hoffmann E, Neumann G, Kawaoka Y, et al. A DNA transfection system for generation of influenza A virus from eight plasmids[J]. Proceedings of the national academy of sciences of america, 2000, 97(11): 6108-6113.

[168] Taisuke H, Yoshihiro K. Strategies for developing vaccines against H5N1 influenza A viruses[J]. Trends in molecular medicine, 2006, 12(11): 506-514.

[169] Jindrich C, Martin M, Hans WD. The threat of avian influenza A (H5N1). Part Ⅳ: development of vaccines[J]. Medical microbiology and immunology, 2007, 196(4): 213-225.

[170] Stephenson I, Gust I, Pervikov Y, et al. Development of vaccines against influenza H5[J]. The lancet infectious diseases, 2006, 6(8): 458-460.

[171] Nicolson C, Major D, Wood JM, et al. Generation of influenza vaccine viruses on Vero cells by reverse genetics: an H5N1 candidate vaccine strain produced under a quality system[J]. Vaccine, 2005, 23(22): 2943-2952.

[172] Taisuke H, Yoshihiro K. Influenza: lessons from past pandemics, warnings from current incidents[J]. Nature reviews microbiology, 2005, 3(8): 591-600.

[173] Lin J, Zhang J, Dong X, et al. Safety and immunogenicity of an inactivated adjuvanted whole-virion influenza A (H5N1) vaccine: a phase I randomised controlled trial[J]. Lancet, 2006, 368(9540): 991-997.

[174] Nicholson KG, Tyrrell DA, Harrison P, et al. Clinical studies of monovalent inactivated whole virus and subunit A/USSR/77 (H1N1) vaccine: serological responses and clinical reactions[J]. Journal of biological standardization, 1979, 7(2): 123-136.

[175] Wright PF, Thompson J, Vaughn WK, et al. Trials of Influenza A/New Jersey/76 Virus Vaccine in Normal Children: An Overview of Age-Related Antigenicity and Reactogenicity[J]. The Journal of Infectious Diseases, 1977, 136 : S731-S741.

[176] Li S, Liu C, Klimov A, et al. Trials of influenza A/New Jersey/76 virus vaccine in normal children: an overview of age-related antigenicity and reactogenicity[J]. The journal of infectious diseases, 1999, 179(5): 1132-1138.

[177] Egorov A, Brandt S, Sereinig S, et al. Transfectant influenza A viruses with long deletions in the NS1 protein grow efficiently in Vero cells[J]. Journal of virology, 1998, 72(8): 6437-6441.

[178] Garcia-Sastre A, Egorov A, Matassov D, et al. Influenza A virus lacking the NS1 gene replicates in interferon-deficient Systems[J]. Virology, 1998, 252(2): 324-330.

[179] Talon J, Salvatore M, O'Neill RE, et al. Influenza A and B viruses expressing altered NS1 proteins: A vaccine approach[J]. Proceedings of the national academy of sciences, 2000, 97(8): 4309-4314.

[180] Ferko B, Stasakova J, Romanova J, et al. Immunogenicity and protection efficacy of replication-deficient influenza A viruses with altered NS1 genes[J]. Journal of virology, 2004, 78(23): 13037-13045.

[181] Proietti E, Bracci L, Puzelli S, et al. Type I IFN as a natural adjuvant for a protective immune response: lessons from the influenza vaccine model[J]. Journal of immunology (Baltimore, Md. : 1950), 2002, 169(1): 375-383.

[182] Bracci L, Canini I, Puzelli S, et al. Type I IFN is a powerful mucosal adjuvant for a selective intranasal vaccination against influenza virus in mice and affects antigen capture at mucosal level[J]. Vaccine, 2005, 23(23): 2994-3004.

[183] Robinson HL, Hunt LA, Webster RG. Protection against a lethal influenza virus challenge by immunization with a haemagglutinin-expressing plasmid DNA[J]. Vaccine, 1993, 11(9): 957-960.

[184] Ulmer JB, Donnelly JJ, Parker SE, et al. Heterologous protection against influenza by injection of DNA encoding a viral protein[J]. Science, 1993, 259(5102): 1745-1749.

[185] Lee L, Izzard L, Hurt AC. A Review of DNA Vaccines Against Influenza[J]. Frontiers in immunology, 2018, 9:1568.

[186] Pertmer TM, Eisenbraun MD, McCabe D, et al. Gene gun-based nucleic acid immunization: elicitation of humoral and cytotoxic T lymphocyte responses following epidermal delivery of nanogram quantities of DNA[J]. Vaccine, 1995, 13(15): 1427-1430.

[187] Ulmer JB, Fu TM, Deck RR, et al. Protective CD4+ and CD8+ T cells against influenza virus induced by vaccination with nucleoprotein DNA[J]. Journal of virology, 1998, 72(7): 5648-5653.

[188] Tompkins SM, Zhao ZS, Lo CY, et al. Matrix protein 2 vaccination and protection against influenza viruses, including subtype H5N1[J]. Emerging infectious diseases, 2007, 13(3): 426-435.

[189] Jiang Y, Yu K, Zhang H, et al. Enhanced protective efficacy of H5 subtype avian influenza DNA vaccine with codon optimized HA gene in a pCAGGS plasmid vector[J]. Antiviral research, 2007, 75(3): 234-241.

[190] Rao S, Kong WP, Wei CJ, et al. Multivalent HA DNA Vaccination Protects against Highly Pathogenic H5N1 Avian Influenza Infection in Chickens and Mice[J]. PLOS ONE, 2008, 3(6): e2432.

[191] Chen Z, Sahashi Y, Matsuo K, et al. Comparison of the ability of viral protein-expressing plasmid DNAs to protect against influenza[J]. Vaccine, 1998, 16(16): 1544-1549.

[192] Chen Z, Kadowaki S, Hagiwara Y, et al. Cross-protection against a lethal influenza virus infection by DNA vaccine to neuraminidase[J]. Vaccine, 2000, 18(28): 3214-3222.

[193] Kadowaki S, Chen Z, Asanuma H, et al. Protection against influenza virus infection in mice immunized by administration of hemagglutinin-expressing DNAs with electroporation[J]. Vaccine, 2000, 18(25): 2779-2788.

[194] Chen Z, Kadowaki SE, Hagiwara Y, et al. Protection against influenza B virus infection by immunization with DNA vaccines[J]. Vaccine, 2001, 19(11): 1446-1455.

[195] Chen J, Fang F, Chen Z, et al. Protection against influenza virus infection in BALB/c mice immunized with a single dose of neuraminidase-expressing DNAs by electroporation[J]. Vaccine, 2005, 23(34): 4322-4328.

[196] Qiu M, Fang F, Chen Z, et al. Protection against avian influenza H9N2 virus challenge by immunization with hemagglutinin- or neuraminidase-expressing DNA in BALB/c mice[J]. Biochemical and biophysical research communications, 2006, 343(4): 1124-1131.

[197] Zhou Y, Fang F, Chen Z, et al. Electroporation at low voltages enables DNA vaccine to provide protection against a lethal H5N1 avian influenza virus challenge in mice[J]. Intervirology, 2008, 51(4): 241-246.

[198] Furuyama W, Reynolds P, Haddock E, et al. A single dose of a vesicular stomatitis virus-based influenza vaccine confers rapid protection against H5 viruses from different clades[J]. NPJ vaccines. 2020, 5（1）:4.

[199] Hoelscher MA, Garg S, Bangari DS, et al. Development of adenoviral-vector-based pandemic influenza vaccine against antigenically distinct human H5N1 strains in mice[J]. Lancet, 2006, 367(9509): 475-481.

[200] Gao W, Soloff AC, Lu X, et al. Protection of mice and poultry from lethal H5N1 avian influenza virus through adenovirus-based immunization[J]. Journal of virology, 2006, 80(4): 1959-1964.

[201] Karaca K, Swayne DE, Grosenbaugh D, et al. Immunogenicity of fowlpox virus expressing the avian influenza virus H5 gene (TROVAC AIV-H5) in cats[J]. Clinical and diagnostic laboratory immunology, 2005, 12(11): 1340-1342.

[202] Veits J, Wiesner D, Fuchs W, et al. Newcastle disease virus expressing H5 hemagglutinin gene protects chickens against Newcastle disease and avian influenza[J]. Proceedings of the national academy of sciences, 2006, 103(21): 8197-8202.

[203] Kim SH, Samal SK. Innovation in newcastle disease virus vectored avian influenza vaccines[J]. Viruses, 2019, 11(3): 300.

[204] de Vries RD, Rimmelzwaan GF. Viral vector-based influenza vaccines[J]. Human vaccines & immunotherapeutics, 2016, 12(11): 2881-2901.

[205] Estrada LD, Schultz-Cherry S. Development of a universal influenza vaccine[J]. Journal of immunology, 2019, 202(2): 392-398.

[206] Zebedee SL, Lamb RA. Influenza A virus M2 protein: monoclonal antibody restriction of virus growth and detection of M2 in virions[J]. Journal of Virology, 1988, 62(8): 2762-2772.

[207] Ernst WA, Kim HJ, Tumpey TM, et al. Protection against H1, H5, H6 and H9 influenza A infection with liposomal matrix 2 epitope vaccines[J]. Vaccine, 2006, 24(24): 5158-5168.

[208] Filette MD, Jou WM, Birkett A, et al. Universal influenza A vaccine: Optimization of M2-based constructs[J]. Virology, 2005, 337(1): 149-161.

[209] Jiang F, Liang X, Horton MS, et al. Preclinical study of influenza virus A M2 peptide conjugate vaccines in mice, ferrets, and rhesus monkeys[J]. Vaccine, 2004, 22(23-24): 2993-3003.

[210] Slepushkin VA, Katz JM, Black RA, et al. Protection of mice against influenza A virus challenge by vaccination with baculovirus-expressed M2 protein[J]. Vaccine, 1995, 13(15): 1399-1402.

[211] Frace AM, Klimov AI, Rowe T, et al. Modified M2 proteins produce heterotypic immunity against influenza A virus[J]. Vaccine, 1999, 17(18): 2237-2244.

[212] Mozdzanowska K, Feng JQ, Eid M, et al. Induction of influenza type A virus-specific resistance by immunization of mice with a synthetic multiple antigenic peptide vaccine that contains ectodomains of matrix protein 2[J]. Vaccine, 2003, 21(19-20): 2616-2626.

[213] Okuda K, Ihata A, Watabe S, et al. Protective immunity against influenza A virus induced by immunization with DNA plasmid containing influenza M gene[J]. Vaccine, 2001, 19(27): 3681-3691.

[214] Watabe S, Xin KQ, Ihata A, et al. Protection against influenza virus challenge by topical application of influenza DNA vaccine[J]. Vaccine, 2001, 19(31): 4434-4444.

[215] Zharikova D, Mozdzanowska K, Feng J, et al. Influenza type A virus escape mutants emerge in vivo in the presence of antibodies to the ectodomain of matrix protein 2[J]. Journal of virology, 2005, 79(11): 6644-6654.

[216] Ekiert DC, Bhabha G, Elsliger MA, et al. Antibody recognition of a highly conserved influenza virus epitope[J]. Science, 2009, 324(5924): 246-251.

[217] Gioia C, Castilletti C, Tempestilli M, et al. Cross-subtype Immunity against Avian Influenza in Persons Recently Vaccinated for Influenza[J]. Emerging infectious diseases, 2008, 14(1): 121-128.

[218] Kashyap AK, Steel J, Oner AF, et al. Combinatorial antibody libraries from survivors of the Turkish H5N1 avian influenza outbreak reveal virus neutralization strategies[J]. Proceedings of the national academy of sciences, 2008, 105(16): 5986-5991.

[219] Sui J, Hwang WC, Perez S, et al. Structural and functional bases for broad-spectrum neutralization of avian and human influenza A viruses[J]. Nature structural & molecular biology, 2009, 16(3): 265-273.

[220] Throsby M, Edward V, Jongeneelen M, et al. Heterosubtypic neutralizing monoclonal antibodies cross-protective against H5N1 and H1N1 recovered from human IgM+ memory B cells[J]. PLoS one, 2008, 3(12): e3942.

[221] Chen GL, Subbarao K. Neutralizing antibodies may lead to ‘universal’ vaccine[J]. Nature medicine, 2009, 15(11): 1251-1252.

[222] Belshe RB. Current status of live attenuated influenza virus vaccine in the US[J]. Virus research, 2004, 103(1-2): 177-185.

[223] Belshe RB, Edwards KM, Vesikari T, et al. Live attenuated versus inactivated influenza vaccine in infants and young children[J]. The New England journal of medicine, 2007, 356(7): 685-696.

[224] Prabakaran M, Velumani S, He F, et al. Protective immunity influenza H5N1 virus challenge in mice by intranasal co-administration of baculovirus surface-displayed HA and recombinant CTB as an adjuvant[J]. Virology, 2008, 380(2): 412-420.

[225] Ogra PL, Faden H, Welliver RC. Vaccination strategies for mucosal immune responses[J]. Clinical microbiology reviews, 2001, 14(2): 430-445.

[226] Hagiwara Y, Komase K, Chen Z, et al. Mutants of cholera toxin as an effective and safe adjuvant for nasal influenza vaccine[J]. Vaccine, 1999, 17(22): 2918-2926.

[227] Pizza M, Giuliani M, Fontana M, et al. Mucosal vaccines: non-toxic derivatives of LT and CT as mucosal adjuvants[J]. Vaccine, 2001, 19(17-19): 2534-2541.

[228] Watanabe I, Ross TM, Tamura S, et al. Protection against influenza virus infection by intranasal administration of C3d-fused hemagglutinin[J]. Vaccine, 2003, 21(31): 4532-4538.

[229] Galli G, Medini D, Borgogni E, et al. Adjuvanted H5N1 vaccine induces early CD4+ T cell response that predicts long-term persistence of protective antibody levels[J]. Proceedings of the national academy of sciences, 2009, 106(10): 3877-3882.

[230] Mason HS, Lam DM, Amtzen CJ. Expression of hepatitis B surface antigen in transgenic plants[J]. Proceedings of the national academy of sciences, 1992, 89(24): 11745-11749.

[231] Haq TA, Mason HS, Clements JD, et al. Oral immunization with a recombinant bacterial antigen produced in transgenic plants[J]. Science, 1995, 268(5211): 714.

[232] Streatfield SJ, Howard JA. Plant-based vaccines[J]. International journal for parasitology, 2003, 33(5-6): 479-493.

[233] Ma KC, Drake P, Christou P. The production of recombinant pharmaceutical proteins in plants[J]. Nature reviews genetics, 2003, 4(10): 794-805.

[234] Streatfield SJ. Mucosal immunization using recombinant plant-based oral vaccines[J]. Methods, 2006, 38(2): 150-157.

[235] Nochi T, Takagi H, Yuki Y, et al. Rice-based mucosal vaccine as a global strategy for cold-chain- and needle-free vaccination[J]. Proceedings of the national academy of sciences, 2007, 104(26): 10986-10991.

[236] Yuki Y, Tokuhara D, Nochi T, et al. Oral MucoRice expressing double-mutant cholera toxin A and B subunits induces toxin-specific neutralising immunity[J]. Vaccine, 2009, 27(43): 5982-5988.

[237] Nochi T, Yuki Y, Katakai Y, et al. A rice-based oral cholera vaccine induces macaque-specific systemic neutralizing antibodies but does not influence pre-existing intestinal immunity[J]. Journal of immunology, 2009, 183(10): 6538-6544.

[238] Cortes-Perez NG, Berm ú dez-Humar á n LG, Le LY, et al. Mice immunization with live lactococci displaying a surface anchored HPV-16 E7 oncoprotein[J]. FEMS microbiology letters, 2010(1): 37-42.

[239] Taubenberger, JK. Influenza virus hemagglutinin cleavage into HA1, HA2: No laughing matter[J]. Proceedings of the national academy of sciences, 1998, 95(17): 9713-9715.

[240] Shih AC, Hsiao TC, Ho MS, et al. Simultaneous amino acid substitutions at antigenic sites drive influenza A hemagglutinin evolution[J]. Proceedings of the national academy of sciences, 2007, 104(15): 6283-6288.

[241] Suzuki Y, Ito T, Suzuki T, et al. Sialic acid species as a determinant of the host range of influenza A viruses[J]. Journal of virology, 2000, 74(24): 11825-11831.

[242] Bermudez-Humaran LG. Lactococcus lactis as a live vector for mucosal delivery of therapeutic proteins[J]. Human Vaccines, 2009, 5(4): 264-267.

[243] Shanley JD, Wu CA. Intranasal immunization with a replication-deficient adenovirus vector expressing glycoprotein H of murine cytomegalovirus induces mucosal and systemic immunity[J]. Vaccine, 2005, 23(8): 996-1003.

[244] Bahey-El-Din M, Griffin BT, Gahan CG. Nisin inducible production of listeriolysin O in Lactococcus lactis NZ9000[J]. Microbial cell factories, 2008, 7(1): 24.

[245] Gruzza M, Fons M, Ouriet MF, et al. Study of gene transfer in vitro and in the digestive tract of gnotobiotic mice from Lactococcus lactis strains to various strains belonging to human intestinal flora[J]. Microbial releases, 1994, 2(4): 183-189.

[246] Klijn N, Weerkamp AH, de Vos WM. Genetic marking of Lactococcus lactis shows its survival in the human gastrointestinal tract[J]. Applied and environmental microbiology, 1995, 61(7): 2771-2774.

[247] Robinson K, Chamberlain LM, Schofield KM, et al. Oral vaccination of mice against tetanus with recombinant Lactococcus lactis[J]. Nature biotechnology, 1997, 15(7): 653-657.

[248] Rowe T, Abernathy RA, Hu-Primmer J, et al. Detection of antibody to avian influenza A (H5N1) virus in human serum by using a combination of serologic assays[J]. Journal of clinical microbiology, 1999, 37(4): 937-943.